◉ 工科のための数理 ◉
MKM-5

工科のための
確率・統計

大鑄史男

数理工学社

編者のことば

本ライブラリ「工科のための数理」は科学技術を学び担い進展させようとする人々を対象に，必要とされる数学の基礎と応用についての教科書そして自習書として編まれたものである．

現代の科学技術は著しい進展を見せるが，その多岐広範な場面において，線形代数や微分積分をはじめとする種々の数学が問題の本質的な記述と解決のためにきわめて重要な役割を果たしている．さらに，現代の科学技術の先端では数学基礎論，代数学，解析学，幾何学，離散数学など現代数学の多種多様な科目が想像を超えた領域で活用されたり，逆に技術の要請から新たな数学の課題が浮かび上がってきたりすることが科学技術と数学とを取り巻く状況の現代的特徴として見られる．このように現在では,「科学技術」と「数学」とが相互に絡みながら発展していく様がますます強くなり，科学技術者にも高度な数学の素養が求められる．

本ライブラリでは，科学技術を学び進展させるために必要と考えられる数学を「工科への数学」と「工科の中の数学」の2つに大別することとした．

「工科への数学」では次ページに挙げるように，高校教育と大学教育との橋渡しとしての「初歩からの入門数学」と，高度な工学を学ぶ上で基礎となる数学の伝統的な8科目をえらんだ．これらの数学は工学部の1年次から3年次までの学生を対象にしたものであり，高等学校と大学の工学専門教育の間の橋渡しを担っている．工学基礎科目としての位置づけがなされている「工科への数学」では，従来の数学教科書で往々にして見られる数学理論の厳密性や抽象性の展開はできるだけ避け，その数学理論が構築される所以や道筋を具体的な例題や演習問題を通して学習し，工学の中で数学を利用できる感覚を養うことを目標にしている．

また「工科の中の数学」では,「工科への数学」などで数学の基礎知識を既に備えた工学部の学部から大学院博士前期課程までのレベルの学生を対象とし，現代科学技術の様々な分野における数学の応用のされかた，または応用されうる数学の解説を目指す．最適化手法の開発，情報科学，金融工学などを見るまでもなく科学技術の様々な分野における問題解決の要請が数学的な課題を生み出している．発展的な科目としての位置づけがなされている「工科の中の数学」では，それぞれの分野において活用されている数理的な思考と手法の解説を通して科学技術と数学が深く関連し合っている様子を伝え，それぞれの分野でより専門的な数学の応用へと進む契機になることを目標にしている．

本ライブラリによって読者諸氏が，科学技術全般に数学が浸透し有効に活用されていることを感じるとともに，数学という普遍的な手段を持って，科学技術の新たな地平の開拓に向かう一助となれば，編者としてこれ以上の喜びはない．

2005 年 7 月

編者　足立 俊明
大鑄 史男
吉村 善一

「工科のための数理」書目一覧

書目群Ⅰ（工科への数学）	書目群Ⅱ（工科の中の数学）
0　初歩からの 入門数学	A–1　工科のための 確率過程とその応用
1　工科のための 数学序説	A–2　工科のための 応用解析
2　工科のための 線形代数	A–3　工科のための 統計的データ解析
3　工科のための 微分積分	（以下続刊）
4　工科のための 常微分方程式	
5　工科のための 確率・統計	
6　工科のための ベクトル解析	
7　工科のための 偏微分方程式	
8　工科のための 複素解析	

（A: Advanced）

はじめに

本書は，大学理工系の学部学生を対象にした「確率・統計」の入門書で，学部1年次程度で学ぶ微分，積分，集合，写像に関する入門的な知識を前提に，確率と統計的推測である推定・検定，および相関・回帰分析の入門的事項について解説されています．例を通して，種々の概念が了解できるように意図されています．本書を書く上で意識したことについて述べておきます．

できる限り直観的に了解できるように，類書に比べ図版が多くなっています．また，定義される概念の意味を積極的に解説するようにしました．これらの点については，著者の独りよがりを恐れます．

また，煩雑な計算問題も掲載しました．本文中にある式変形も含み丹念に計算を進めていくことで計算力がつくとともに理解が深まるのではないかと考えます．

入門書のレベルでの解説で苦労する確率変数については，一定の条件を満たす写像であるとし，よく見られる「偶然に変動する量である」といった説明を避けました．そのため，写像についての解説を確率変数の意味が取得できるような形で試みました．確率もまた写像ですが，同様の手順を取りました．

定式化される様々な概念の内容は日常生活のレベルから見てさほど難しいものではないのですが，それらが記号で書き表されるところに理解の困難さが生じるようです．無意識のうちに行っていることを一度相対化して認識することの難しさを感じます．本書では全般的に，直観的な解説とともに精密な定義を提供し，その後に様々な結果の導出と解説を行うといった流れを取りました．

確率論の応用領域は広大なものです．本書が，新たな挑戦への足がかりとなることを願います．

2005年11月

大鑄　史男

目　　次

［章末問題の解答について］

章末問題のより詳しい解説についてはサイエンス社のホームページ

http://www.saiensu.co.jp

でご覧ください．

1 コイン投げとさいころ投げ

さいころを投げるとき，我々はよく偶数の目が出現する確率は $1/2$ であるとします．さいころを投げたとき 1 の目から 6 の目までのいずれかが現れ，その中で $2, 4, 6$ のいずれかが出現すれば，偶数の目が出現することになります．このように場合の数を数えることで，$3/6 = 1/2$ と確率の値が定められ，日常的によく行われます．この考え方に従うと，それぞれの目が出現する確率は $1/6$ でどれもが同程度で出現することになり，さいころ自体に偏りがあるような場合が取り扱えなくなります．また，試行の結果が同程度で出現することが期待できないような場合にもこのような考え方は通用しません．本章ではコイン投げとさいころ投げを手がかりに，確率を規定するものとして何を想定すればよいかについて考えていきます．

キーワード

試行，標本空間，事象
相対頻度
高々加算集合，分布，2 項分布，幾何分布，
ポアソン分布

1.1 場合の数を数える

コイン投げとさいころ投げを手がかりに確率について考えていきます．コインを投げたときの結果は，角とか辺で立つことがないとすれば，表か裏かの 2 通りであり，そのため，例えば表が出現する確率は 1/2 であると我々はよくします．

同様にさいころ投げの場合は，1 から 6 までの目が出現する可能性があるため，例えば 1 の目が出現する確率は 1/6 である，とすることになります．偶数の目が出る確率は，目の出方が全体で 6 通りあり，そのうち偶数の目は 3 通りですから，

$$\frac{3}{6} = \frac{1}{2}$$

とするのが一応自然であると思われます．

このように場合の数を数えることで確率の 1 つの定め方が考えられますが，まず言葉の準備をすることにします．

コインを投げる，さいころを投げる，長さを測る，時間を計測するなどの行為を**試行**，試行によって出現し得るそれぞれの結果を**根元事象**と呼びます．それぞれの根元事象を何らかの記号で区別して書き表し，すべてを集めて集合としたものを，その試行の**標本空間**と呼びます．

コイン投げであれば，$\{0,1\}$ を標本空間とすることができます．ここで 0 は裏を，1 は表を意味します．さらに，さいころ投げであれば，標本空間は $\{1,2,3,4,5,6\}$ と書くことができます．1 は 1 の目を，2 は 2 の目を，$\cdots$ を意味します．標本空間の書き表し方は，記号と結果との対応がはっきりと定まっていれば，例えば $\{a,b,c,d,e,f\}$ としても問題はありません．

1 つの試行の標本空間は一般に 1 つの**集合**で表すことができ，これを通常 Ω と書きます．試行が具体的に定められると，それに応じて Ω の具体的な中身が決まります．

さいころを投げたとき，2, 4 または 6 のいずれかが出現すれば，「偶数の目」という事象が現れたことになります．そして，標本空間 $\Omega = \{1,2,3,4,5,6\}$ の部分集合である $A = \{2,4,6\}$ は，偶数の目に対応する試行の結果をすべて集めたもので，「偶数の目」という事象自体を表します．「奇数の目」という事象

は，部分集合 $\{1,3,5\}$ で表されます．このように試行の結果に伴って現れてくる出来事を**事象**と呼び，Ω の部分集合として表すことができます．

先に，偶数の目が出る確率として自然だとした 3/6 は，

$$\frac{\text{偶数の目が出る場合の数}}{\text{さいころを投げたとき出現可能な場合の数}} = \frac{\text{集合 } A \text{ の要素の個数}}{\text{標本空間 } \Omega \text{ の要素の個数}}$$

にほかなりません．これは，標本空間 Ω の中で偶数の目という事象が占める割合を意味しています．

このような考察から，1 つの試行に応じてある事象が現れる確率は，その試行の標本空間を Ω，その事象に対応する Ω の部分集合を A とすれば，

$$\frac{A \text{ の要素の個数}}{\Omega \text{ の要素の個数}} \tag{1.1}$$

と，一応定めることができます．

(1.1) 式に従って確率を定めると，さいころを投げたとき，1, 2, 3, 4, 5, 6 のいずれの目も出現する確率は 1/6 となり，すべて同じになります．このことをどのように思いますか．さいころを構成している素材が均質であれば，どの目も出現する確率は同じであると考えてよいでしょう．

つまり，(1.1) 式で与えられた確率の定め方は，ある種の均質さを前提にしているか，もしくはそのような一様性を前提にせざるを得ないようなときの定め方であると言えます．さいころが均質でないときは，出現しやすい目があるはずですし，逆に出現しにくい目もあるはずですから，どの目も出現する確率が同じであるとはできず，(1.1) 式の定め方を採用することはできません．

1.2 相対頻度を考える

コイン投げの試行を考えるときも，前節の (1.1) 式に従って表が出る確率を 1/2 とすることができます．しかし，他方この確率の値 1/2 を次のように考えることができます．コインを何回も投げます．もしそのコインが均質であれば，投げる回数が多くなれば表が出る**相対頻度**は，1/2 に近い値になると期待できます．

計算機を使って，均質なコインを想定した模擬実験（シミュレーション）を行ってみました．次の図 1.1 を見てください．

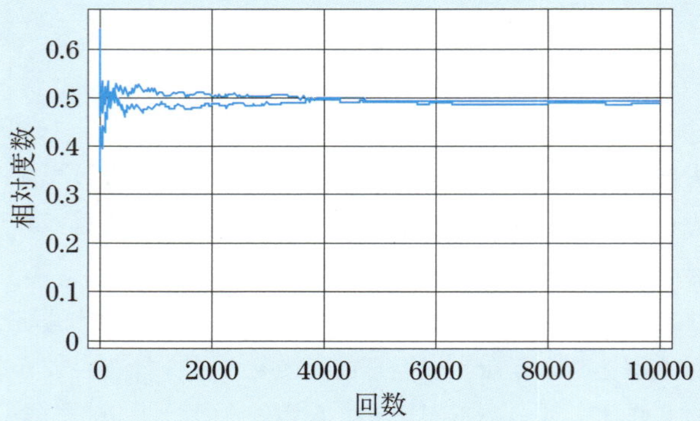

図 1.1　均質なコイン投げ

図 1.1 は，コインを 10000 回投げ，各回ごとに，それまでに表が出現した相対頻度をグラフにしたものです．実験は 2 回行っています．

この図 1.1 から，表が出現する相対頻度が 1/2 に近い値になっていくことがわかります．もし投げる回数をさらに多くすれば，表が出現する相対頻度は 1/2 から大きくずれないと期待できます（このことを相対頻度の安定性と呼びます）．このような状況を考慮すれば，コインを投げたとき表が出現する確率を 1/2 とするのが自然でしょう．

もし，コインが偏ったものであるとすれば，表と裏が出現する確率は互いに異なるでしょう．このとき例えば表が出現する確率は，先の模擬実験にならって，このコインを何回も投げ，表が出現する相対頻度がどのような値のところで安定するかを見ればよいでしょう．

次の図 1.2 を見てください．この図は，別のコインに対して図 1.1 と同じようにして作ったものです．この場合，表が出る確率は 1/3 としてよいでしょう．

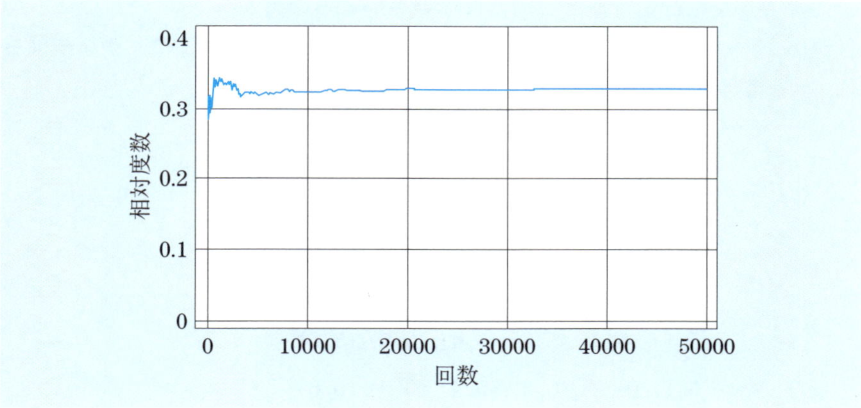

図 1.2　均質でないコイン投げ

さいころ投げのように試行の結果が幾通りもあるときは，それぞれの結果の出現する相対頻度を見ればよいことになります．例えば，1 の目の相対頻度，2 の目の相対頻度などを見ればよいでしょう．

さいころ投げの場合，その標本空間は $\Omega = \{1, 2, 3, 4, 5, 6\}$ でした．1.1 節の (1.1) 式と相対頻度のいずれを用いるにしろ，1 の目の確率 p_1，2 の目の確率 p_2，$\cdots$，6 の目の確率 p_6 を考えることができます．これらの確率は，次の関係を満たします．

$$p_i \geq 0 \ (i = 1, 2, \cdots, 6), \quad p_1 + p_2 + \cdots + p_6 = 1$$

このとき「偶数の目」という事象の確率は，$p_2 + p_4 + p_6$ で与えられます．

コイン投げの場合，標本空間は $\Omega = \{0, 1\}$ で，0（裏）の確率 p_0 と 1（表）の確率 p_1 を考えることができ，次の条件を満たします．

$$p_0 \geq 0, \quad p_1 \geq 0, \quad p_0 + p_1 = 1$$

1.3 区別できる2個のさいころ投げ

赤と白の2つのさいころを同時に投げ，それぞれのさいころの目の数を調べる試行を行うことにします．

このような試行を行うと，例えば赤いさいころの目が1で白いさいころの目が6であるというように2つの数値の組が得られます．このような結果を$(1,6)$と書き表すと，標本空間は次のようになります．

$$\begin{aligned}\Omega = \{&(1,1),(1,2),(1,3),(1,4),(1,5),(1,6),\\ &(2,1),(2,2),(2,3),(2,4),(2,5),(2,6),\\ &(3,1),(3,2),(3,3),(3,4),(3,5),(3,6),\\ &(4,1),(4,2),(4,3),(4,4),(4,5),(4,6),\\ &(5,1),(5,2),(5,3),(5,4),(5,5),(5,6),\\ &(6,1),(6,2),(6,3),(6,4),(6,5),(6,6)\}\end{aligned}$$

赤いさいころの目が1であるという事象をいかに表せばよいかについて考えてみます．この事象では，赤いさいころの目の数だけが指定され，白いさいころの目は指定されていません．このことは，白いさいころの目は何でもよい，ということを意味しています．このように考えると，赤いさいころの目が1であるという事象は，次のような集合として表すことができます．

$$A = \{(1,1),(1,2),(1,3),(1,4),(1,5),(1,6)\}$$

白いさいころの目が偶数であるという事象は，次のように表せます．

$$\begin{aligned}B = \{&(1,2),(1,4),(1,6),(2,2),(2,4),(2,6),\\ &(3,2),(3,4),(3,6),(4,2),(4,4),(4,6),\\ &(5,2),(5,4),(5,6),(6,2),(6,4),(6,6)\}\end{aligned}$$

赤いさいころの目が偶数で白いさいころの目が奇数であるという事象は，次のようになります．

$$C = \{(2,1),(2,3),(2,5),(4,1),(4,3),(4,5),(6,1),(6,3),(6,5)\}$$

このような試行における確率も 1.2 節で述べたような相対頻度を考えることで定められます．つまり，それぞれの結果に対して次の条件

$$p_{(i,j)} \geq 0 \quad (i,j = 1,2,3,4,5,6)$$
$$\sum_{(i,j)\in\Omega} p_{(i,j)} = p_{(1,1)} + p_{(1,2)} + \cdots + p_{(6,5)} + p_{(6,6)} = 1$$

を満たす $p_{(i,j)}$ $(i,j = 1,2,3,4,5,6)$ が想定でき，これが確率を定めると考えることができます．このとき，事象 $D \subseteq \Omega$ の確率 $\boldsymbol{P}(D)$ は，次のように定められます．

$$\boldsymbol{P}(D) = \sum_{(i,j)\in D} p_{(i,j)}$$

先の事象 A の確率を $p_{(i,j)}$，$i,j = 1,2,3,4,5,6$ を用いて書き表してみます．

$$\boldsymbol{P}(A) = p_{(1,1)} + p_{(1,2)} + p_{(1,3)} + p_{(1,4)} + p_{(1,5)} + p_{(1,6)}$$

1.4 高々可算な標本空間

1.1, 1.2, 1.3 節で述べた標本空間と確率を一般化します．ある集合があったとき，その集合の要素を $1, 2, 3, \cdots$ と番号をつけることで識別できるとき，この集合を**高々可算集合**であるといいます．1.1, 1.2, 1.3 節などで出てきた標本空間はすべて有限集合であり，したがって高々可算集合であることがわかります．高々可算集合で有限集合でないものを**可算集合**と呼びます．整数全体の集合 $\boldsymbol{Z}$ は可算集合になります．ちなみに，実数全体の集合 $\boldsymbol{R}$ は，有限集合ではなく無限集合ですが，可算集合ではありません．

標本空間が $\Omega = \{\omega_1, \omega_2, \cdots\}$ の高々可算集合であるとき，確率は次の条件を満たす Ω 上の**分布** $\{p_{\omega_i}\}_{i=1}^{\infty}$ によって定められます．

$$p_{\omega_i} \geq 0 \ (i = 1, 2, \cdots), \quad \sum_{i=1}^{\infty} p_{\omega_i} = 1$$

事象 $A \subseteq \Omega$ の確率 $\boldsymbol{P}(A)$ は，

$$\boldsymbol{P}(A) = \sum_{\omega_i \in A} p_{\omega_i}$$

と定められます．

以下に応用上よく用いられる分布を列挙しておきます．6 章で確率変数を導入しますが，確率変数の確率的挙動を規定するものとして同じ分布たちが重要な例としてあげられます．

例 1.1 **ベルヌーイ分布** $\Omega = \{0, 1\}$ において $0 \leq p \leq 1$ を用いて，

$$p_0 = 1 - p, \quad p_1 = p$$

と定められる分布 $\{p_0,\ p_1\}$ を**ベルヌーイ分布**と呼びます．

例えば，製品の良品か不良品かを調べるような場合，コインを投げ表と裏のいずれが出るかを調べる場合など，試行の結果，相反する 2 つの場合のいずれかのみが出現可能であるときに用いられます． □

例 1.2 **2 項分布** $\Omega = \{0, 1, \cdots, n\}$ において，正の整数 n と $0 \leq p \leq 1$ の 2 つのパラメータによって定まる

$$p_k = \binom{n}{k} p^k (1-p)^{n-k} \quad (k = 0, 1, \cdots, n)$$

の分布を **2 項分布**と呼びます．章末問題 8 を参照してください． □

例 1.3 **幾何分布** $\Omega = \{1, 2, 3, \cdots\}$ において $0 < p < 1$ を用いて

$$p_i = p(1-p)^{i-1} \quad (i = 1, 2, \cdots)$$

の分布を**幾何分布**と呼びます．章末問題 10 を参照してください．また章末問題 7 (7) も参照してください． □

例 1.4 **ポアソン分布** $\Omega = \{0, 1, \cdots\}$ において，1 つのパラメータ $\lambda > 0$ を持つ分布

$$p_k = \frac{\lambda^k}{k!} e^{-\lambda} \quad (k = 0, 1, \cdots)$$

を**ポアソン分布**と呼びます．章末問題 9 を参照してください． □

これらの分布は互いに関係し，特にベルヌーイ分布から他の分布が導き出されます．このことは，8 章で確率変数を用いて明らかにされます．

1章の問題

1　さいころを投げる試行を考え，標本空間を $\Omega = \{1, 2, 3, 4, 5, 6\}$ とします．以下の事象をそれぞれ，集合の形で書き表しなさい．

(1)　5 以上の目．　(2)　3 以下の目．　(3)　奇数の目．

(4)　偶数でありかつ 4 以上の目．　(5)　奇数でありかつ 3 以下の目．

(6)　偶数であるかまたは 3 以上の目．(7)　奇数であるかまたは 5 以下の目．

2　問題 1 と同じ試行を考えます．

(1)　(1.1) 式の定め方で，問題 1 の各事象の確率を定めなさい．

(2)　それぞれの目の確率が $p_i = 1/6$ $(i = 1, 2, 3, 4, 5, 6)$ のように与えられています．この値を用いて問題 1 の各事象の確率を求めなさい．

(3)　それぞれの目の確率が次のように与えられているとします．

$$p_1 = \frac{1}{4}, \quad p_2 = \frac{1}{20}, \quad p_3 = \frac{1}{5}, \quad p_4 = \frac{1}{4}, \quad p_5 = \frac{1}{12}, \quad p_6 = \frac{1}{6}$$

この値を用いて問題 1 の各事象の確率を求めなさい．

3　1.3 節で述べた区別のできる 2 個のさいころ投げに関して以下のそれぞれの事象を集合の形で書き，$p_{(i,j)}$ を用いてその事象の確率を表しなさい．

(1)　少なくとも 1 つのさいころの目が偶数である事象．

(2)　赤いさいころの目が奇数で白いさいころの目が偶数である事象．

(3)　赤いさいころの目が偶数で白いさいころの目が奇数である事象．

(4)　2 つのさいころの目の和が 4 である事象．

4　赤色，白色，黒色の 3 個のさいころを同時に投げる試行の標本空間が次のように書き表せることを確認しなさい．

$$\Omega = \{(i, j, k) \mid i = 1, \cdots, 6,\ j = 1, \cdots, 6,\ k = 1, \cdots, 6\}$$

(i, j, k) は赤いさいころの目が i，白いさいころの目が j，黒いさいころの目が k である結果を表すものとします．次の事象を集合の形で書き表しなさい．

(1)　赤いさいころの目が偶数，白いさいころの目が奇数，黒いさいころの目が 4 である事象．

(2)　3 つのさいころの目の和が 6 である事象．

(3)　3 つのさいころの目の和が 6 より小である事象．

5　**区別できない 2 個のさいころ投げ**　区別のできない 2 つのさいころを投げる試行を考えます．試行の結果，例えば 1 の目と 2 の目が出たことを $[1, 2]$ と書くことにすると，標本空間は以下の通りになります．

$\Omega = \{[1,1],[1,2],[1,3],[1,4],[1,5],[1,6],[2,2],\cdots,[5,5],[5,6],[6,6]\}$

$p_{[i,j]}$ を次のように定めます．

$$p_{[i,j]} = \begin{cases} 1/36 & (i=j) \\ 1/18 & (i \neq j) \end{cases}$$

以下の事象を集合の形で表し，$p_{[i,j]}$ を用いてその事象の確率の値を定めなさい．

(1) 少なくとも 1 つのさいころの目が偶数である事象．

(2) 両方とも偶数である事象．

(3) 少なくとも 1 つのさいころの目が 3 である事象．

6 1 つのコインを 2 回続けて投げる試行を考えます．コインを投げたとき，表かまたは裏しか出現しないとします．1 は表を 0 は裏を意味するとし，例えば 1 回目が表，2 回目が裏であることを $(1,0)$ と書くことにします．(i,j) の確率を

$$p_{(i,j)} = (p_1)^i(1-p_1)^{1-i}(p_2)^j(1-p_2)^{1-j} \quad (i=0,1, \quad j=0,1)$$

とします．p_1 と p_2 は，それぞれ 0 以上 1 以下の実数値です．

(1) 標本空間を集合の形で表しなさい．

(2) $p_{(1,0)}$ を，p_1 と p_2 とを用いて表しなさい．

(3) 1 回目に表が出現する事象を集合の形で表し，その確率を $p_{(i,j)}$ を用いて表しなさい．

(4) 2 回目に裏が出現する事象を集合の形で表し，その確率をできる限り簡明な形で書き表しなさい．

(5) 1 回目に裏が，2 回目に表が出現する事象を集合の形で表し，その確率をできる限り簡明な形で表しなさい．

7 コインを n 回投げ，各回に表が出たか裏が出たかを調べる試行を行うことにします．このような試行を行うと，例えば $(\underbrace{1,0,0,1,1,1,0,\cdots,1}_{n\text{ 個}})$ のような結果が得られます．1 は表を，0 は裏を意味します．したがって，標本空間は，0 または 1 からなる長さ n の系列全体になります．

$$\Omega = \{(\omega_1,\cdots,\omega_n) \mid \omega_i = 0 \text{ または } 1 \ (i=1,\cdots,n)\}$$

Ω の要素 $(\omega_1,\cdots,\omega_n)$ に対して次のように確率が与えられているとします．

$$p_{(\omega_1,\cdots,\omega_n)} = p^{\sum_{i=1}^n \omega_i}(1-p)^{n-\sum_{i=1}^n \omega_i}$$

ここで $0 \leq p \leq 1$ です．以下の各事象を集合の形で表し，その確率をできる限り簡明な形で書きなさい．

(1) 最初に表が出現する事象．　　(2) 最初に表が，2 回目に裏が出現する事象．

(3)　n 回目に表が出現する事象.

(4)　$n-1$ 回目に裏が，n 回目に表が出現する事象.

(5)　最初に裏が，2 回目に表が出現する事象.

(6)　最初と 2 回目に裏が，3 回目に表が出現する事象.

(7)　k 回目に初めて表が出現する事象.

8　問題 7 の試行を考えます．標本空間と確率は同じように与えられているとします．n 回中ちょうど k 回表が出現する確率が，

$$\binom{n}{k} p^k (1-p)^{n-k} \quad (k = 0, 1, \cdots, n)$$

となることを確かめなさい．また次のことも示しなさい．

$$\sum_{k=0}^{n} \binom{n}{k} p^k (1-p)^{n-k} = 1$$

9　標本空間 Ω と p_i が次のように与えられているとします．

$$\Omega = \{0, 1, 2, 3, \cdots\}, \quad p_i = \frac{\lambda^i}{i!} e^{-\lambda} \quad (i = 0, 1, 2, \cdots)$$

p_i は，結果 $i \in \Omega$ が出現する確率を表します．

(1)　指数関数 e^x の Taylor 展開を用いて，次のことを証明しなさい．

$$\sum_{i=0}^{\infty} p_i = \sum_{i=0}^{\infty} \frac{\lambda^i}{i!} e^{-\lambda} = 1$$

(2)　事象 $A = \{0, 1, 2\}$ の確率を求めなさい．

10　1 つのコインを投げ続け，初めて表が出現するまでに要した回数を調べる試行を考えます．標本空間は，$\Omega = \{1, 2, 3, \cdots\}$ と書けることを確認した上で下の問に答えなさい．事象の確率は，分布

$$p_i = p(1-p)^{i-1} \quad (i = 1, 2, \cdots)$$

を用いて定められるとします．ここで $0 < p < 1$ とします．

(1)　次の等式が成立することを証明しなさい．

$$\sum_{i=1}^{\infty} p_i = \sum_{i=1}^{\infty} p(1-p)^{i-1} = 1$$

(2)　2 回目までに表が出る事象 A を集合の形で表し，その確率を求めなさい．

(3)　3 回目以降に表が出る事象 B を集合の形で表し，その確率を求めなさい．

2 長さを測る

1 章では，結果が高々加算個の種類しかないような試行について，分布を想定することができ，それによって事象の確率が定まると考えられること，この考え方は場合の数を数える考え方を含むことを述べました．本章では，長さ，重さ，時間などを測定する場合，結果が必ずしも高々加算個であるとは考えられないような場合に確率を規定するものとして，密度関数を導入します．密度関数は，測定データから作製されるヒストグラムの極限的な存在として想定されます．

キーワード

測る
ヒストグラム，相対頻度
1 変数の密度関数，**2** 変数の密度関数，
$\boldsymbol{n}$ 変数の密度関数，周辺密度関数，正規分布，
標準正規分布，ワイブル分布，指数分布，
ガンマ分布，一様分布
2 変量正規分布
直積集合，順序対

2.1 長さを測る

科学技術の様々な場面で時間，温度，圧力，長さ，重さ，体積，速度，位置などいろいろな量が測定されます．ある一定の対象に対して何らかの測定を繰り返し行うと，通常は1つの不変な値は得られず，測定のたびにいろいろな値が出現し得ます．このとき，どのような範囲の値が出現しやすくまたしにくいのか，その度合いとしての確率をどのように考えればよいかを問題にします．

1章の「コイン投げとさいころ投げ」の場合と異なるのは，測定値が整数値とは限らない点です．たとえ，測定の結果ある範囲の値，例えば -3 以上 100 以下の値しか出ないとしても，その際の標本空間 Ω は閉区間 $[-3, 100]$ になります．このとき，1章で述べた方法で確率の値を定めることができません．

いま，ある対象を繰り返し測定し，10000 個のデータの一部が次のように得られたとします．測定は無心に行われ，意図的なデータ操作は一切行われていません．つまり完全無作為に行われています．

10.7798, 12.2938, 15.3561, 15.2733, 15.031, 19.2395, 4.60969, 10.4285,
6.91162, 18.7927, 5.39502, 7.02666, 19.8135, 11.4564, 12.4454, 11.9968,
17.534, 9.63281, 3.19058, 26.6135, 13.3222, 16.0601, 20.8622, -0.0778828,
13.731, 8.65819, 9.75383, 17.9367, 5.24066, 9.66982, 21.9268, 8.07544,
12.3323, 10.3989, 13.5126, 13.6812, 19.1781, 8.20728, 4.73235, 3.28578,
23.4902, 15.1254, 13.72, 12.4529, 13.7336, 9.9745, 12.6573, 14.2846,
15.3133, 14.3547, 5.91263, 7.44772, 7.43923, 12.8177, 11.7402, 7.7042,
9.20513, 14.1818, 7.04793, 18.5229, 8.92724, 13.5559, 18.0867, 13.5108,
11.6836, 9.05489, 6.00473, 19.6675, 14.0013, 16.989, 6.09866, 21.7302,
17.4257, 15.1018, 23.8636, 15.8588, 8.75932, 10.2942, 14.6549, 10.4332,
11.5733, 5.43483, 16.5205, 2.63814, 23.4927, 10.0405, 27.2716, 3.84772,
11.5037, 16.9022, 17.3682, 15.3871, 15.7733, 2.53049, 27.1289, 12.6943,
13.7515, 4.90607, 13.8897, 13.9077, 8.66147, 9.59536, 8.56164, 13.1472,
10.2048, 7.78296, 11.688, 7.73704, 12.1483, 20.7052, 12.0741, 14.4946,
19.2934, 6.24813, 7.04159, 12.7701, ····· ·······················

このデータ全体を眺めただけでは，どのような範囲の値が出やすくまたは出にくいかなどのデータ全体の傾向は見て取れません．そこで，これらのデータの整理から始めます．

2.2 ヒストグラムを描く

データの総個数を N 個とします．ヒストグラムは下記の手順に従って作られます．

ヒストグラムの作製手順

(1) データ全体の中から最小値 m と最大値 M を探し出します．

(2) 区間 $[m, M]$ を k 等分します．このときの各小区間の境界の値を

$$m = a_0,\ a_1,\ a_2, \cdots, a_{k-1} \quad a_k = M$$

と書くことにすると k 個の小区間

$$[a_0, a_1],\ (a_{i-1}, a_i] \quad (i = 2, \cdots, k)$$

が得られます．この小区間を**階級**，小区間の長さを**階級幅**と呼びます．

階級の個数 k の決定には次の**スタージェスの公式**が用いられることがありますが，これは目安を与えるものであり，通常はいくつかの k の値に対してヒストグラムを描き最もなめらかなものを選ぶようにします．

$$k = 1 + \log_{10} N$$

$$(\text{階級の個数}) = 1 + \log_{10}(\text{データの個数})$$

(3) それぞれの階級 $(a_{i-1}, a_i]$ $(i = 2, \cdots, k)$ に入るデータの個数を調べます．これを階級 $(a_{i-1}, a_i]$ の**度数**と呼びます．ここでは f_i と書くことにします．f_i/N を階級 $(a_{i-1}, a_i]$ の**相対頻度**と呼びます．

階級 $[a_0, a_1]$ の度数 f_1 は a_0 以上 a_1 以下の値のデータの個数，相対頻度は f_1/N となります．

(4) 最後に各階級の上に棒を，その棒の面積がその階級の相対頻度になるようにして立てます．

$$\text{階級}\ (a_{i-1}, a_i]\ \text{の上に立てる棒の高さ} = \frac{f_i}{N} \times \frac{1}{a_i - a_{i-1}}$$

階級 $[a_0, a_1]$ に対しても同様です．図 2.1 を参照してください．

このようにしてできあがったグラフを**ヒストグラム**と呼びます．

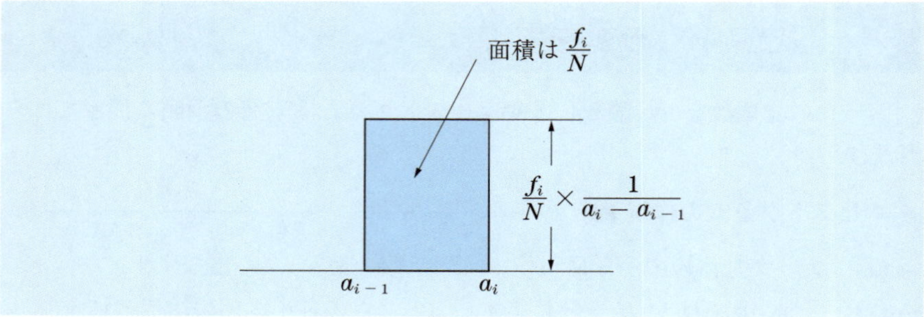

図 2.1

次の図 2.2 は，先の 10000 個のデータのヒストグラムを描いたものです．階級幅は 1 になっています．

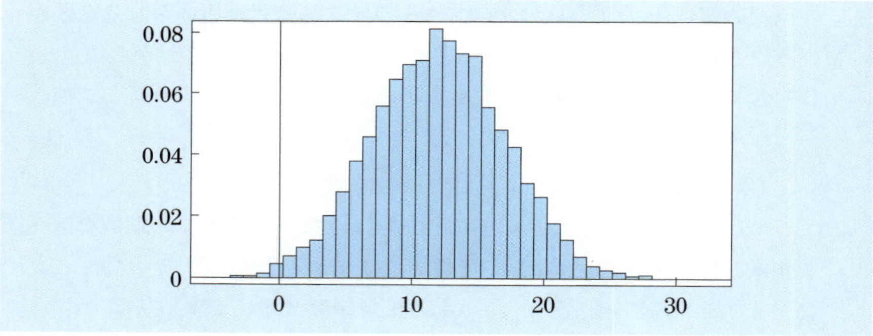

図 2.2　10000 個のデータに対するヒストグラム

このヒストグラムからどのような範囲の値が出やすくまたは出にくいかは，ほとんど一目瞭然に見て取れます．12 前後の値の出現度合いが高く，両端に行くほど出現しにくくなっていることがわかります．このような度合いを定めるものとして何が想定できるか，さらに考えを推し進めていきますが，図 2.2 のヒストグラムを眺めるだけでも 1 つの曲線が想像できます．

2.3　1 変数の密度関数

図 2.3 から図 2.5 までを見てください．図 2.3 は，同様の測定を 20000 回行い，ヒストグラムを描いたものです．階級幅は 0.5 になっています．図 2.4 は，30000 個のデータに対して階級幅を 0.2 としたもの．さらに図 2.5 は，40000 個のデータに対して階級幅を 0.1 としてヒストグラムを描いたものです．

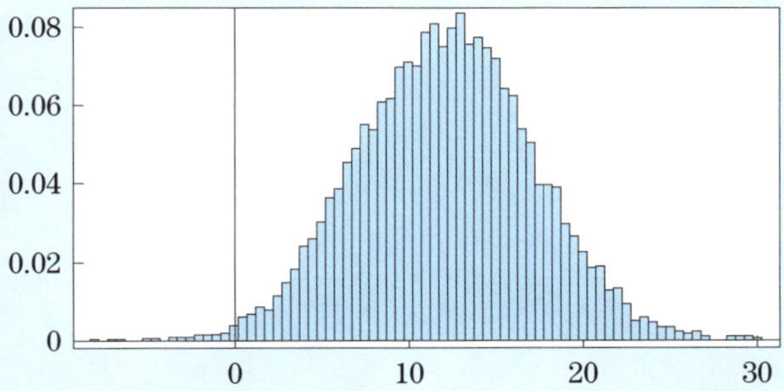

図 2.3　20000 個のデータに対するヒストグラム

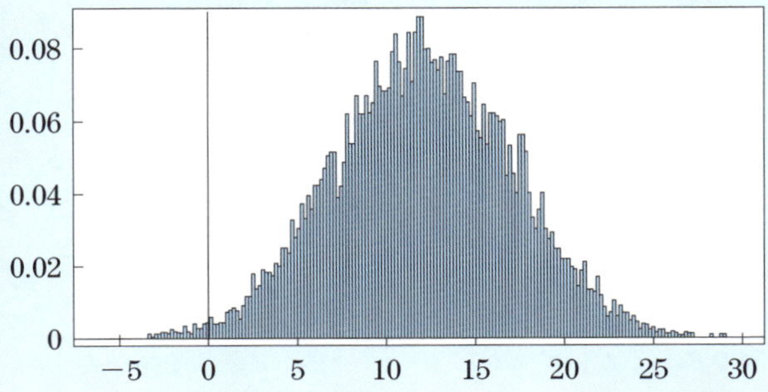

図 2.4　30000 個のデータに対するヒストグラム

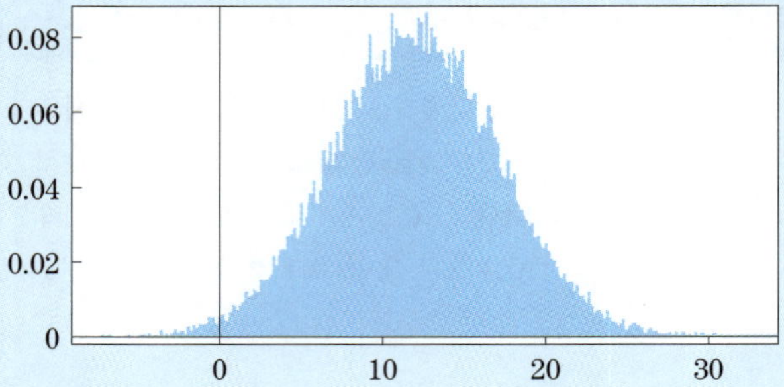

図 2.5　40000 個のデータに対するヒストグラム

これら一連のヒストグラムを眺めると，測定回数を増やし，そのたびに階級幅を狭めながらヒストグラムを描いていくと，ある一定の関数のグラフに近づいていくことが想像できます．

いま扱っているデータでは，次の関数が当てはまります．

$$n_{12,5^2}(x) = \frac{1}{\sqrt{2\pi \times 5^2}} \exp\left\{-\frac{(x-12)^2}{2 \times 5^2}\right\}$$

この関数 $n_{12,5^2}(x)$ のグラフをヒストグラムと重ね合わせて描いたものが図 2.6 です．ほぼ一致していることが見て取れます．

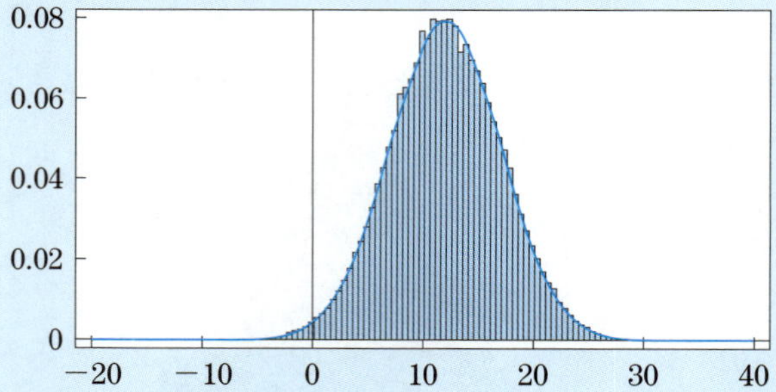

図 2.6　ヒストグラムと $n_{12,5^2}(x)$ とを重ねて描いたもの

このことから我々は，いま考えている測定を行った際，どのような範囲の値が出現しやすく出現しにくいかの度合いは，この関数 $n_{12,5^2}(x)$ によって定められると考えます．

このように一連のヒストグラムの先に想定できる関数を**密度関数**と呼び，$n_{12,5^2}(x)$ は正規分布と呼ばれている密度関数の一例です．密度関数自体の定義は後に与えます．

$n_{12,5^2}(x)$ のグラフは，図 2.7 に描かれています．測定によって 5 以上 20 以下の値が出現する度合い，つまり確率は，

$$\text{着色した部分の面積} = \int_5^{20} n_{12,5^2}(x)dx$$

によって与えられると考えます．ヒストグラムは，棒の面積が相対頻度になるようにして作られたこと，一連のヒストグラムの先に密度関数を見通したことに注意してください．

密度関数 $n_{12,5^2}(x)$ のグラフの高さが高いところに相当する値が出現しやすく，逆に低いところに相当する値は出現しにくいことがわかります．もちろん，

$$\int_{-\infty}^{+\infty} n_{12,5^2}(x)dx = 1$$

が成立します．

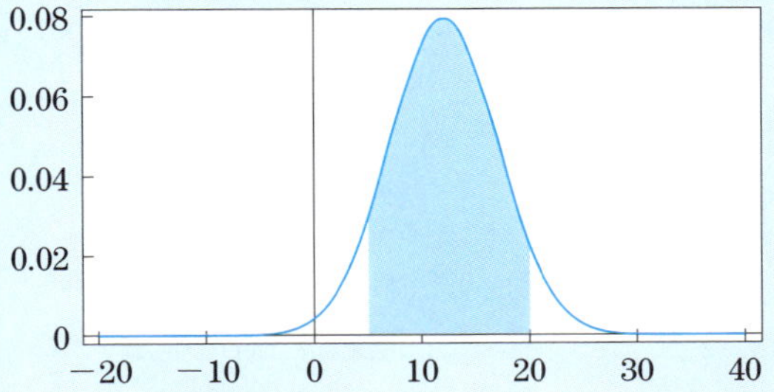

図 2.7　$n_{12,5^2}(x)$ のグラフ

定義 2.1（1 変数の密度関数の定義）

$\boldsymbol{R}$ 上で定義された関数 $f(x)$ は，次の 2 つの条件を満たすとき，**1 変数の密度関数**（簡単に密度関数）と呼ばれます．

(1)　すべての $x \in \boldsymbol{R}$ に対して $f(x) \geq 0$

(2)　$\displaystyle\int_{-\infty}^{+\infty} f(x)dx = 1$

1 つの量を測定するような試行の標本空間は，実数全体の集合 $\boldsymbol{R}$ とします．つまり $\Omega = \boldsymbol{R}$ です．密度関数のグラフを描いたときの横軸は実数全体を表しますが，これは標本空間を意味します．このような試行において，例えば，a 以上 b 以下という事象の確率は，面積 $\displaystyle\int_a^b f(x)dx$ で与えられることになります．

以下に応用上よく用いられる密度関数を列挙しておきます．これらは標本空間上の確率を定めるものとしての密度関数です．6 章で確率変数を導入しますが，この確率変数の確率的挙動を規定するものとして同じ密度関数が重要な例としてあげられます．

例 2.1　**正規分布**　次式で与えられる密度関数を**正規分布**と呼び，2 つのパラメータ $-\infty < \mu < \infty$ と $\sigma > 0$ を持ちます．

$$n_{\mu,\sigma^2}(x) = \frac{1}{\sqrt{2\pi\sigma^2}} \exp\left\{-\frac{(x-\mu)^2}{2\sigma^2}\right\} \quad (-\infty < x < \infty)$$

この密度関数は，統計的推測，品質管理などで中心的な役割を果たし $N(\mu, \sigma^2)$ と書き記されます．特に $N(0,1)$ を**標準正規分布**と呼びます．□

例 2.2　**ワイブル分布**　次式の密度関数は，**ワイブル分布**と呼ばれます．

$$f(x) = \begin{cases} \lambda m x^{m-1} e^{-\lambda x^m} & (x \geq 0) \\ 0 & (x < 0) \end{cases}$$

$\lambda > 0$ と $m > 0$ はそれぞれ尺度母数および形状母数と呼ばれています．故障時間の確率的特性を表すものとして，信頼性工学の分野でよく用いられています．測定値がワイブル分布に従うと考えられる試行を行うと，$x < 0$ のとき $f(x) = 0$ ですから，負の値は出現しません．□

例 2.3　**指数分布**　$\lambda > 0$ として次のように与えられる密度関数 $f(x)$ をパラメータ λ の**指数分布**と呼びます．

$$f(x) = \begin{cases} \lambda e^{-\lambda x} & (x \geq 0) \\ 0 & (x < 0) \end{cases}$$

ワイブル分布で形状母数の値を $m = 1$ とした場合で，応用上よく用いられます．

□

例 2.4　**ガンマ分布**　$\lambda > 0,\ k > 0$ として次のように与えられる密度関数を**ガンマ分布**と呼びます．

$$f(x) = \begin{cases} \dfrac{\lambda^k}{\Gamma(k)} x^{k-1} e^{-\lambda x} & (x \geq 0) \\ 0 & (x < 0) \end{cases}$$

k が正の整数であるとき，**アーラン分布**と呼ばれ，指数分布とともに待ち行列理論，信頼性理論などでよく用いられます．$\Gamma(k)$ はガンマ関数と呼ばれる特殊関数の一種です．10 章 10.5 節を参照してください．□

例 2.5　**一様分布**　$\alpha < \beta$ として次のように与えられる密度関数 $f(x)$ を $[\alpha, \beta]$ 上の**一様分布**と呼びます．

$$f(x) = \begin{cases} \dfrac{1}{\beta - \alpha} & (\alpha \leq x \leq \beta) \\ 0 & (\text{その他}) \end{cases}$$

$[\alpha,\ \beta]$ 上で一定の値を取ることから，この範囲のどの値も同じような程度で出現し，この範囲以外の値は出現しないことがわかります．□

ある対象の時間，温度，圧力，長さ，重さ，体積，速度などの量を測定するとき，どのような範囲の値が出現しやすくまたは出現しにくいか，そのような度合いを与えるものとして密度関数が想定できることを述べてきました．このことは，**同一と見なされる条件のもとで測定が何度でも繰り返せ得る**と考えられるときに可能であることに注意してください．このことがあって初めて，一連のヒストグラムの先に密度関数を見通せます．

2.4 長さと重さを同時に測る

長さと重さを同時に測るなど 2 種類の量を同時に測定するような試行を考えます．このような試行の結果は 2 つの実数値の組として表現することができます．例えば，長さと重さの測定結果がそれぞれ 176.34 と 23.889 であれば，これらを組にして (176.34, 23.889) と書き表すことができます．

このような試行の結果として出現し得るもの全体は，2 つの実数値の組全体であると考えられます．2 つの実数値の組全体の集合を $\boldsymbol{R}^2$ と書けば，標本空間 Ω は $\Omega = \boldsymbol{R}^2$ となります．ここで，$\boldsymbol{R}^2$ の定義を書いておきます．

$$\boldsymbol{R}^2 = \{\ (x, y) \mid x \in \boldsymbol{R},\ y \in \boldsymbol{R}\ \}$$

2 つの実数値の組は平面上の各点の座標であると考えることができます．したがって，$\boldsymbol{R}^2$ として平面全体をイメージできます (図 2.8).

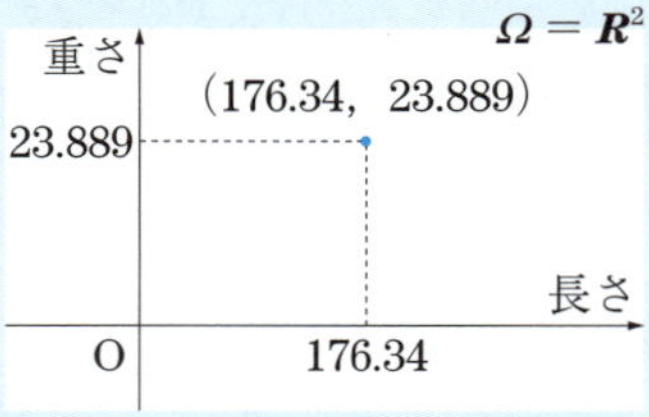

図 2.8

以降では集合と集合のかけ算が出てきます．これについては，この章の最後の節で説明をしてあります．

例 2.6 長さと重さを同時に測る試行に対して事象の例をいくつかあげておきます．

(1) 長さが x_1 より大きく x_2 以下である事象 A は，図 2.9 の濃い青色の部分に対応する部分集合で，

$$A = (x_1, x_2] \times (-\infty, +\infty) = (x_1, x_2] \times \boldsymbol{R}$$

と書き表せます．

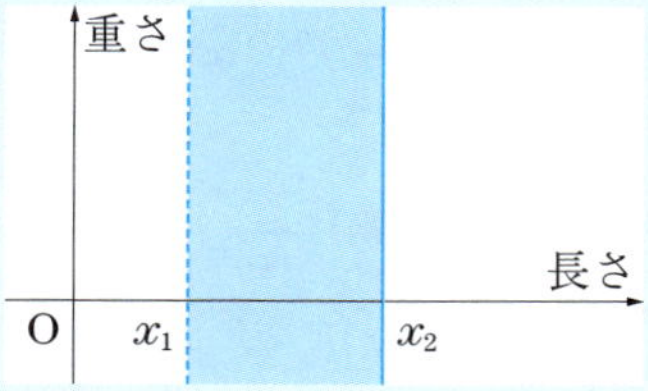

図 2.9

(2)　長さが x_1 より大きく x_2 以下で，重さが y_1 より大きく y_2 以下であるという事象 B は図 2.10 の濃い青色の部分に対応する部分集合で，

$$B = (x_1, x_2] \times (y_1, y_2]$$

と書き表せます．

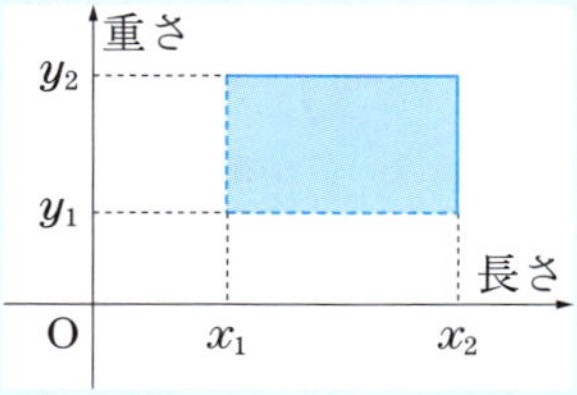

図 2.10

(3)　長さの 2 乗と重さの 2 乗の和が r^2 以下であるという事象 C は，原点を中心とする半径 r の円の内部と円周を合わせたもので，次のように書き表せます．

$$C = \{\ (x, y) \mid x^2 + y^2 \leq r^2\ \}$$ □

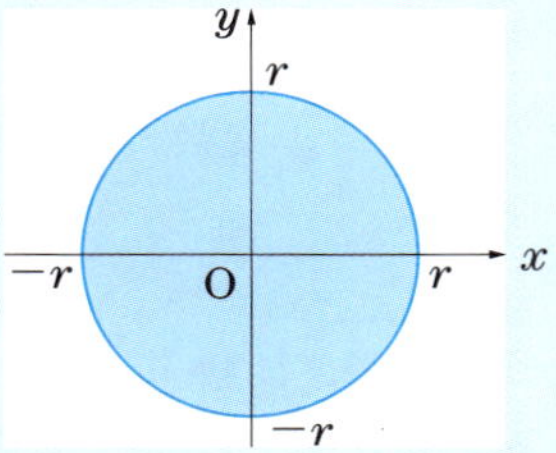

図 2.11

事象の確率は，2.2，2.3 節の $\Omega = \boldsymbol{R}$ における議論を $\Omega = \boldsymbol{R}^2$ の場合に拡張して，次の 2 つの条件を満たす **2 変数の密度関数** $f(x, y)$ によって定まると考えることができます．

定義 2.2（2 変数密度関数の定義）

任意の $(x, y) \in \boldsymbol{R}^2$ に対して $f(x, y) \geq 0$

$$\int_{-\infty}^{+\infty} \int_{-\infty}^{+\infty} f(x, y) dx dy = 1$$

例 2.7　**例 2.6** にあげた事象 A, B, C の確率は，各集合 A, B, C と $f(x, y)$ とが定める立体の体積になります．

$$\boldsymbol{P}(A) = \int_{x_1}^{x_2} \left(\int_{-\infty}^{+\infty} f(x, y) dy \right) dx$$

$$\boldsymbol{P}(B) = \int_{x_1}^{x_2} \left(\int_{y_1}^{y_2} f(x, y) dy \right) dx$$

$$\boldsymbol{P}(C) = \int_{-r}^{+r} \left(\int_{-\sqrt{r^2 - x^2}}^{\sqrt{r^2 - x^2}} f(x, y) dy \right) dx$$

□

例 2.6 の (1) の事象 A の確率 $\boldsymbol{P}(A)$ について，さらに考えて行きます．$A = (x_1, x_2] \times (-\infty, +\infty)$ は長さが x_1 より大きく x_2 以下である事象を意味し，重さについては特に指示されていることはなく，つまり重さには関心がないことを意味します．

$$g(x) = \int_{-\infty}^{+\infty} f(x, y) dy$$

とおくと，

任意の $x \in \boldsymbol{R}$ に対して $g(x) \geq 0$ であり，さらに $\displaystyle\int_{-\infty}^{+\infty} g(x) dx = 1$

が成立します．したがって，$g(x)$ は 1 変数の密度関数になり，$\boldsymbol{P}(A)$ は

$$\boldsymbol{P}(A) = \int_{x_1}^{x_2} g(x) dx$$

と書き表せます．このことから，密度関数 $g(x)$ は，長さのみに関係する事象の確率を与えてくれることがわかります．また，

$$h(y) = \int_{-\infty}^{+\infty} f(x, y)dx$$

とすれば，この $h(y)$ もやはり 1 変数の密度関数になり，重さのみに関係する事象の確率を与えてくれることになります．

このように，2 変数の密度関数 $f(x, y)$ から 2 つの 1 変数の密度関数 $g(x), h(y)$ が導き出されますが，これらを $f(x, y)$ の**周辺密度関数**と呼びます．

例 2.8　**2 変量正規分布**　2 変量正規分布は応用上よく用いられる 2 変数の密度関数で，次のように 5 つのパラメータを持っています．

$$f(x, y) = \frac{1}{2\pi\sigma_1\sigma_2\sqrt{1-\rho^2}} \exp\left[-\frac{1}{2(1-\rho^2)}\left\{\left(\frac{x-\mu_1}{\sigma_1}\right)^2 - \frac{2\rho(x-\mu_1)(y-\mu_2)}{\sigma_1\sigma_2} + \left(\frac{y-\mu_2}{\sigma_2}\right)^2\right\}\right]$$

$$(-\infty < \mu_1 < \infty,\ -\infty < \mu_2 < \infty,\ \sigma_1 > 0,\ \sigma_2 > 0,\ -1 < \rho < 1)$$

それぞれの周辺密度関数が，次のように正規分布 $N(\mu_1, \sigma_1^2)$ と $N(\mu_2, \sigma_2^2)$ になることが容易に確かめられます．

$$n_{\mu_1,\sigma_1^2}(x) = \int_{-\infty}^{\infty} f(x, y)dy = \frac{1}{\sqrt{2\pi{\sigma_1}^2}} \exp\left\{-\frac{(x-\mu_1)^2}{2{\sigma_1}^2}\right\}$$

$$n_{\mu_2,\sigma_2^2}(y) = \int_{-\infty}^{\infty} f(x, y)dx = \frac{1}{\sqrt{2\pi{\sigma_2}^2}} \exp\left\{-\frac{(y-\mu_2)^2}{2{\sigma_2}^2}\right\}$$

□

2.5　標本空間が $\Omega = R^n$ であるとき

以上で述べたことを一般化します．

$\boldsymbol{R}^n$ は，n 個の実数の組全体の集合を表します．

$$\boldsymbol{R}^n = \{\ (x_1, \cdots, x_n) \mid x_i \in \boldsymbol{R}\ (i = 1, \cdots, n)\ \}$$

n 個の量を同時に測定するような試行の標本空間として採用されます．$n = 1$ のときは実数全体の集合を表し，$n = 2$ のときは 2 つの実数の組全体の集合を表しました．$n = 3$ のときは 3 つの実数の組全体の集合を表します．

ある試行の標本空間が $\boldsymbol{R}^n$ と書き表されるとき，確率は次の 2 つの条件を満たす n 変数の密度関数 $f(x_1, \cdots, x_n)$ を用いることによって定められます．

どのような $(x_1, \cdots, x_n) \in \boldsymbol{R}^n$ に対しても $f(x_1, \cdots, x_n) \geq 0$

$$\int_{-\infty}^{+\infty} \cdots \int_{-\infty}^{+\infty} f(x_1, \cdots, x_n) dx_1 \cdots dx_n = 1$$

事象 $A \subseteq \boldsymbol{R}^n$ の確率 $\boldsymbol{P}(A)$ は，密度関数を使って次のように定められます．

$$\boldsymbol{P}(A) = \int \cdots \int_A f(x_1, \cdots, x_n) dx_1 \cdots dx_n$$

例えば，3 変数の密度関数 $f(x_1, x_2, x_3)$ には，

$$\int_{-\infty}^{+\infty} f(x_1, x_2, x_3) dx_i \quad (i = 1, 2, 3)$$

$$\int_{-\infty}^{+\infty} \int_{-\infty}^{+\infty} f(x_1, x_2, x_3) dx_i dx_j \quad (i = 1, 2, 3,\ j = 1, 2, 3,\ i \neq j)$$

のように 2 変数の周辺密度関数と 1 変数の周辺密度関数が合わせて 6 通りあります．

2.6 直積集合

2.4 節では，$(x_1, x_2] \times (-\infty, +\infty)$，$(x_1, x_2] \times (y_1, y_2]$ のような書き方を用いました．このような表記法について説明しておきます．

2 つの集合 A，B に対して，$A \times B$ を次のように定義します．

$$A \times B = \{\ (a, b) \mid a \in A,\ b \in B\ \}$$

$A \times B$ は，A の要素と B の要素とのすべての対からなる集合を表します．対にするとき，A の要素 a を先に，B の要素 b を後にして (a, b) と書き，**順序**を考慮に入ます．このことから，(a, b) を**順序対**と呼びます．$A \times B$ を集合 A と B の**直積集合**と呼びます．

$B \times A$ は，

$$B \times A = \{\ (b, a) \mid b \in B,\ a \in A\ \}$$

となり，一般的に $A \times B$ とは異なった集合になります．

例 2.9　$A = [1, 2] \subseteq \boldsymbol{R}$，$B = [1, 2] \cup [3, 4] \subseteq \boldsymbol{R}$ とすれば，$A \times B$ および $B \times A$ は図 2.12 における濃い青の部分になります．□

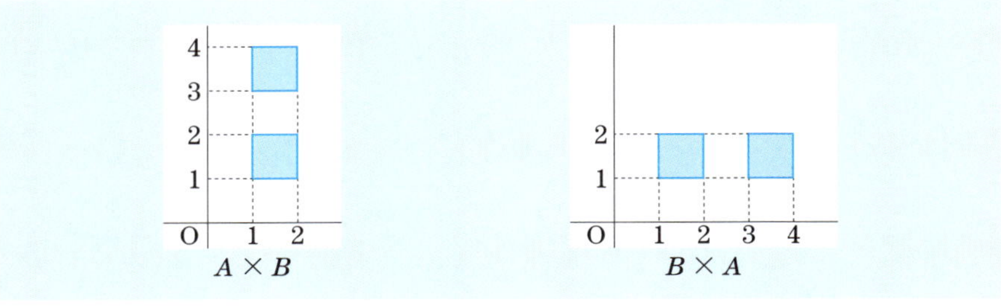

図 2.12

n 個の集合 A_1，A_2，$\cdots$，A_n の直積集合も同様にして，次のように定義されます．

$$A_1 \times \cdots \times A_n = \{\ (a_1, \cdots, a_n) \mid a_i \in A_i\ (i = 1, \cdots, n)\ \}$$

この式の左辺を簡単に $\prod_{i=1}^{n} A_i$ と書きます．A_1，$\cdots$，A_n の集合が同一で $A_1 =$

$\cdots = A_n = A$ であるとき，$A_1 \times \cdots \times A_n$ を簡単に A^n と書きます．

例 2.10 (1) 2.4 節で紹介した $\boldsymbol{R}^2$ は，2 つの $\boldsymbol{R}$ の直積集合です．

(2) 2.5 節で紹介した $\boldsymbol{R}^n$ は，n 個の $\boldsymbol{R}$ の直積集合です．

(3) $A = \{1, 2, \cdots, 6\}$ とします．1.3 節の区別できる 2 個のさいころ投げの標本空間 Ω は，2 つの A の直積集合 A^2 にほかなりません．

もし，区別できる n 個のさいころ投げを考えるのであれば，その標本空間は，n 個の A の直積集合 A^n になります． □

可算個の集合 A_1，A_2，$\cdots$ の直積集合は，有限個の場合と同じようにして定義されます．

$$\prod_{i=1}^{\infty} A_i = A_1 \times \cdots \times A_n \times \cdots$$
$$= \{ (a_1, \cdots, a_n, \cdots) \mid a_i \in A_i \ (i = 1, 2, \cdots) \}$$

$A_1 = A_2 = \cdots = A$ のとき，$\prod_{i=1}^{\infty} A_i$ を簡単に A^∞ と書きます．例えば，$\boldsymbol{R}^\infty$ はすべての実数値の無限数列からなる集合を意味し，$\boldsymbol{R}^\infty$ の各要素は 1 つの無限数列を表すことになります．

2章の問題

1 標本空間を $\Omega = \boldsymbol{R}$ とします．以下のそれぞれの事象を集合の形で書き表しなさい．

(1) 3 以上の値．

(2) -2 以上 6 以下の値．

(3) -3 以下，または，7 以上の値．

(4) -2 以上かつ 3 以下の値，または，8 以上かつ 12 以下の値．

2 標本空間は $\Omega = \boldsymbol{R}$ で，密度関数 $f(x)$ は次のようにパラメータ λ の指数分布であるとします．

$$f(x) = \begin{cases} \lambda e^{-\lambda x} & (x \geq 0) \\ 0 & (x < 0) \end{cases}$$

(1) 問題 1 の各事象の確率をできる限り簡明な形で書き表しなさい．

(2) $x > 0$ として，事象 $(x, +\infty)$ と $[0, x]$ の確率をできる限り簡明な形で書き表しなさい．

3 $[0, 1]$ 上の一様分布を用いて，事象 $[0.5,\ 2]$ の確率を求めなさい．

4 標本空間は $\Omega = \boldsymbol{R}$ で，密度関数 $f(x)$ は次のようであるとします．

$$f(x) = \begin{cases} ax^2 & (0 \leq x \leq 9) \\ 0 & (\text{その他}) \end{cases}$$

(1) 係数 a の値を定めなさい．

(2) 問題 1 の各事象の確率をできる限り簡明な形で書き表しなさい．

5 (1) 例 2.1 で紹介した正規分布 $N(\mu, \sigma^2)$ について $y = \dfrac{x-\mu}{\sigma}$ の変数変換を行い，次の関係が成立することを示しなさい．

$$\int_a^b n_{\mu,\sigma^2}(x)dx = \int_{(a-\mu)/\sigma}^{(b-\mu)/\sigma} n_{0,1^2}(y)dy$$

(2) 次のことを示しなさい．

$$\int_{-\infty}^{\infty} n_{0,1^2}(x)dx = 1$$

6 身長と体重を同時に測る試行を考えます．

(1) 標本空間 Ω をどのように設定しますか．

(2) 身長が 150 以上，体重が 60 以上で 70 以下である事象を直積集合の形で書き表しなさい．

(3) 身長が 150 より大で 170 以下，体重が 65 以上である事象を直積集合の形で書き表しなさい．

7 次の 2 変数の密度関数 $f(x,y)$ について，以下の問に答えなさい．

$$f(x,y)=\begin{cases} axy^2 & (0\le x\le 1,\ 0\le y\le 1) \\ 0 & (\text{その他}) \end{cases}$$

(1) 係数 a の値を定めなさい．

(2) 事象 $[-1\ ,\ 2]\times[0\ ,\ 3]$ の確率の値を求めなさい．

(3) 事象 $[0.5\ ,\ 3]\times[-2\ ,\ 0.5]$ の確率の値を求めなさい．

(4) 周辺密度関数を求めなさい．

8 次の 2 変数密度関数 $f(x,y)$ について，以下の問に答えなさい．λ は正の定数です．

$$f(x,y)=\begin{cases} ae^{-\lambda x}y^2 & (0\le x,\ 0\le y\le 1) \\ 0 & (\text{その他}) \end{cases}$$

(1) 係数 a を λ を用いて表しなさい．

(2) 周辺密度関数を求めなさい．

(3) $[-1\ ,\ 1]\times[0\ ,\ 0.5]$ の確率をできる限り簡潔な形で書き表しなさい．

9 例 2.8 の 2 変量正規分布の周辺密度関数を，実際に積分を実行することによって導き出しなさい．

10 直積集合に関する以下の問に答えなさい．

(1) $([1\ ,\ 3]\cup[4\ ,\ 6])\times([-2\ ,\ 4]\cup[7\ ,\ 8])$ の直積集合を図示しなさい．

(2) $\Omega_1=\{0,1\}$ と $\Omega_2=\{1,2,3,4,5,6\}$ との直積集合の要素をすべて列挙しなさい．$\Omega_1\times\Omega_2$ はどのような試行の標本空間であると考えますか．

(3) $\{1,2,3,4,5,6\}$ と $[2\ ,\ 4]$ との直積集合を図示しなさい．

(4) $A\subseteq \boldsymbol{R}$ であるとき，A^c を A の $\boldsymbol{R}$ における補集合であるとします．$[1\ ,\ 3]^c\times[3\ ,\ 5]$ の直積集合を図示しなさい．

(5) $\boldsymbol{R}^2$ の部分集合 $\{(x,y)\mid x^2+y^2\le r^2\}$ が $\boldsymbol{R}$ の 2 つの部分集合の直積集合として表せないことを確認しなさい．

3 標本空間と事象

事象は集合にほかならず，したがって集合演算を事象間に作用させて新しい事象を生成できます．本章では事象間の演算について概観した後に，σ–集合体を定義し，これまで素朴に用いてきた事象をフォーマルに定義します．さらに標本空間が高々加算集合であるときと，$\boldsymbol{R}^n$ であるときのそれぞれにおいて標準的に採用される σ–集合体を紹介します．

キーワード

和事象，積事象，補事象，差集合，排反，集合系
$\boldsymbol{\sigma}$–集合体，事象，最小の $\boldsymbol{\sigma}$–集合体，巾集合，
$\boldsymbol{n}$ 次元ボレル集合体

3.1 事象間の演算

事象は標本空間の部分集合で表されました．そのため事象に集合演算をほどこし，新たな事象を生成することができます．

Ω を標本空間とし，A，B を事象とします．これら 2 つの集合の和集合と積集合をとり，$A \cup B$ を A と B の**和事象**，$A \cap B$ を A と B の**積事象**と呼びます．

$A \cap B \neq \emptyset$ のとき，$A \cap B$ に属する要素が存在し，この共通の結果が試行によって出現すると，2 つの事象 A と B が同時に現れることになります．

$A \cap B = \emptyset$ のとき，A と B は，互いに**排反**であるといいます．このとき，試行の結果，事象 A と B は同時に現れません．つまり，事象 A が現れたときには，事象 B は決して現れませんし，逆もまた成立します．

A の Ω に関する補集合 A^c を A の**補事象**または**余事象**と呼びます．$A \cap A^c = \emptyset$ ですから，試行の結果，事象 A と A^c が同時に現れることはありません．

A と B に対して，$A \cap B^c$ は**差集合**と呼ばれ $A \backslash B$ と書かれます．A の要素で B に属さないもの全体の集合を表します．

例 3.1　いままで何度もでてきたさいころ投げを考えます．標本空間は，$\Omega = \{1,2,3,4,5,6\}$ でした．事象 A, B, C を

$$A = \{2,4,6\}, \quad B = \{1,3,5\}, \quad C = \{3,4,5,6\}$$

のように与えます．次の等号関係が成立することは容易に確かめられます．

$$A \cap B = \emptyset, \quad A \cup C = \{2,3,4,5,6\}$$

$$A \cap C = \{4,6\}, \quad A^c = B, \quad C \backslash B = \{4,6\}$$

事象 A は偶数の目という事象を表し，事象 B は奇数の目という事象を表しています．さいころを振ったとき，この 2 つの事象が同時に現れることはありません．$A \cap B = \emptyset$ がこのことを意味しています．

$A \cup C$ は 2 以上の目という事象を，$A \cap C$ は 3 以上の偶数の目という事象を表しています．また $C \backslash B$ は，B でなくかつ C である事象，つまり 3 以上の偶数の目という事象を表しています．

ちなみに，さいころを振って 4 の目が出現したとき，偶数の目という事象が現れたことにも 3 以上の目という事象が現れたことにもなります．$4 \in A \cap C$ がこのことを意味しています．　□

例 3.2　標本空間を $\Omega=\boldsymbol{R}$ とし，事象 A,B,C を次のよう与えます．

$$A=(\,-2.1\,,\,3.46\,],\quad B=(\,3.83\,,\,6.22\,],\quad C=(\,0.76\,,\,5.443\,]$$

このとき，例えば以下のような積事象，和事象，余事象が得られます．

$$A\cap B=\emptyset,\quad A\cup C=(\,-2.1\,,\,5.443\,],\quad B\cap C=(\,3.83\,,\,5.443\,],$$
$$A^c=(\,-\infty\,,\,-2.1\,]\cup(\,3.46\,,\,+\infty\,),$$
$$B\backslash C=(\,5.443\,,\,6.22\,],\quad C\backslash B=(\,0.76\,,\,3.83\,]$$

□

可算個の事象 A_1，$A_2,\cdots,A_n,\cdots$ に対して，

$$\bigcup_{i=1}^{\infty}A_i=A_1\cup A_2\cup\cdots\cup A_n\cup\cdots$$
$$\bigcap_{i=1}^{\infty}A_i=A_1\cap A_2\cap\cdots\cap A_n\cap\cdots$$

は，それぞれ A_1，$A_2,\cdots,A_n,\cdots$ の和事象，積事象と呼ばれます．

集合演算に関して**ド・モルガンの法則**としてよく知られている，次の関係式が成立します．

$$\left(\bigcup_{i=1}^{\infty}A_i\right)^c=\bigcap_{i=1}^{\infty}A_i^c\,,\quad \left(\bigcap_{i=1}^{\infty}A_i\right)^c=\bigcup_{i=1}^{\infty}A_i^c \tag{3.1}$$

例 3.3　標本空間を $\Omega=\{0,\ 1,\ 2,\ 3,\ \cdots\}$ とし，事象 A_i $(i=0,1,2,\cdots)$ と B_i $(i=0,1,2,\cdots)$ を次のように定めます．

$$A_i=\{2i\}\,,\quad B_i=\{2i+1\}\quad(i=0,1,2,\cdots)$$

例えば $A_2=\{4\}$ は，4 という 1 つの要素のみからなる集合を表します．このとき，

$$\bigcup_{i=0}^{\infty}A_i=\{0,2,4,\cdots\}\,,\quad \bigcup_{i=0}^{\infty}B_i=\{1,3,5,\cdots\}$$

となります．つまり，$\displaystyle\bigcup_{i=0}^{\infty}A_i$ は負でない偶数全体の集合を表し，$\displaystyle\bigcup_{i=0}^{\infty}B_i$ は正の奇数全体の集合を表します．またこの場合，次のようなことも成立します．

$$\left(\bigcup_{i=0}^{\infty} A_i\right)^c = \bigcap_{i=0}^{\infty} A_i^c = \{1, 3, 5, \cdots\} = \bigcup_{i=1}^{\infty} B_i$$ □

例 3.4　標本空間を $\Omega = \boldsymbol{R}$ とし，

$$A_i = \left(2 - \frac{1}{i}\ ,\ 5 + \frac{1}{i}\right) \quad (i = 1, 2, 3, \cdots)$$

とします．図 3.1 を参照してください．

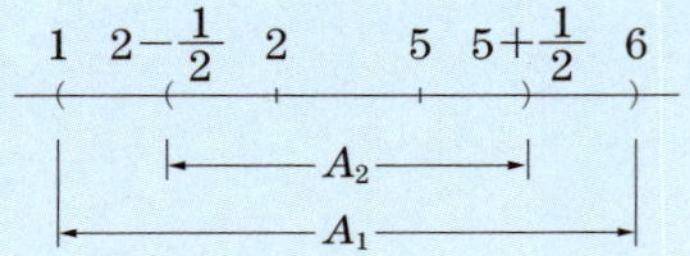

図 3.1

A_i $(i = 1, 2, 3, \cdots)$ 全体の和集合と積集合は次のようになります．

$$\bigcup_{i=1}^{\infty} A_i = (\ 1\ ,\ 6\ ), \quad \bigcap_{i=1}^{\infty} A_i = [\ 2\ ,\ 5\ ]$$

さらに，

$$B_i = \left[\ 2 + \frac{1}{i}\ ,\ 5 - \frac{1}{i}\ \right] \quad (i = 1, 2, 3, \cdots)$$

を考えてみます．図 3.2 を参照してください．

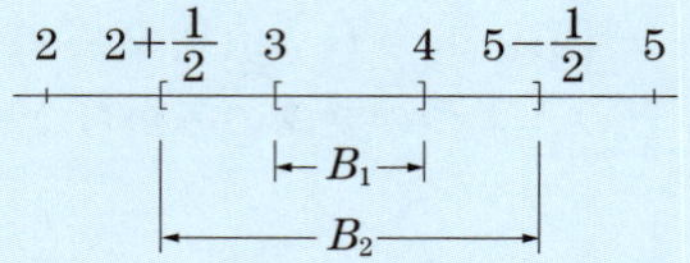

図 3.2

B_i $(i = 1, 2, 3, \cdots)$ 全体の和集合と積集合は次のようになります．

$$\bigcup_{i=1}^{\infty} B_i = (\ 2\ ,\ 5\ )\ , \quad \bigcap_{i=1}^{\infty} B_i = [\ 3\ ,\ 4\ ]$$ □

Ω を標本空間とし，Ω の部分集合で事象となるものを要素とする集合を $\mathcal{F}$ と書くことにします．図 3.3 を参照してください．$\mathcal{F}$ は，Ω の部分集合を要素とする集合です．集合を要素とするこのような集合を**集合系**または**集合族**と呼びます．

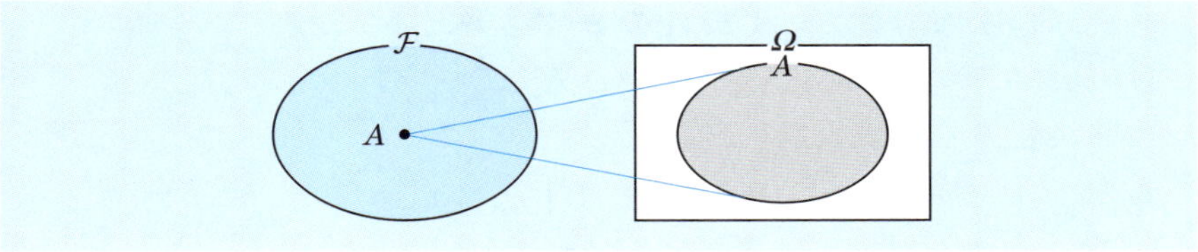

図 3.3

すでに示したいくつかの例では，

(1)　明らかに Ω は事象でした．

(2)　A が事象であれば，A^c は事象であり，

(3)　$A_1, A_2, \cdots$ が事象であれば，$\displaystyle\bigcup_{i=1}^{\infty} A_i$ は事象でした．

これらのことを別の書き方をすれば，次のようになります．

(1′)　$\Omega \in \mathcal{F}$

(2′)　$A \in \mathcal{F}$ であれば，$A^c \in \mathcal{F}$

(3′)　$A_1,\, A_2,\, \cdots \in \mathcal{F}$ であれば，$\displaystyle\bigcup_{i=1}^{\infty} A_i \in \mathcal{F}$

これまでは「事象」を定義せずに素朴に用いてきましたが，次の節で上の (1′), (2′), (3′) で述べたことを手がかりに事象の定義をフォーマルに与えます．

3.2 σ–集合体と事象

定義 3.1（σ–集合体と事象）

標本空間 Ω の部分集合からなる集合族 $\mathcal{F}$ が次の3つの条件を満たすとき，$\mathcal{F}$ を **σ–集合体**または **Ω 上の σ–集合体**と呼びます．

(1) $\Omega \in \mathcal{F}$

(2) $A \in \mathcal{F}$ ならば，$A^c \in \mathcal{F}$

(3) $A_i \in \mathcal{F}\ (i = 1, 2, \cdots)$ ならば，$\displaystyle\bigcup_{i=1}^{\infty} A_i \in \mathcal{F}$

標本空間 Ω 上の σ–集合体の要素を**事象**と呼びます．

定理 3.1（σ–集合体の性質）

$\mathcal{F}$ を Ω 上の σ–集合体とします．このとき，次のことが成立します．

(1) $\emptyset \in \mathcal{F}$

(2) $A_i \in \mathcal{F}\ (i = 1, 2, \cdots)$ ならば，$\displaystyle\bigcap_{i=1}^{\infty} A_i \in \mathcal{F}$

(3) $A_i \in \mathcal{F}\ (i = 1, 2, \cdots, n)$ ならば，$\displaystyle\bigcup_{i=1}^{n} A_i \in \mathcal{F}, \quad \bigcap_{i=1}^{n} A_i \in \mathcal{F}$

［**証明**］ (1) の証明は定義の (1) と (2) から明らかです．

［(2) の証明］ 定義の (2) より $A_i^c \in \mathcal{F}\ (i = 1, 2, \cdots)$ であり，よって，定義の (3) より $\displaystyle\bigcup_{i=1}^{\infty} A_i^c \in \mathcal{F}$．再度定義の (2) とド・モルガンの法則 (3.1) より

$$\bigcap_{i=1}^{\infty} A_i = \left(\bigcup_{i}^{\infty} A_i^c\right)^c \in \mathcal{F}$$

［(3) の証明］ $A_1, A_2, \cdots, A_n \in \mathcal{F}$ とします．$A_{n+1} = A_{n+2} = \cdots = \emptyset$ とすれば，すでに証明した性質 (1) から，$A_{n+1}, A_{n+2}, \cdots \in \mathcal{F}$ となります．この $A_1, \cdots, A_n, A_{n+1}, A_{n+2}, \cdots \in \mathcal{F}$ に対して，定義の (3) を用いて，

$$A_1 \cup \cdots \cup A_n = A_1 \cup \cdots \cup A_n \cup A_{n+1} \cup A_{n+2} \cup \cdots \in \mathcal{F}$$

また，定義の (2) を用いると，$A_1^c, \cdots, A_n^c \in \mathcal{F}$ が成立し，上で示したことから，$A_1^c \cup \cdots \cup A_n^c \in \mathcal{F}$ となります．さらに定義の (2) とド・モルガンの法則より，

$$A_1 \cap \cdots \cap A_n = (A_1^c \cup \cdots \cup A_n^c)^c \in \mathcal{F}$$ ■

定理 3.1 から，σ–集合体 $\mathcal{F}$ の高々可算個の要素に対して集合演算を施した結果も，また $\mathcal{F}$ の要素になることがわかります．

標本空間 Ω の部分集合からなる集合族は，σ–集合体の定義の条件を満たしさえすれば Ω 上の σ–集合体と呼ぶことができ，ただ 1 つだけであるとは限りません．

例 3.5　標本空間 Ω を $\Omega = \{0, 1, 2\}$ とします．次のような集合族は，いずれも Ω 上の σ–集合体になります．

(1)　$\{\emptyset, \{0, 1, 2\}\}$

(2)　$\{\emptyset, \{0\}, \{1, 2\}, \{0, 1, 2\}\}$

(3)　$\{\emptyset, \{2\}, \{0, 1\}, \{0, 1, 2\}\}$

(4)　$\{\emptyset, \{1\}, \{0, 2\}, \{0, 1, 2\}\}$

(5)　$\{\emptyset, \{0\}, \{1\}, \{2\}, \{0, 1\}, \{0, 2\}, \{1, 2\}, \{0, 1, 2\}\}$

しかし，例えば $\{\{0\}, \{1\}\}$ は σ–集合体ではありません．□

例 3.5 からわかるように Ω 上の σ–集合体は，1 つとは限りません．このため Ω の部分集合が事象と呼べるかどうかは σ–集合体をいかに選ぶかに依存します．例えば，**例 3.5** では，Ω の部分集合である $\{1\}$ は，(1), (2), (3) のいずれの σ–集合体を採用しても事象とは呼べませんが，(4) または (5) の σ–集合体を採用すれば事象と呼べることになります．これらのことから，事象全体の集まりとしての σ–集合体をどのように選定すればよいかが問われます．

Ω の部分集合からなる集合族を $\mathcal{A}$ とします．$\mathcal{A}$ は，σ–集合体とは限りませんが，少なくとも $\mathcal{A}$ の要素を事象と呼びたいとします．このとき，$\mathcal{A}$ を含むような σ–集合体として次の定理の $\sigma(\mathcal{A})$ が選ばれます．これは $\mathcal{A}$ を含む**最小の** σ–集合体または $\mathcal{A}$ から**生成された** σ–集合体と呼ばれます．

定理 3.2

$\mathcal{A}$ を含むすべての σ–集合体を $\mathcal{F}_\gamma$, $\gamma \in \Gamma$ とすれば，

$$\sigma(\mathcal{A}) = \bigcap_{\gamma \in \Gamma} \mathcal{F}_\gamma$$

は σ–集合体であり，任意の $\mathcal{F}_\gamma$ に含まれます．

[**証明**] $\bigcap_{\gamma \in \Gamma} \mathcal{F}_\gamma$ が定義3.1の条件(1), (2), (3)を満たすことを示します.

[条件(2)を満たすことの証明] $A \in \bigcap_{\gamma \in \Gamma} \mathcal{F}_\gamma$ とします. このとき, どの $\mathcal{F}_\gamma$ に対しても, $A \in \mathcal{F}_\gamma$ が成立します. $\mathcal{F}_\gamma$ は σ–集合体ですから, どの $\mathcal{F}_\gamma$ に対しても $A^c \in \mathcal{F}_\gamma$ であり, したがって, $A^c \in \bigcap_{\gamma \in \Gamma} \mathcal{F}_\gamma$ が成立します.

[条件(3)を満たすことの証明] $A_1, A_2, \cdots \in \bigcap_{\gamma \in \Gamma} \mathcal{F}_\gamma$ のとき, どの $\mathcal{F}_\gamma$ に対しても $A_1, A_2, \cdots \in \mathcal{F}_\gamma$ が成立します. $\mathcal{F}_\gamma$ は σ–集合体ですから, どの $\mathcal{F}_\gamma$ に対しても $A_1 \cup A_2 \cup \cdots \in \mathcal{F}_\gamma$ であり, よって, $A_1 \cup A_2 \cup \cdots \in \bigcap_{\gamma \in \Gamma} \mathcal{F}_\gamma$ が成立します.

[条件(1)を満たすことの証明] どの $\mathcal{F}_\gamma$ も σ–集合体であるため, $\Omega \in \mathcal{F}_\gamma$ であり, したがって, $\Omega \in \bigcap_{\gamma \in \Gamma} \mathcal{F}_\gamma$ が成立します. ■

Ω の**全ての部分集合からなる集合族**は, Ω の**巾**(べき)**集合**と呼ばれ, $\mathcal{P}(\Omega)$ と書かれますが, 明らかに Ω 上の σ–集合体ですから定理3.2の Γ は空にはなりません.

すでに述べたように, 標本空間 Ω としては高々可算集合, $\boldsymbol{R}^n$ などがよく用いられますが, このような場合, 標準的に採用される σ–集合体があります.

Ω が高々可算集合である場合は, Ω 上の σ–集合体として $\mathcal{P}(\Omega)$ を採用します. 例 **3.3** では, (5) の σ–集合体を採用することになります. $\mathcal{P}(\Omega)$ が採用されると, Ω の任意の部分集合を事象と呼んでよいことになります.

$\Omega = \boldsymbol{R}^n$ の場合, まず $a_1 < b_1, \cdots, a_n < b_n$ であるような, $a_1, b_1, \cdots, a_n, b_n$ に対して,

$$
\begin{aligned}
&(a_1, b_1] \times \cdots \times (a_n, b_n] \\
&= \{(x_1, \cdots, x_n) \mid a_1 < x_1 \leq b_1, \cdots, a_n < x_n \leq b_n\}
\end{aligned}
$$

と定義します. このような $\boldsymbol{R}^n$ の部分集合全体からなる集合族 $\mathcal{A}$ に対して $\sigma(\mathcal{A})$ を $\mathcal{B}^n$ と書き, **n 次元ボレル集合体**と呼びます. $n = 1$ のとき, $\mathcal{B}^1$ は簡単に $\mathcal{B}$ と書かれ, 全ての右半閉区間から生成される σ–集合体で, これには全てのタイプの区間が属します(章末問題7を参照してください). $\Omega = \boldsymbol{R}^n$ には $\mathcal{B}^n$ が標準的です.

3章の問題

1 標本空間を $\Omega = \boldsymbol{R}$ とします．

(1) $a < b$ として $A_i = (a - 1/i, b + 1/i)$ $(i = 1, 2, 3, \cdots)$ とします．次のことを証明しなさい．

$$\bigcup_{i=1}^{\infty} A_i = (a - 1\ ,\ b + 1), \quad \bigcap_{i=1}^{\infty} A_i = [a\ ,\ b]$$

(2) $a + 1 < b - 1$ として $B_i = [a + 1/i, b - 1/i]$ $(i = 1, 2, 3, \cdots)$ とします．次のことを証明しなさい．

$$\bigcup_{i=1}^{\infty} B_i = (a\ ,\ b), \quad \bigcap_{i=1}^{\infty} B_i = [a + 1\ ,\ b - 1]$$

2 1章の章末問題1について，下記の問に答えなさい．

(1) (4)〜(7) の事象を異なる2つの事象の和事象または積事象として表しなさい．

(2) (4)〜(7) の事象の余事象の意味を述べなさい．

3 1章の章末問題7で $n = 3$ の場合を考えます．以下の事象について下の問に答えなさい．

$$A_1 = \{(1, \omega_2, \omega_3) \mid \omega_2,\ \omega_3 \text{ はそれぞれ } 0 \text{ または } 1\}$$
$$B_1 = \{(0, \omega_2, \omega_3) \mid \omega_2,\ \omega_3 \text{ はそれぞれ } 0 \text{ または } 1\}$$
$$A_2 = \{(\omega_1, 1, \omega_3) \mid \omega_1,\ \omega_3 \text{ はそれぞれ } 0 \text{ または } 1\}$$
$$B_2 = \{(\omega_1, 0, \omega_3) \mid \omega_1,\ \omega_3 \text{ はそれぞれ } 0 \text{ または } 1\}$$
$$A_3 = \{(\omega_1, \omega_2, 1) \mid \omega_1,\ \omega_2 \text{ はそれぞれ } 0 \text{ または } 1\}$$
$$B_3 = \{(\omega_1, \omega_2, 0) \mid \omega_1,\ \omega_2 \text{ はそれぞれ } 0 \text{ または } 1\}$$

(1) それぞれの事象の意味を述べなさい．

(2) $A_1 \cap B_2$ の要素をすべて列挙し，この事象の意味を述べなさい．

(3) $B_1 \cap A_3$ の要素をすべて列挙し，この事象の意味を述べなさい．

(4) $A_1 \cap A_2 \cap B_3$ の要素をすべて列挙し，この事象の意味を述べなさい．

4 寿命を測る試行を考え $\Omega = \boldsymbol{R}$ とし，事象 A, B を $A = [7,\ 12], B = [10\ ,\ \infty)$ とします．

(1) A, B それぞれの意味を述べなさい．

(2) $A \cap B$ はどのような集合になりますか．また，その事象としての意味を述べなさい．

(3) $A \cup B$ はどのような集合になりますか．また，その事象としての意味を述べなさい．

(4) A^c はどのような集合になりますか．また，その事象としての意味を述べなさい．

5 2章の **例 2.6** において $D = [1\ ,\ 3] \times [1\ ,\ 5]$，$E = [2\ ,\ 4] \times [0\ ,\ 2]$ とします．

(1) D と E をそれぞれ図示しなさい．

(2) $D \cup E$, $D \cap E$, E^c のそれぞれの集合を図示しなさい．

6 本章 **例 3.5** の (1) から (5) のそれぞれの集合族が σ–集合体であることを確かめなさい．また，$\{\{0\}, \{1\}\}$ が σ–集合体でないことも確認しなさい．

7 1次元ボレル集合体 $\mathcal{B}$ にすべての区間が属することを証明しなさい．

4 確率と確率変数への道——写像

様々な現象を確率論的に議論しようとするとき，確率とともに確率変数が重要な役割を果たしますが，これらについて述べるためには写像の概念が必要になります．本章では写像について，確率や確率変数につながるような形で説明することにします．1 章と 2 章でふれた事象の確率を写像の観点から見直します．また，複数個の写像を組合せて新たな写像を作ること，つまり合成写像にふれますが，これは 7 章で述べる複数個の確率変数に関する議論を経て，9 章の極限定理，10 章以降の統計的推測へとつながります．

キーワード

写像，定義域，値域
逆像
合成写像

4.1 写　　像

Ω_1，Ω_2 を集合とします．Ω_1 の各要素に対して Ω_2 の 1 つの要素を対応づける**規則**を Ω_1 から Ω_2 への**写像**と呼びます．写像自体，つまり対応の規則自体を 1 つの記号 f で表し，

$$f : \Omega_1 \to \Omega_2$$

と書きます．また，この規則によって，Ω_1 の要素 ω_1 に対して Ω_2 の要素 ω_2 が対応づけられるとき，

$$f(\omega_1) = \omega_2$$

と書きます．Ω_1 を f の**定義域**，Ω_2 を**値域**と呼びます．

f と g をともに Ω_1 から Ω_2 への写像であるとします．任意の $\omega_1 \in \Omega_1$ に対して $f(\omega_1) = g(\omega_1)$ が成立するとき，$f = g$ と定義します．

例 4.1　(1)　任意の実数にその 2 乗を対応させる，という規則 f は，$\boldsymbol{R}$ から $\boldsymbol{R}$ への写像で，$x \in \boldsymbol{R}$ に対して $f(x) = x^2$ と対応づけられます．

(2)　$\boldsymbol{R}$ から $\boldsymbol{R}$ への写像 I を，

$$I(x) = x$$

と定めると，この写像は定義域としての $\boldsymbol{R}$ のそれぞれの要素にそれと同じ実数値を対応づけるような規則を表すことになります．2 次元の平面上にグラフを描くと傾きが $45°$ の直線になります．

一般に 1 つの集合 Ω において

$$\omega \in \Omega, \quad I(\omega) = \omega$$

であるような Ω から Ω への写像 I を Ω 上の**恒等写像**と呼びます．

(3)　$(x, y) \in \boldsymbol{R}^2$ に対して，$x + y$ を対応させる写像 f，$(x+y)/2$ を対応させる写像 g，$x \cdot y$ を対応させる写像 h はいずれも $\boldsymbol{R}^2$ から $\boldsymbol{R}$ への写像になります．

$$f(x, y) = x + y, \quad g(x, y) = \frac{x + y}{2}, \quad h(x, y) = x \cdot y$$

(4)　ことわざの「桃，栗 3 年，柿 8 年」は，$A = \{$ 桃，栗，柿 $\}$ から $\boldsymbol{R}$ への写像 f で，以下のように理解できます．

$$f(\text{桃}) = 3, \quad f(\text{栗}) = 3, \quad f(\text{柿}) = 8$$

(5)　表 4.1 をはいくつかの写像を表しています．例えば，この表は学籍番号と氏名との対応関係を与えてくれます．

$$\Omega_{学籍番号} = \{1600125, 1600128, 1600131, 1600201, 1600220\}$$

$$\Omega_{氏名} = \{A, B, C, D\}$$

とすれば，この表によって $\Omega_{学籍番号}$ から $\Omega_{氏名}$ への写像 $f_{氏名}$ が

$$f_{氏名}(1600125) = A, \quad f_{氏名}(1600128) = B, \quad f_{氏名}(1600131) = C, \cdots$$

のように定められていることになります．

表 4.1

学籍番号	氏名	数学	英語
1600125	A	99	88
1600128	B	80	70
1600131	C	89	60
1600201	D	70	88
1600220	E	66	90

また，数学写像と呼べる

$$f_{数学} : \Omega_{氏名} \to \boldsymbol{R}$$

の写像が

$$f_{数学}(A) = 99,$$

$$f_{数学}(B) = 80,$$

$$f_{数学}(C) = 89, \cdots$$

のように定められていることも見て取れます．この写像はそれぞれの学生に数学の点数を対応づけるような写像になっています．同様にしてこの表から英語写像も取り出すことができます．

(6)　f_1, f_2 をともに 1 つの集合 Ω から $\boldsymbol{R}$ への写像とします．この 2 つの写像を用いて Ω から $\boldsymbol{R}^2$ への写像 f を次のように定義することができます（図 4.1）．

$$f(\omega) = (f_1(\omega), f_2(\omega)) \quad (\omega \in \Omega)$$

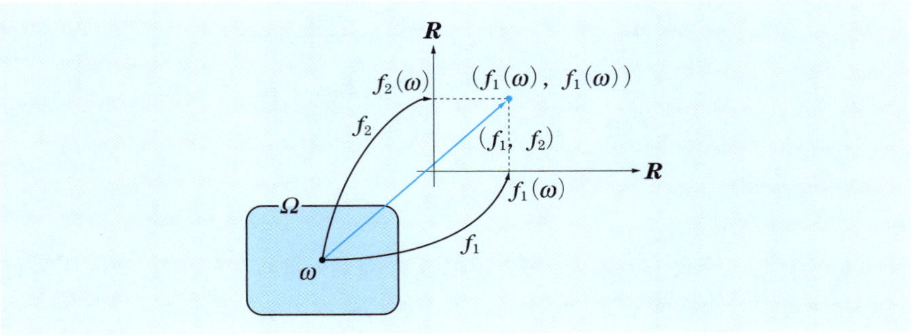

図 4.1

この写像 f を (f_1, f_2) とも書きます．つまり，

$$(f_1, f_2)(\omega) = (f_1(\omega), f_2(\omega)) \in \boldsymbol{R}^2 \quad (\omega \in \Omega)$$ □

例 4.2 **確率への道**

(1) $\Omega = \{\omega_1, \omega_2, \cdots\}$ とし，$\{p_{\omega_i}\}_{i=1}^{\infty}$ を Ω 上の分布とします．さらに，$\mathcal{F}$ を Ω の巾集合であるとします．

$\mathcal{F}$ の要素である事象 A の確率 $\boldsymbol{P}(A)$ は，$\{p_{\omega_i}\}_{i=1}^{\infty}$ を用いて，

$$\boldsymbol{P}(A) = \sum_{\omega_i \in A} p_{\omega_i}$$

と定められると1章で述べました．ほかの事象 B の確率 $\boldsymbol{P}(B)$ は，A の場合と同じようにして

$$\boldsymbol{P}(B) = \sum_{\omega_i \in B} p_{\omega_i}$$

で与えられます．

$\boldsymbol{P}(A)$ と $\boldsymbol{P}(B)$ の値は一般的には異なることが多いでしょう．しかし，確率の値を与える**与え方**は共通であり，その規則は，**事象の確率の値はその事象に属する ω_i に張り付けられている p_{ω_i} の総和として与える**，となります．この規則を $\boldsymbol{P}$ に意味させれば，$\boldsymbol{P}$ は各事象にその確率の値を対応させる，$\mathcal{F}$ から $[0,1]$ への写像になります．

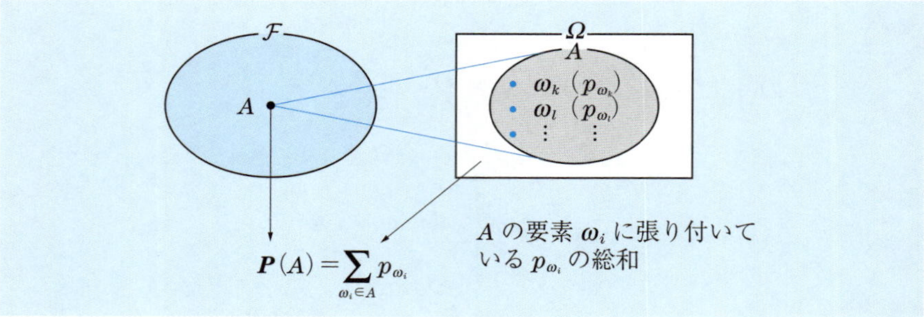

図 4.2

$\{p_{\omega_i}\}_{i=1}^{\infty}$ が与えられると，まず各事象の確率を定める定め方，つまり写像が決まり，この写像によってあらゆる事象の確率の値が与えられることになります．

Ω 上の分布 $\{p_{\omega_i}\}_{i=1}^{\infty}$ が与えられる

↓

事象の確率を定めるための規則 $\boldsymbol{P}$ が定まる

$$A \in \mathcal{F}, \quad \boldsymbol{P}(A) = \sum_{\omega_i \in A} p_{\omega_i}$$

(2)　$\Omega = \boldsymbol{R}^n$ とし，$f(x_1, \cdots, x_n)$ を n 変数の密度関数とします．$A \in \mathcal{B}^n$ に対して，

$$\boldsymbol{P}(A) = \int \cdots \int_A f(x_1, \cdots, x_n) dx_1 \cdots dx_n$$

として定められた $\mathcal{B}^n$ から $[0,1]$ への写像 $\boldsymbol{P}$ は，事象 A の確率を定める規則を意味します．例えば，事象 $(a_1, b_1] \times \cdots \times (a_n, b_n]$ の確率は，

$$\boldsymbol{P}((a_1, b_1] \times \cdots \times (a_n, b_n]) = \int_{a_1}^{b_1} \cdots \int_{a_n}^{b_n} f(x_1, \cdots, x_n) dx_1 \cdots dx_n$$

で与えられます．□

n 変数の密度関数 $f(x_1, \cdots, x_n)$ が与えられる

↓

事象の確率を定めるための規則 $\boldsymbol{P}$ が定まる

$$A \in \mathcal{B}^n,\ \boldsymbol{P}(A) = \int \cdots \int_A f(x_1, \cdots, x_n) dx_1 \cdots dx_n$$

例 4.3　**確率変数への道**

(1)　1 つのさいころをふる試行の標本空間を $\Omega = \{1, 2, 3, 4, 5, 6\}$ とします．この試行の結果に対して，偶数の目が出ればその数を 2 倍し，奇数であれば 0 とするような行為を考えてみます．

このような行為は，標本空間 Ω の各要素に対して，以下のように値を対応させます．

$$1 \to 0 \qquad 2 \to 4 \qquad 3 \to 0 \qquad 4 \to 8 \qquad 5 \to 0 \qquad 6 \to 12$$

これは 1 つの写像にほかなりません．いま考えている行為自体は，次のように定義される Ω から $\boldsymbol{R}$ への写像 X によって表すことができます．

$$\omega \in \Omega, \qquad X(\omega) = \begin{cases} 2\omega & (\omega : \text{偶数}) \\ 0 & (\omega : \text{奇数}) \end{cases}$$

(2)　赤と白の 2 つのさいころをふる試行を考え，標本空間を次のように与えます．(i,j) は赤いさいころの目が i で，白いさいころの目が j であることを表すものとします．

$$\Omega = \{(1,1),\ (1,2), \cdots,\ (6,5),\ (6,6)\}$$

このような 2 個のさいころをふり，赤いさいころの目の数だけを調べるとします．このような行為は，次のような対応の規則を定めます．

$$(i,j) \to i \quad (i = 1, 2, \cdots, 6, \quad j = 1, 2, \cdots, 6)$$

したがって，この行為は，次のような Ω から $\boldsymbol{R}$ への写像 X によって表すことができます．

$$(i,j) \in \Omega, \quad X(i,j) = i$$

今度は，白いさいころの目だけを調べることにします．この行為は次のような Ω から $\boldsymbol{R}$ への写像 Y によって表すことができます．

$$(i,j) \in \Omega, \quad Y(i,j) = j$$

赤いさいころの目の数と白いさいころの目の数の和を取る，という行為は次のような Ω から $\boldsymbol{R}$ への写像 Z によって表すことができます．

$$(i,j) \in \Omega, \quad Z(i,j) = i + j$$

(3)　1 本の棒の長さと重さを同時に測るという行為を考えます．標本空間は次のように与えられます．

$$\Omega = \boldsymbol{R}^2 = \{\ (x,y) \mid x \in \boldsymbol{R},\ y \in \boldsymbol{R}\ \}$$

(x,y) の x は長さを，y は重さを表します．

以下のように定められる Ω から $\boldsymbol{R}$ への写像 X, Y, Z が意味していることは容易にわかりますね．

$$(x,y) \in \Omega, \quad X(x,y) = x, \quad Y(x,y) = y, \quad Z(x,y) = x + y$$

□

4.2 逆　　象

f を Ω_1 から Ω_2 への写像とします．Ω_2 の部分集合 B に対して

$$f^{-1}(B) \equiv \{\omega_1 \mid \omega_1 \in \Omega_1,\ f(\omega_1) \in B\}$$

と定められる Ω_1 の部分集合を B の f に関する**逆象**と呼びます．$f^{-1}(B)$ は，f によって B に属するどれかの要素に対応づけられる Ω_1 の要素全体を表します．

例 4.4 (1) **例 4.1** の (1) の f に対して，

$$f^{-1}(\{4\}) = \{2,\ -2\}, \quad f^{-1}(\{-1\}) = \emptyset$$

となります．また

$$f^{-1}([4,\infty)) = (-\infty,\ -2] \cup [2,\ \infty)$$

となることも容易に確かめられます．

(2) **例 4.1** の (2) の I に対して，$A \subseteq \boldsymbol{R}$ のとき，$I^{-1}(A) = A$ となります．

(3) **例 4.1** の (3) の f に対して，

$$f^{-1}((-\infty, 2]) = \{(x,y) \mid x + y \leq 2\}$$

は，図 4.3 の濃い青色の部分を意味します．

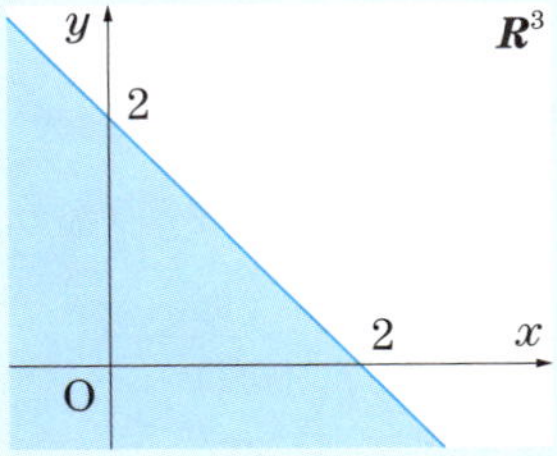

図 4.3

(4) **例 4.3** の (1) の X について，

$$X^{-1}(\{0\}) = \{\ i \mid X(i) \in \{0\}\ \} = \{\ i \mid X(i) = 0\ \} = \{1,3,5\}$$

$$X^{-1}(\{3\}) = \{\ i \mid X(i) \in \{3\}\ \} = \{\ i \mid X(i) = 3\ \} = \emptyset$$

$$X^{-1}(\{4\}) = \{\ i \mid X(i) \in \{4\}\ \} = \{\ i \mid X(i) = 4\ \} = \{2\}$$

(5) **例 4.3** の (2) の Z について，

$$Z^{-1}(\{2,3\}) = \{(1,1),\ (1,2),\ (2,1)\}$$

(6)　例 4.3 の (3) の X, Z について,

$$
\begin{aligned}
X^{-1}((-\infty, a]) &= \{ \ (x, y) \mid X(x, y) \in (-\infty, a] \ \} \\
&= \{ \ (x, y) \mid X(x, y) \leq a \ \} \\
&= \{ \ (x, y) \mid x \leq a, \ -\infty < y < +\infty \ \} \\
X^{-1}((a, b]) &= \{ \ (x, y) \mid a < X(x, y) \leq b \ \} \\
&= \{ \ (x, y) \mid a < x \leq b, \ -\infty < y < +\infty \ \} \\
Z^{-1}(-\infty, \ a]) &= \{ \ (x, y) \mid x + y \leq a \}
\end{aligned}
$$

図 4.4 を参照してください. □

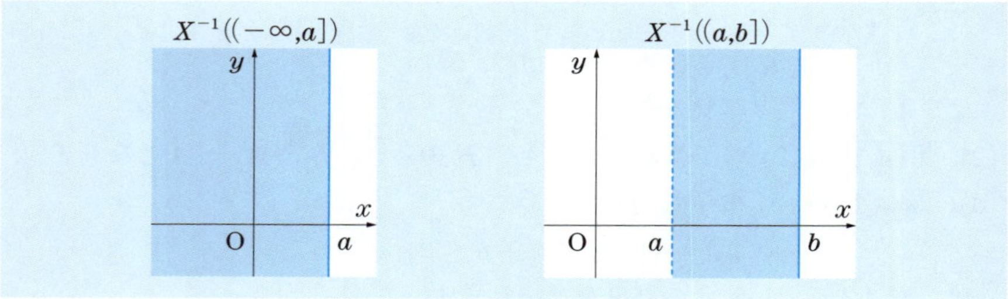

図 4.4

定理 4.1（逆象と集合演算との関係）

f を Ω_1 から Ω_2 への写像, A, B を Ω_2 の部分集合とします. このとき, 次のことが成立します.

(1)　$A \subseteq B$ ならば, $f^{-1}(A) \subseteq f^{-1}(B)$

(2)　$f^{-1}(A \cup B) = f^{-1}(A) \cup f^{-1}(B)$

(3)　$f^{-1}(A \cap B) = f^{-1}(A) \cap f^{-1}(B)$

(4)　$f^{-1}(A^c) = (f^{-1}(A))^c$

記号について少し注意をしておきます. 例えば (4) の左辺と右辺で補集合を取る記号として同じ c を用いていますが, 左辺は Ω_2 に関する補集合を, 右辺は Ω_1 に関する補集合を意味しています. 同じ記号 c であってもその演算を行う場所が異なります. (2) の和集合を取る演算, (3) の積集合を取る演算に関しても同様です.

(2) と (3) は Ω_2 の 2 つの部分集合に関するものですが，可算個の部分集合に関しても同じことが成立します．

$A_1, A_2, \cdots$ を Ω_2 の部分集合とします．このとき，次のことが成立します．

(5)　$f^{-1}(A_1 \cup A_2 \cup \cdots) = f^{-1}(A_1) \cup f^{-1}(A_2) \cup \cdots$

(6)　$f^{-1}(A_1 \cap A_2 \cap \cdots) = f^{-1}(A_1) \cap f^{-1}(A_2) \cap \cdots$

証明にあたって次のことを思い出してください．2 つの集合 E，F があったとき，$E \subseteq F$ は，

E のどのような要素も必ず F に属すること

として定義されています．また，$E = F$ は，

$E \subseteq F$ であって，かつ $F \subseteq E$ であること

として定義されています．このことを頭の中におき (1) の証明を行います．

［**証明**］　$A \subseteq B$ のとき，$f^{-1}(A) \subseteq f^{-1}(B)$ であることを示すために，

$\omega \in f^{-1}(A)$ ならば，$\omega \in f^{-1}(B)$ となる

ことを $A \subseteq B$ の条件のもとで示します．以下の流れを各自で追ってください．

(i)　$\omega \in f^{-1}(A)$ とします．

(ii)　逆像の定義から，$f(\omega) \in A$

(iii)　$A \subseteq B$ の仮定より，$f(\omega) \in B$

(iv)　再度逆象の定義から，$\omega \in f^{-1}(B)$

(v)　以上から，$A \subseteq B$ のとき，$\omega \in f^{-1}(A)$ ならば $\omega \in f^{-1}(B)$

したがって，$A \subseteq B$ のとき，$f^{-1}(A) \subseteq f^{-1}(B)$ となります．　■

4.3　合成写像

Ω_1, Ω_2, Ω_3 を集合とし，f を Ω_1 から Ω_2 への写像，h を Ω_2 から Ω_3 への写像とします．このとき，f と h の**合成写像**は次のように定められる Ω_1 から Ω_3 への写像で，$h \circ f$ と書かれます．

$$\omega_1 \in \Omega_1, \quad (h \circ f)(\omega_1) = h(f(\omega_1))$$

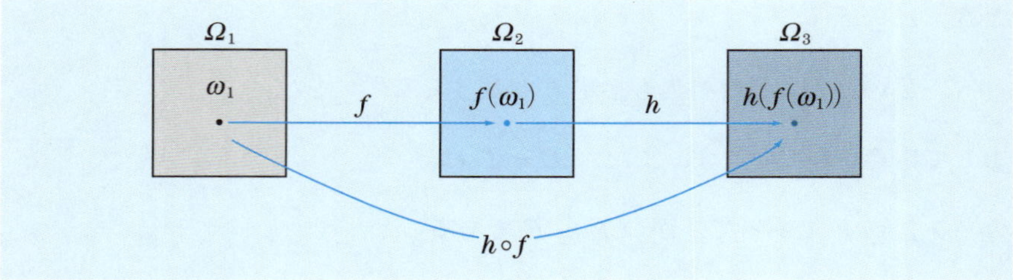

図 4.5

例 4.5　(1)　f を集合 Ω から $\boldsymbol{R}$ への写像とします．a を定数として $\boldsymbol{R}$ から $\boldsymbol{R}$ への写像 h_1 と h_2 を次のように与えます．

$$x \in \boldsymbol{R}, \quad h_1(x) = ax, \quad h_2(x) = x + a$$

f と h_1，h_2 それぞれとの合成写像は，

$$\omega \in \Omega, \quad (h_1 \circ f)(\omega) = af(\omega), \quad (h_2 \circ f)(\omega) = f(\omega) + a$$

となります．それぞれの合成写像を簡単に af および $f + a$ と書き表します．

(2)　例 4.1 の (6) の $(f_1, f_2) : \Omega \to \boldsymbol{R}^2$ を用います．a, b を常数として $\boldsymbol{R}^2$ から $\boldsymbol{R}$ への写像 h_1 と h_2 を次のように与えます．

$$(x, y) \in \boldsymbol{R}^2, \quad h_1(x, y) = ax + by, \quad h_2(x, y) = xy$$

(f_1, f_2) と h_1，h_2 それぞれとの合成写像は，

$$\omega \in \Omega, \quad (h_1 \circ (f_1, f_2))(\omega) = h_1(f_1(\omega), f_2(\omega)) = af_1(\omega) + bf_2(\omega)$$

$$(h_2 \circ (f_1, f_2))(\omega) = h_2(f_1(\omega), f_2(\omega)) = f_1(\omega)f_2(\omega)$$

それぞれの合成写像を簡単に $af_1 + bf_2$ および $f_1 f_2$ と書きます．　□

例 4.6 **確率変数への道 (続き)**

1つのコインを n 回投げるという試行を考え，標本空間を

$$\Omega = \{ (\omega_1, \cdots, \omega_n) \mid \omega_i \text{ は } 0 \text{ または } 1 \ (i = 1, 2, \cdots, n) \}$$

とします．0はコインの裏を，1はコインの表を表します．このような試行において i 回目に裏と表のいずれが出たかを調べることは，

$$X_i(\omega_1, \cdots, \omega_n) = \omega_i \quad (i = 1, \cdots, n)$$

で定義される Ω から $\boldsymbol{R}$ への写像 X_i によって表すことができ，$X_1, \cdots, X_n$ の n 個の Ω から $\boldsymbol{R}$ への写像が定まります．例 4.1 の (6) にならって，Ω から $\boldsymbol{R}^n$ への写像 $(X_1, \cdots, X_n)$ が定められます．

$$(x_1, \cdots, x_n) \in \boldsymbol{R}^n, \quad h(x_1, \cdots, x_n) = x_1 + \cdots + x_n$$

の写像 $h : \boldsymbol{R}^n \to \boldsymbol{R}$ との合成写像 $h \circ (X_1, \cdots, X_n)$ を簡単に $X_1 + \cdots + X_n$ と書くことにすると，$(\omega_1, \cdots, \omega_n) \in \Omega$ に対して

$$(X_1 + \cdots + X_n)(\omega_1, \cdots, \omega_n) = \omega_1 + \cdots + \omega_n$$

となります．この合成写像は

1回目に出た結果を調べ，

2回目に出た結果を調べ，

…………………

n 回目に出た結果を調べ，

これらの結果の総和を取る，

という少し複雑な一連の作業全体を意味します．

表は1，裏は0で表されていましたから，$\omega_1 + \cdots + \omega_n$ は，コインを n 回投げたとき，表が出現した回数を表すことになります．つまり $X_1 + \cdots + X_n$ は，n 回投げたときの表が出現した回数を調べる，ことを意味します．

さらに，$\boldsymbol{R}^n$ から $\boldsymbol{R}$ への写像

$$g(x_1, \cdots, x_n) = \frac{x_1 + \cdots + x_n}{n}$$

と $(X_1, \cdots, X_n)$ との合成写像 $g \circ (X_1, \cdots, X_n)$ を簡単に $\dfrac{X_1 + \cdots + X_n}{n}$ と書くと，

$$(\omega_1, \cdots, \omega_n) \in \Omega, \quad \left(\frac{X_1 + \cdots + X_n}{n} \right) (\omega_1, \cdots, \omega_n) = \frac{\omega_1 + \cdots + \omega_n}{n}$$

となります．この合成写像は，コインを n 回投げたとき表が出現する相対頻度を調べることを意味します． □

以上の例から次のようなことがわかります；ある試行があり，その試行に関連して何らかの行為を行うとき，その行為自体は，Ω から $\boldsymbol{R}^n$ への写像として表すことができます．また，このような写像を複数個合成することで，より複雑な一連の作業を意味する写像を構成することができます．

最後に可算回の測定・観測を行うような試行を考えてみます．

例 4.7　1回の試行が可算無限回の測定・観測からなる場合を考えます．このような試行の結果は $(x_1, x_2, x_3, \cdots)$ と書くことができます．それぞれの x_i は実数値であり，1つの無限数列が1回の試行結果に対応します．このような試行の標本空間は

$$\Omega = \boldsymbol{R}^\infty = \{(x_1, x_2, x_3, \cdots) \mid x_i \in \boldsymbol{R}\ (i = 1, 2, 3, \cdots)\}$$

となります．写像 $X_i : \Omega \to \boldsymbol{R}\ (i = 1, 2, 3, \cdots)$ を

$$(x_1, x_2, x_3, \cdots) \in \boldsymbol{R}^\infty, \quad X_i(x_1, x_2, x_3, \cdots) = x_i$$

と定めます．可算無限個の写像が定義されたことに注意してください．X_i は i 回目の測定値を調べることを意味します．$\dfrac{X_1 + \cdots + X_n}{n}$ は **例 4.6** と同様に，n 回目までの測定値の平均を調べることを意味します．n の値として，$1, 2, 3, \cdots$ といくらでも大きく取ることができ，n が大になったときに平均がどのように変動していくかを考えることができます．直感的には

$$\lim_{n\to\infty} \frac{X_1 + \cdots + X_n}{n}$$

の極限を調べることに対応します．章末問題11も参照してください． □

4章の問題

1 さいころ投げの標本空間を $\Omega = \{1,2,3,4,5,6\}$ とします．さいころを投げたとき，偶数が出れば 1 を，奇数が出れば -1 を得るような賭は，Ω から $\boldsymbol{R}$ へのどのような写像で表されますか．

2 さいころを 3 回投げる試行を考え，標本空間を $\Omega = \{1,2,3,4,5,6\}^3$ とします．$(i,j,k) \in \Omega$ は，1 回目の目が i，2 回目の目が j，3 回目の目が k であることを表します．

$$X_1(i,j,k) = i, \quad X_2(i,j,k) = j, \quad X_3(i,j,k) = k$$

とします．以下の問に答えなさい．

(1) Ω の要素をいくつか列挙しなさい．

(2) X_i $(i = 1,2,3)$ それぞれの写像の意味を述べなさい．

(3) $X_1 + X_2 + X_3$ の写像が意味することを述べなさい．

(4) $\dfrac{X_1 + X_2 + X_3}{3}$ は何を意味しますか．

3 $\Omega = \{1,2,3,\cdots\}$ 上の分布 $p_i = p(1-p)^{i-1}$ $(i = 1,2,3,\cdots)$ によって **例 4.2** の (1) の $\boldsymbol{P}$ を定めます．

$$A = \{2,3,\cdots\}, \quad B = \{1,3,5,\cdots\}, \quad C = \{2,4,6,\cdots\}$$

としたとき，$\boldsymbol{P}(A)$，$\boldsymbol{P}(B)$，$\boldsymbol{P}(C)$ のそれぞれをできる限り簡明な形で書き表しなさい．

4 $\Omega = \boldsymbol{R}$ 上のパラメータ λ の指数分布によって，**例 4.2** の (2) の $\boldsymbol{P}$ を定めます．

$$A = [1\,,\,\infty), \quad B = [0\,,\,1], \quad C = [2\,,\,3] \cup [4\,,\,\infty)$$

としたとき，$\boldsymbol{P}(A)$，$\boldsymbol{P}(B)$，$\boldsymbol{P}(C)$ のそれぞれをできる限り簡明な形で書き表しなさい．

5 定理 4.1 の (2), (3), (4), (5), (6) を証明しなさい．

6 問題 1 で定めた写像を X で表すとします．

(1) $X^{-1}(\{1\})$，$X^{-1}(\{-1\})$ はそれぞれどのような集合になりますか．

(2) **例 4.2** (1) の $\boldsymbol{P}$ を $p_i = 1/6$ $(i = 1,2,\cdots,6)$ によって定めます．$\boldsymbol{P}(X^{-1}\{1\})$，$\boldsymbol{P}(X^{-1}\{-1\})$ の値を定めなさい．

7 問題 2 で定めた写像 X_1，X_2，X_3 について，次の問に答えなさい．

(1)　$X_1^{-1}(\{1\})$, $X_2^{-1}(\{2\})$, $X_3^{-1}(\{5\})$ はそれぞれどのような集合になりますか.

(2)　$X_1^{-1}(\{2,3\})$, $X_2^{-1}(\{1,4\})$, $X_3^{-1}(\{3,5\})$ はそれぞれどのような集合になりますか.

(3)　$(X_1+X_2+X_3)^{-1}(\{1\})$, $(X_1+X_2+X_3)^{-1}(\{3\})$, $(X_1+X_2+X_3)^{-1}(\{4\})$ はそれぞれどのような集合になりますか.

(4)　$\left(\dfrac{X_1+X_2+X_3}{3}\right)^{-1}(\{1\})$, $\left(\dfrac{X_1+X_2+X_3}{3}\right)^{-1}(\{4/3\})$, $\left(\dfrac{X_1+X_2+X_3}{3}\right)^{-1}(\{2\})$ はそれぞれどのような集合になりますか.

8　(問題 7 の続き)　例 4.2 の (1) の $\boldsymbol{P}$ を

$$(i,j,k)\in\Omega,\ p_{(i,j,k)}=p_ip_jp_k,$$
$$p_1=p_2=p_3=\frac{5}{18},\ p_4=p_5=p_6=\frac{1}{18}$$

によって定めます. 問題 7 で定めた各集合には, この $\boldsymbol{P}$ によってどのような値が対応させられますか.

9　$\Omega=\{1,2,3,4,5,6\}$ において写像 $X:\Omega\to\boldsymbol{R}$ を次のように定義します.

$$\omega\in\Omega,\ X(\omega)=\begin{cases}-1 & (\omega=1,2)\\ 0 & (\omega=3,4)\\ 1 & (\omega=5,6)\end{cases}$$

また, 例 4.2 の (1) の $\boldsymbol{P}$ を $p_1=p_2=p_3=5/18$, $p_4=p_5=p_6=1/18$ によって定められるとします. $\boldsymbol{P}(X^{-1}\{-1,1\})$, $\boldsymbol{P}(X^{-1}\{-1,0\})$, $\boldsymbol{P}(X^{-1}\{0,1\})$ のそれぞれの値を求めなさい.

10　$\Omega=\boldsymbol{R}^2$ とし, $X,\ Y:\Omega\to\boldsymbol{R}$ を次のように定めます.

$$(x,y)\in\Omega,\quad X(x,y)=x,\ Y(x,y)=y$$

(1)　$X+Y:\Omega\to\boldsymbol{R}$ に対して $(X+Y)^{-1}(-\infty,a]$ の逆像はどのような集合になりますか. $X+Y$ は, 例 4.5 で定義されています.

(2)　例 4.4 の (2) の $\boldsymbol{P}$ が次の 2 変量密度関数 $f(x,y)$ によって定められているとします.

$$f(x,y)=\begin{cases}3xy^2 & (0\le x\le 1,\ 0\le y\le 1)\\ 0 & (\text{その他})\end{cases}$$

$\boldsymbol{P}((X+Y)^{-1}(-\infty,a])$ はどのようになりますか.

11　コインを無限回投げる試行の標本空間を集合の形で書き表しなさい.

5 確　　　率

本章では，前章で述べたことを受けて確率を写像として定義し，若干の性質を示します．この性質から，確率が面積を与えるものとほとんど同様であることがわかります．さらに，条件付き確率の定義を与えます．これは，試行の結果について何らかの情報がもたらされるとき，事象の確率をいかにして定義し直せばよいかを教えてくれます．また，条件付き確率は，思考の対象を標本空間全体からその一部に制限することを可能にしてくれます．

条件付き確率の定義から，事象間に依存関係がないことを定義するものとして確率的な独立性の定義に至ります．

キーワード

確率，確率空間，包除原理，確率の連続性
条件付き確率
事象間の確率的独立性

5.1 確率の定義と性質

この節では，前章の 例 4.2 で述べたことを受けて，確率の定義と若干の性質について述べます．

定義 5.1（確率の定義）

Ω を標本空間，$\mathcal{F}$ を Ω 上の σ–集合体とします．$\mathcal{F}$ から $[0,1]$ への写像 $\boldsymbol{P}$ で次の 2 つの条件を満たすものを $(\Omega, \mathcal{F})$ 上の**確率**と呼びます．

(1) $\boldsymbol{P}(\Omega) = 1$

(2) 互いに排反な事象 $A_1, A_2, \cdots$ に対して

$$\boldsymbol{P}\left(\bigcup_{i=1}^{\infty} A_i\right) = \sum_{i=1}^{\infty} \boldsymbol{P}(A_i)$$

Ω, $\mathcal{F}$, $\boldsymbol{P}$ を組にした $(\Omega,\ \mathcal{F},\ \boldsymbol{P})$ を**確率空間**と呼びます．

単なる「確率」と「事象 A の確率」との違いに注意してください．「事象 A の確率」は，ある 1 つの定まった 0 以上 1 以下の値を意味します．一方「確率」は，それぞれの事象に対して 0 以上 1 以下の値を定める規則を意味します．

例 5.1 (1) $\Omega = \{\omega_1, \omega_2, \cdots\}$, $\mathcal{F} = \mathcal{P}(\Omega)$ としさらに $\{p_{\omega_i}\}_{i=1}^{\infty}$ を Ω 上の分布とします．前章の 例 4.2 の (1) で述べたように，$\{p_{\omega_i}\}_{i=1}^{\infty}$ を用いることによって，$\mathcal{F}$ から $[0,1]$ への写像 $\boldsymbol{P}$ を，

$$A \in \mathcal{F}, \quad \boldsymbol{P}(A) = \sum_{\omega_i \in A} p_{\omega_i}$$

と定めました．この写像 $\boldsymbol{P}$ が定義 5.1 の 2 つの条件を満たすことは容易に確かめられます．

(2) 標本空間が $\Omega = \boldsymbol{R}^n$ のとき，n 変数の密度関数 $f(x_1, \cdots, x_n)$ を用いて確率 $\boldsymbol{P}$ を定めることができ，任意の事象 $A \in \mathcal{B}^n$ の確率は，

$$\boldsymbol{P}(A) = \int \cdots \int_A f(x_1, \cdots, x_n) dx_1 \cdots dx_n$$

で定められると 例 4.2 の (2) で述べました．応用上は，A として $(a_1, b_1] \times (a_2, b_2] \times \cdots \times (a_n, b_n]$ の形のものが多く現れ，このような事象の確率は，よく知っている通常の積分を行えばよい，と覚えておいてください．

$$\boldsymbol{P}((a_1,b_1]\times\cdots\times(a_n,b_n])=\int_{a_1}^{b_1}\cdots\int_{a_n}^{b_n}f(x_1,\cdots,x_n)dx_1\cdots dx_n$$

一般的には，もっと複雑な A に対してもこの積分が定義されるかどうかが問題になります．結論だけを言えば，キチッと定義され，確率の定義の 2 つの条件が証明できます．参考文献 [10] を参照してください．　□

確率の定義の 2 つの条件から導き出されるいくつかの $\boldsymbol{P}$ の性質を以下にあげておきます．

定理 5.1（確率 $\boldsymbol{P}$ の性質）

$(\Omega,\ \mathcal{F},\ \boldsymbol{P})$ を確率空間とします．

(1)　$\boldsymbol{P}(\emptyset)=0$

(2)　n 個の互いに排反な事象 $A_1,\cdots,A_n$ に対して，

$$\boldsymbol{P}\left(\bigcup_{i=1}^{n}A_i\right)=\sum_{i=1}^{n}\boldsymbol{P}(A_i)$$

(3)　2 つの事象 A,B に対して（互いに排反とは限りません），

$$\boldsymbol{P}(A\cup B)=\boldsymbol{P}(A)+\boldsymbol{P}(B)-\boldsymbol{P}(A\cap B)$$

(4)　$A\subseteq B$ を満たす 2 つの事象 A,B に対して，

$$\boldsymbol{P}(A)\leq\boldsymbol{P}(B)$$

［**証明**］　(1)　定義 5.1 の条件 (2) の A_i をすべて $\emptyset$ とすれば，

$$\boldsymbol{P}(\emptyset)=\boldsymbol{P}(\emptyset)+\boldsymbol{P}(\emptyset)+\cdots$$

となり，このことから，$\boldsymbol{P}(\emptyset)=0$ となります．

(2)　定義 5.1 の (2) で $A_{n+1}=A_{n+2}=\cdots=\emptyset$ とすれば，

$$\bigcup_{i=1}^{n}A_i=\bigcup_{i=1}^{\infty}A_i$$

より，$\boldsymbol{P}(\emptyset)=0$ の性質を用いて

$$\boldsymbol{P}\left(\bigcup_{i=1}^{n}A_i\right)=\boldsymbol{P}\left(\bigcup_{i=1}^{\infty}A_i\right)=\boldsymbol{P}(A_1)+\cdots+\boldsymbol{P}(A_n)+\boldsymbol{P}(\emptyset)+\cdots$$
$$=\boldsymbol{P}(A_1)+\cdots+\boldsymbol{P}(A_n)$$

(3)　$A\cup B=A\cup(A^c\cap B),\quad B=(A^c\cap B)\cup(A\cap B)$

が成立します．すでに示した (2) の性質を用いて

$$\boldsymbol{P}(A \cup B) = \boldsymbol{P}(A) + \boldsymbol{P}(A^c \cap B),$$

$$\boldsymbol{P}(B) = \boldsymbol{P}(A^c \cap B) + \boldsymbol{P}(A \cap B)$$

この 2 つの等号関係から目的とする関係式が導き出されます．

(4) $A \subseteq B$ であることから，$B = A \cup (A^c \cap B)$ が成立します．(2) の性質を用いることで次のようになります．

$$\boldsymbol{P}(B) = \boldsymbol{P}(A) + \boldsymbol{P}(A^c \cap B) \geq \boldsymbol{P}(A)$$ ■

定理 5.1(3) の性質は 2 つの事象 A, B に関するもので，下の図 5.1 のようにイメージすることができます．

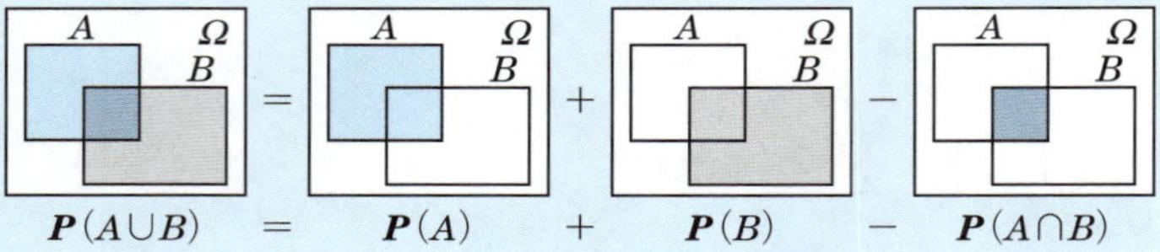

図 5.1 2 つの事象の和事象の確率

このイメージを 3 つの事象 A, B, C へと敷衍すると，同じようにして次のことが成立します．

$$\begin{aligned}\boldsymbol{P}(A \cup B \cup C) = & \ \boldsymbol{P}(A) + \boldsymbol{P}(B) + \boldsymbol{P}(C) \\ & -\boldsymbol{P}(A \cap B) - \boldsymbol{P}(A \cap C) - \boldsymbol{P}(B \cap C) \\ & +\boldsymbol{P}(A \cap B \cap C)\end{aligned}$$

一般に，n 個の事象 $A_1, \cdots, A_n$ に対して次のことが成立します．証明は，n に関する帰納法で行えます．

包除原理

$$\begin{aligned}\boldsymbol{P}\left(\bigcup_{i=1}^{n} A_i\right) = & \ (-1)^{1+1}\sum_{i=1}^{n}\boldsymbol{P}(A_i) + (-1)^{2+1}\sum_{i<j}\boldsymbol{P}(A_i \cap A_j) \\ & +(-1)^{3+1}\sum_{i<j<k}\boldsymbol{P}(A_i \cap A_j \cap A_k) + \cdots + (-1)^{n+1}\boldsymbol{P}\left(\bigcap_{i=1}^{n} A_i\right)\end{aligned}$$

この関係式は**包除原理**と呼ばれ，和事象の確率の 1 つの計算方法を与えてくれます．章末問題 5 を参照してください．

定理 5.2（確率の連続性）

(1)　$A_1, A_2, \cdots \in \mathcal{F}$, $A_1 \subseteq A_2 \subseteq \cdots$ であるとき，

$$\boldsymbol{P}(A_n) \uparrow \boldsymbol{P}\left(\bigcup_{i\geq 1} A_i\right) \quad (n \to \infty)$$

が成立します．つまり，n を大きくしていったとき，$\boldsymbol{P}(A_n)$ は増加しながら $\boldsymbol{P}\left(\bigcup_{i\geq 1} A_i\right)$ に収束します．

(2)　$A_1, A_2, \cdots \in \mathcal{F}$, $A_1 \supseteq A_2 \supseteq \cdots$ であるとき，

$$\boldsymbol{P}(A_n) \downarrow \boldsymbol{P}\left(\bigcap_{i\geq 1} A_i\right) \quad (n \to \infty)$$

が成立します．つまり，n を大きくしていったとき，$\boldsymbol{P}(A_n)$ は減少しながら $\boldsymbol{P}\left(\bigcap_{i\geq 1} A_i\right)$ に収束します．

［**証明**］　性質 (2) は，(1) とド・モルガンの法則を用いて導き出せます．ここでは，(1) が成立することを示します．

まず，$A_n \subseteq A_{n+1}$ ですから，定理 5.1 (4) より，

$$\boldsymbol{P}(A_n) \leq \boldsymbol{P}(A_{n+1}), \quad \boldsymbol{P}(A_{n+1} \backslash A_n) = \boldsymbol{P}(A_{n+1}) - \boldsymbol{P}(A_n)$$

$A = \bigcup_{i\geq 1} A_i$ とおきます．$A_0 = \emptyset$ と約束すれば，

$$A = (A_1 \backslash A_0) \cup (A_2 \backslash A_1) \cup (A_3 \backslash A_2) \cup \cdots,$$

$$A_n = (A_1 \backslash A_0) \cup (A_2 \backslash A_1) \cup (A_3 \backslash A_2) \cup \cdots \cup (A_n \backslash A_{n-1}) \quad (n = 0, 1, \cdots)$$

となります．したがって，確率の定義 5.1 の条件 (2) から，

$$\boldsymbol{P}(A) = \sum_{i\geq 1} \boldsymbol{P}(A_i \backslash A_{i-1}) = \lim_{n\to\infty} \sum_{i=1}^{n} \boldsymbol{P}(A_i \backslash A_{i-1}) = \lim_{n\to\infty} \boldsymbol{P}(A_n) \quad ■$$

5.2 条件付き確率

定義 5.2（条件付き確率の定義）

$(\Omega, \mathcal{F}, \boldsymbol{P})$ を確率空間とし，$H \in \mathcal{F}$ を $\boldsymbol{P}(H) > 0$ であるとします．このとき，次のようにして定められる $\mathcal{F}$ から $[0,1]$ への写像 $\boldsymbol{P}_H$ を**事象 H に関する条件付き確率**と呼びます．

$$\boldsymbol{P}_H(A) = \frac{\boldsymbol{P}(A \cap H)}{\boldsymbol{P}(H)} \quad (A \in \mathcal{F})$$

$\boldsymbol{P}_H(A)$ を**事象 H に関する事象 A の条件付き確率**と呼びます．

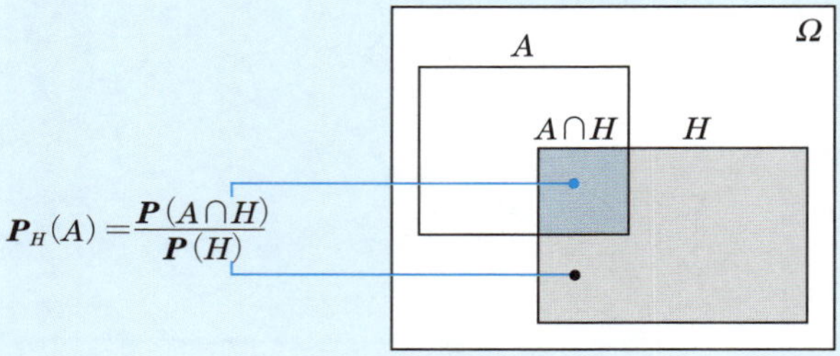

図 5.2

$\boldsymbol{P}_H(A)$ は，ほかに

事象 H が生じたという条件のもとで事象 A が生じる確率，

事象 H における事象 A の条件付き確率

などと呼ばれることもあります．また，$\boldsymbol{P}_H(A)$ は通常 $\boldsymbol{P}(A|H)$ と書かれます．

条件付き確率の意味については次の 5.3 節で情報と相対頻度の観点から述べますが，ここでは別の考え方を紹介しておきます．

$\boldsymbol{P}(H)$ を H の面積（体積でもかまいません）であると考えてみます．$\boldsymbol{P}(\Omega) = 1$, $0 \leq \boldsymbol{P}(H) \leq 1$, $H \subseteq \Omega$ であることから，Ω の面積を 1 として規格化されていることになります．$P(A \cap H)$ は，H の中で A が占める部分 $A \cap H$ の面

積ですから，したがって $\boldsymbol{P}(A \cap H)/\boldsymbol{P}(H)$ は $A \cap H$ が H の中で占める割合を意味します．条件付き確率は考える範囲を限定します．

定理 5.3

$\boldsymbol{P}_H$ は $(\Omega, \mathcal{F})$ 上の確率になります．

［**証明**］　$\boldsymbol{P}_H$ が確率の定義 5.1 の条件 (1),(2) を満たすことを証明します．
$A \in \mathcal{F}$ に対して $0 \leq \boldsymbol{P}_H(A) \leq 1$ であることは明らかです．
［(1) を満たすこと］　$H \subseteq \Omega$ であることに注意して，

$$\boldsymbol{P}_H(\Omega) = \frac{\boldsymbol{P}(\Omega \cap H)}{\boldsymbol{P}(H)} = \frac{\boldsymbol{P}(H)}{\boldsymbol{P}(H)} = 1$$

［(2) を満たすこと］　$A_1, A_2, \cdots \in \mathcal{F}$, $A_i \cap A_j = \emptyset \ (i \neq j)$ とします．

$$\begin{aligned}
\boldsymbol{P}_H\left(\bigcup_{j\geq 1} A_j\right) &= \frac{\boldsymbol{P}\left(\bigcup_{j\geq 1}(A_j \cap H)\right)}{\boldsymbol{P}(H)} \\
&= \frac{\sum_{j\geq 1} \boldsymbol{P}(A_j \cap H)}{\boldsymbol{P}(H)} \\
&= \sum_{j\geq 1} \boldsymbol{P}_H(A_j)
\end{aligned}$$

■

5.3 条件付き確率の意味

(1) 情報の観点から

1つのさいころをふる試行を考えます．標本空間は $\Omega = \{1, 2, 3, 4, 5, 6\}$ で，確率 $\boldsymbol{P}$ が与えられているとします．次のような状況を考えます：啓子さんには，さいころ投げの結果が完全にわかり，偶数の目が出たとか奇数の目が出たなどの結果についての情報を私に伝えてくれるものとします．私には，$(\Omega, \mathcal{F})$ 上の確率 $\boldsymbol{P}$ と啓子さんが伝えてくれる情報以外，さいころ投げの結果について推測する手だては何らありません．さてさいころがふられ，何らかの目が出現しているとし，次の2つの場合において3の目が出現している確率を考えます．

ケース 1　もし啓子さんが何の情報も与えてくれなかったとします．このとき私は，出現している目が3である確率を $\boldsymbol{P}(\{3\})$ であると考えるでしょう．なぜなら，結果についての情報が全くないところで3の目が出現している可能性を考えることは，$1, 2, 3, 4, 5, 6$ の範囲内で3の目の出現の可能性を考えることであり，その確率は $\boldsymbol{P}(\{3\})$ であると考えてよいでしょう．

ケース 2　一方，啓子さんが「奇数の目が出た」という情報を私に伝えてくれたとします．このとき，3の目が出現している確率をどのように定めればよいでしょうか.「奇数の目が出た」ということは，$1, 3, 5$ のうちのどれかが出現したことを意味します．つまり，$2, 4, 6$ の目が出現した可能性は全くありません．この状況で3の目が出た確率を考えることは，$1, 3, 5$ の範囲内で3の目が出現する確率を考えることになります．問題は，この確率をどのように定義すればよいのかということですが，通常は，

$$\frac{\boldsymbol{P}(\{3\})}{\boldsymbol{P}(\{1\}) + \boldsymbol{P}(\{3\}) + \boldsymbol{P}(\{5\})} = \frac{\boldsymbol{P}(A \cap H)}{\boldsymbol{P}(H)} = \boldsymbol{P}_H(A)$$

の条件付き確率を採用します．ここで，$A = \{3\}$ は3の目という事象を表し，$H = \{1, 3, 5\}$ は奇数の目という事象を表します．

(2) 相対頻度の観点から

上記のケース1とケース2では3の目の出現の可能性を考える範囲が異なります．

ケース1では標本空間 Ω 全体で考え，1から6までの目の中で3の目が出現

した可能性の程度を定めようとしています．これは確率 $\boldsymbol{P}$ を与えようとしたときの状況そのものです．したがって，その可能性の程度は $\boldsymbol{P}(\{3\})$ となります．

ケース 2 では，奇数の目の範囲つまり $\{1,3,5\}$ の中で，3 の目が出現した可能性の程度を与えようとしています．確率 $\boldsymbol{P}$ を与えようとしたときの状況と異なります．条件付き確率の定義を離れて，このような状況のもとで 3 の目が出現する確率をどのように想定すればよいかについて考えてみます．

相対頻度を用いるとすれば，多数回さいころをふらなければなりませんが，さいころをふると 1 から 6 までの目が出現してきます．一方，目的は $\{1,3,5\}$ の範囲内で 3 の目が出現する確率を与えることです．

そこで素朴に次のように考えます．さいころを N 回ふり，i の目が n_i 回出現したとします．$\{1,3,5\}$ の範囲内で 3 の目が出現した相対頻度を考えると，

$$\frac{n_3}{n_1+n_3+n_5}$$

となります．この分母分子を N で割ると次のようになります．

$$\frac{n_3}{n_1+n_3+n_5}=\frac{\dfrac{n_3}{N}}{\dfrac{n_1}{N}+\dfrac{n_3}{N}+\dfrac{n_5}{N}}$$

確率 $\boldsymbol{P}$ は，さいころを多数回ふったとき，i の目の相対頻度が安定する中心 p_i を用いて定められるとしました．

さいころをふる回数 N が大きいと，相対頻度 n_i/N は，p_i に近い値であるとしてよいでしょう．そうすると，次のような関係式が得られます．

$$\frac{n_3}{n_1+n_3+n_5}\simeq\frac{p_3}{p_1+p_3+p_5}=\frac{\boldsymbol{P}(\{3\})}{\boldsymbol{P}(\{1,3,5\})}=\frac{\boldsymbol{P}(A\cap H)}{\boldsymbol{P}(H)}$$

ここで $H=\{1,3,5\}$，$A=\{3\}$ です．

標本空間全体ではなく，ある限定された範囲で，ある事象が生じる確率は，もとの標本空間 Ω に定められている確率を用いて定義 5.2 の条件付き確率として定められます．

例 5.2　標本空間 Ω，事象 A と H を次のように与えます．

$$\Omega=\{1,2,3,4,5,6\},\quad A=\{3,4,5,6\},\quad H=\{1,3,5\}$$

(1)　$\boldsymbol{P}(\{1\})=\boldsymbol{P}(\{2\})=\boldsymbol{P}(\{3\})=\boldsymbol{P}(\{4\})=\boldsymbol{P}(\{5\})=\boldsymbol{P}(\{6\})=1/6$ のとき，

$$P_H(A) = \frac{P(A \cap H)}{P(H)} = \frac{1/6 + 1/6}{1/6 + 1/6 + 1/6} = \frac{2}{3}$$

(2) $P(\{1\}) = 1/2$, $P(\{2\}) = 1/3$, $P(\{3\}) = P(\{4\}) = P(\{5\}) = P(\{6\}) = 1/24$ のとき,

$$P_H(A) = \frac{P(A \cap H)}{P(H)} = \frac{1/24 + 1/24}{1/2 + 1/24 + 1/24} = \frac{1}{7}$$ □

例 5.3 **非復元抜き取り** n 個のボールが入っている壺から順に2個のボールを抜き取る試行を考えます．抜き取ったボールは，元に戻しません．各ボールには1から n までの番号が付けられていて，識別できるとします．標本空間 Ω を

$$\Omega = \{\ (i, j) \mid 1 \leq i \leq n,\ 1 \leq j \leq n,\ i \neq j\ \}$$

とします．(i, j) は1番目のボールの番号が i で，2番目のボールの番号が j である結果を表します．Ω の要素の個数は，$n(n-1)$ です．確率 P を次のように定義します．

$$P(\{(i, j)\}) = \frac{1}{n(n-1)}$$

H を1番目のボールの番号が i_0 である事象とし，A を2番目のボールの番号が j_0 であるという事象とします．ここで $i_0 \neq j_0$ とします．

$$P(H) = \frac{1}{n}, \quad P(A \cap H) = \frac{1}{n(n-1)}$$

ですから，

$$P_H(A) = \frac{1}{(n-1)}$$

となります．また，

$$P(A) = P(H) = \frac{1}{n}$$

となります． □

例 5.4 標本空間を $\Omega = \boldsymbol{R}$ とし，確率 P は1変数の密度関数 f によって定められているとします．事象 A, H を

$$A = (a, +\infty), \quad H = (h, +\infty) \quad (a, h \in \boldsymbol{R})$$

とします．$P_H(A)$ は，f を用いて次のように書き表すことができます．

$$
\begin{aligned}
\boldsymbol{P}_H(A) &= \frac{\boldsymbol{P}(A \cap H)}{\boldsymbol{P}(H)} \\
&= \frac{\boldsymbol{P}((a, +\infty) \cap (h, +\infty))}{\boldsymbol{P}((h, +\infty))} \\
&= \begin{cases} \dfrac{\boldsymbol{P}((a, +\infty))}{\boldsymbol{P}((h, +\infty))} = \dfrac{\displaystyle\int_a^{+\infty} f(x)dx}{\displaystyle\int_h^{+\infty} f(x)dx} & (a > h \text{ のとき}) \\ \dfrac{\boldsymbol{P}((h, +\infty))}{\boldsymbol{P}((h, +\infty))} = 1 & (a \leq h \text{ のとき}) \end{cases}
\end{aligned}
$$

密度関数 $f(x)$ がパラメータ λ の指数分布であるとします．

$$
f(x) = \begin{cases} \lambda e^{-\lambda x} & (x \geq 0 \text{ のとき}) \\ 0 & (x < 0 \text{ のとき}) \end{cases}
$$

上の $\boldsymbol{P}_H(A)$ は，$a = h + t$, $t \geq 0$, $h > 0$ のとき，次のようになります．

$$
\boldsymbol{P}_H(A) = \frac{e^{-\lambda(h+t)}}{e^{-\lambda h}} = e^{-\lambda t}
$$

□

5.4 条件付き確率の性質

定理 5.4

条件付き確率について以下の関係が成立します．

(1) $\boldsymbol{P}_H(A \cup B) = \boldsymbol{P}_H(A) + \boldsymbol{P}_H(B) - \boldsymbol{P}_H(A \cap B)$

(2) $A \cap B = \emptyset$ のとき，$\boldsymbol{P}_H(A \cup B) = \boldsymbol{P}_H(A) + \boldsymbol{P}_H(B)$

(3) $\boldsymbol{P}(A \cap H) = \boldsymbol{P}_H(A)\boldsymbol{P}(H)$

(4) $\boldsymbol{P}(A \cap B \cap C) = \boldsymbol{P}_{B\cap C}(A)\boldsymbol{P}_C(B)\boldsymbol{P}(C)$

(5) $H_i \in \mathcal{F}\ \ (i = 1, 2, \cdots)$, $\ H_i \cap H_j = \emptyset\ \ (i \neq j)$, $\ \displaystyle\bigcup_{i=1}^{\infty} H_i = \Omega$,

$\boldsymbol{P}(H_i) > 0\ (i = 1, 2, \cdots)$ とします．このとき，

$$\boldsymbol{P}(A) = \sum_{i \geq 1} \boldsymbol{P}_{H_i}(A)\boldsymbol{P}(H_i)$$

条件付き確率の性質 (5) を**全確率の公式**と呼ぶことがあります．

［**証明**］ (1), (2) は $\boldsymbol{P}_H$ が $(\Omega, \mathcal{F})$ 上の確率であることから，(3) は条件付き確率の定義から明らかです．

［(4) の証明］

$$\boldsymbol{P}_{B\cap C}(A)\boldsymbol{P}_C(B)\boldsymbol{P}(C) = \frac{\boldsymbol{P}(A \cap B \cap C)}{\boldsymbol{P}(B \cap C)}\ \frac{\boldsymbol{P}(B \cap C)}{\boldsymbol{P}(C)}\ \boldsymbol{P}(C) = \boldsymbol{P}(A \cap B \cap C)$$

［(5) の証明］

$$A = A \cap \Omega = A \cap (\textstyle\bigcup_j H_j) = \bigcup_j (A \cap H_j)$$

$$(A \cap H_i) \cap (A \cap H_j) = \emptyset \quad (i \neq j)$$

より，確率の性質と条件付き確率の定義から，

$$\begin{aligned}\boldsymbol{P}(A) &= \sum_{j \geq 1} \boldsymbol{P}(A \cap H_j) \\ &= \sum_{j \geq 1} \frac{\boldsymbol{P}(A \cap H_j)}{\boldsymbol{P}(H_j)}\boldsymbol{P}(H_j) \\ &= \sum_{j \geq 1} \boldsymbol{P}_{H_j}(A)\boldsymbol{P}(H_j)\end{aligned}$$

■

全確率の公式は，事象 A が H_j において占める相対的な割合

$$\boldsymbol{P}_{H_j}(A) = \boldsymbol{P}(A \cap H_j)/\boldsymbol{P}(H_j)$$

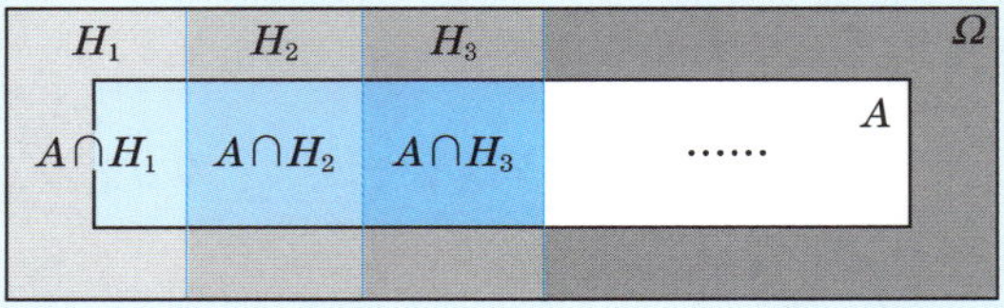

図 5.3　全確率の公式

を，$\boldsymbol{P}(H_j)$ で重みをつけて総和を取ることで $\boldsymbol{P}(A)$ が定まることを意味しています．上の図 5.3 を参照してください．

定理 5.4 (5) の性質を用いて，次のベイズの定理が容易に示されます．

定理 5.5（ベイズの定理）

確率空間 $(\Omega, \mathcal{F}, \boldsymbol{P})$ が与えられているとし，

$$\Omega = H_1 \cup H_2 \cup \cdots, \quad H_i \cap H_j = \emptyset \ (i \neq j), \quad H_i \in \mathcal{F} \ (i = 1, 2, \cdots)$$

とします．$A \in \mathcal{F}$ $(\boldsymbol{P}(A) \neq 0)$ に対して，次の等式が成立します．

$$\boldsymbol{P}_A(H_j) = \frac{\boldsymbol{P}(H_j \cap A)}{\boldsymbol{P}(A)} = \frac{\boldsymbol{P}_{H_j}(A)\boldsymbol{P}(H_j)}{\displaystyle\sum_{i \geq 1} \boldsymbol{P}_{H_i}(A)\boldsymbol{P}(H_i)} \quad (j = 1, 2, \cdots)$$

ベイズの定理は，結果から原因を推し量る手段としての意味を持ち得ます．次の **例 5.5** を見てください．ほかの例については，章末問題を参照してください．

例 5.5　1 番から 6 番の番号がついた壺があり，i 番目の壺には黒いボールが i 個，白いボールが $7-i$ 個入っています．さいころを投げ，出現した目の数と同じ番号の壺から無作為にボールを 1 個取り出します．取り出されたボールが白であったとします（結果）．このボールが i 番目の壺（原因）から取り出された確率は次のように計算されます．

i 番目の壺を選ぶ確率は，

$$\boldsymbol{P}(i) = \frac{1}{6} \quad (i = 1, 2, \cdots, 6)$$

i 番目の壺で白のボールを選ぶ確率は，条件付き確率として，

$$\boldsymbol{P}(\text{ 白 } \mid i\ ) = \frac{7-i}{7} \quad (i = 1, 2, \cdots, 6)$$

求める確率は，$\boldsymbol{P}(\ i \mid \text{ 白 })$ の条件付き確率で，ベイズの定理より，

$$\begin{aligned}
\boldsymbol{P}(\ i \mid \text{ 白 }) &= \frac{\boldsymbol{P}(\ i \cap \text{ 白 })}{\boldsymbol{P}(\text{白})} \\
&= \frac{\boldsymbol{P}(\text{ 白 } \mid i\ )\boldsymbol{P}(i)}{\displaystyle\sum_{j=1}^{6} \boldsymbol{P}(\text{ 白 } \mid j\ )\boldsymbol{P}(j)} \\
&= \frac{\dfrac{7-i}{7}\dfrac{1}{6}}{\displaystyle\sum_{j=1}^{6} \frac{7-j}{7}\frac{1}{6}} \\
&= \frac{7-i}{21}
\end{aligned}$$

□

5.5　2 つの事象間の確率的独立性

定義 5.3（確率的独立性の定義）

2 つの事象 A と H は,

$$\boldsymbol{P}(A \cap H) = \boldsymbol{P}(A)\boldsymbol{P}(H) \tag{5.1}$$

が成立するとき, **確率的に独立**であるまたは簡単に**独立**であるといいます.

$\boldsymbol{P}(H) \neq 0$ のとき, (5.1) は $\boldsymbol{P}_H(A) = \boldsymbol{P}(A)$ と同値になります. この等式は, 情報 H が事象 A の生じる確率に何の影響も与えないことを意味します. また事象 A と H の独立性から次のような独立性が導き出されます.

$$\boldsymbol{P}(A \cap H^c) = \boldsymbol{P}(A)\boldsymbol{P}(H^c)$$

つまり, A と H が独立であれば, A と H^c も独立になります. 同様にして, A^c と H, A^c と H^c もそれぞれにおいて互いに独立になります.

注意 「確率的に独立」と「互いに排反」とは別の概念であり, 2 つの事象が互いに排反であっても, 確率的に独立であるとは限りません. 例えば, さいころをふる試行で, 事象 A と H がそれぞれ, 偶数の目と奇数の目を意味し $\boldsymbol{P}(A) = 1/2$, $\boldsymbol{P}(H) = 1/2$ であるとします. 明らかに $A \cap H = \emptyset$ で排反ですが, $\boldsymbol{P}(A)\boldsymbol{P}(H) = 1/4$ であり, $\boldsymbol{P}(A \cap H) = \boldsymbol{P}(A)\boldsymbol{P}(H)$ は成立しません.

A と H が確率的に独立でないことは, これら 2 つの事象は排反であり, 従って一方が生じたとき, 他方は生じ得ないことからも明らかです. □

例 5.6 **例 5.3** の A と H は,

$$\boldsymbol{P}(A) = \frac{1}{n}$$

$$\boldsymbol{P}(H) = \frac{1}{n}$$

$$\boldsymbol{P}(A \cap H) = \frac{1}{n(n-1)}$$

ですから確率的に独立であるとは言えません. □

例 5.7 ジョーカーなしの1組のトランプから1枚のカードを抜く試行を考え，標本空間と確率を次のように定めます．

$$\Omega = \{(m, i) \mid m = 1, 2, 3, 4,\ i = 1, 2, \cdots, 13\}$$
$$\boldsymbol{P}(\{(m, i)\}) = \frac{1}{4 \times 13}$$

ここで，m の値として入る $1, 2, 3, 4$ はそれぞれハート，ダイア，スペード，クローバーを表すとします．

A はスペードのカードであるという事象を，H は1のカードであるという事象を表すとします．このとき，事象 A と H とは，互いに独立になります．

$$\boldsymbol{P}(A) = 13 \times \frac{1}{4 \times 13} = \frac{1}{4}$$
$$\boldsymbol{P}(H) = 4 \times \frac{1}{4 \times 13} = \frac{1}{13}$$
$$\boldsymbol{P}(A \cap H) = \frac{1}{4 \times 13} = \boldsymbol{P}(A)\boldsymbol{P}(H)$$
□

標本空間を $\Omega = \boldsymbol{R}^2$ とし，確率 $\boldsymbol{P}$ は2変数の密度関数 $f(x, y)$ によって定められているとします．さらに，$f(x, y)$ の周辺密度関数を $g(x), h(y)$ とします：

$$g(x) = \int_{-\infty}^{+\infty} f(x, y) dy$$
$$h(y) = \int_{-\infty}^{+\infty} f(x, y) dx$$

次のような事象 A, H を考えます．

$$A = (a_1, a_2] \times (-\infty, +\infty), \quad H = (-\infty, +\infty) \times (h_1, h_2] \qquad (5.2)$$

$A \cap H = (a_1, a_2] \times (h_1, h_2]$ であることは容易にわかるでしょう（図 5.4）．条件付き確率 $\boldsymbol{P}_H(A)$ は，次のようになります．

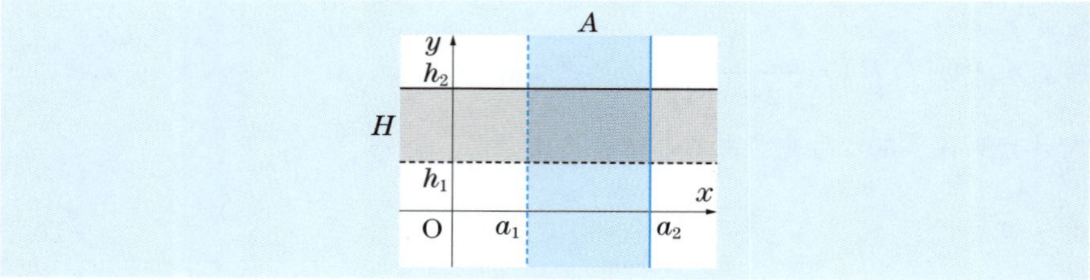

図 5.4

$$
\begin{aligned}
\boldsymbol{P}_H(A) &= \frac{\boldsymbol{P}(A \cap H)}{\boldsymbol{P}(H)} \\
&= \frac{\boldsymbol{P}((a_1, a_2] \times (h_1, h_2])}{\boldsymbol{P}((h_1, h_2])} \\
&= \frac{\displaystyle\int_{a_1}^{a_2} \left\{ \int_{h_1}^{h_2} f(x, y) dy \right\} dx}{\displaystyle\int_{h_1}^{h_2} h(y) dy}
\end{aligned}
$$

もし，$f(x, y) = g(x)h(y)$　が成立するならば，

$$
\begin{aligned}
\boldsymbol{P}_H(A) &= \frac{\displaystyle\int_{a_1}^{a_2} g(x)dx \int_{h_1}^{h_2} h(y)dy}{\displaystyle\int_{h_1}^{h_2} h(y)dy} \\
&= \int_{a_1}^{a_2} g(x)dx = \boldsymbol{P}(A)
\end{aligned}
$$

となり，式 (5.2) の事象 A と事象 H は独立になります．

例 5.8　2 変数の密度関数 $f(x, y)$ を

$$
f(x, y) = \frac{1}{\sqrt{2\pi{\sigma_1}^2}} e^{-\frac{(x-\mu_1)^2}{2{\sigma_1}^2}} \frac{1}{\sqrt{2\pi{\sigma_2}^2}} e^{-\frac{(y-\mu_2)^2}{2{\sigma_2}^2}}
$$

とします．これは，**例 2.6** で紹介した 2 変量正規分布で $\rho = 0$ としたものです．このとき，**例 5.6** に与えられている周辺密度関数を参照すると，$f(x, y) = g(x)h(y)$ となることがわかり，したがって (5.2) の A と H は互いに独立になります．□

5.6 3つ以上の事象間の確率的独立性

ここまでは，2つの事象間の確率的な独立性について述べてきました．次に，3つ以上の事象があったとき，これらの間の独立性をどのように考えればよいかについて述べます．

定義 5.4

n 個の事象 $A_1, \cdots, A_n$ は，以下の等式がすべて成立するとき，互いに独立であると呼びます．

$$\boldsymbol{P}(A_i \cap A_j) = \boldsymbol{P}(A_i)\boldsymbol{P}(A_j) \quad (1 \le i < j \le n)$$

$$\boldsymbol{P}(A_i \cap A_j \cap A_k) = \boldsymbol{P}(A_i)\boldsymbol{P}(A_j)\boldsymbol{P}(A_k) \quad (1 \le i < j < k \le n)$$

$$\vdots$$

$$\boldsymbol{P}(A_1 \cap A_2 \cap \cdots \cap A_n) = \boldsymbol{P}(A_1)\boldsymbol{P}(A_2)\cdots\boldsymbol{P}(A_n)$$

A, B, C の3つの事象を考えてみます．定義 5.4 に従うと，これらの3つの事象が独立であると呼ばれのは，次のすべての等式が同時に成立するときであり，どれか1つでも欠けると独立とは呼ばれません．

$$\boldsymbol{P}(A \cap B) = \boldsymbol{P}(A)\boldsymbol{P}(B),\ \boldsymbol{P}(A \cap C) = \boldsymbol{P}(A)\boldsymbol{P}(C),$$

$$\boldsymbol{P}(B \cap C) = \boldsymbol{P}(B)\boldsymbol{P}(C),\ \boldsymbol{P}(A \cap B \cap C) = \boldsymbol{P}(A)\boldsymbol{P}(B)\boldsymbol{P}(C)$$

これら4つの等式から，次のような等式が成立します．

$$\boldsymbol{P}(A \cap B \cap C) = \boldsymbol{P}(A)\boldsymbol{P}(B)\boldsymbol{P}(C) = \boldsymbol{P}(A)\boldsymbol{P}(B \cap C)$$

$$\boldsymbol{P}(A \cap B \cap C) = \boldsymbol{P}(B)\boldsymbol{P}(A \cap C)$$

$$\boldsymbol{P}(A \cap B \cap C) = \boldsymbol{P}(C)\boldsymbol{P}(A \cap B)$$

1番目の等式は，事象 A と事象 $B \cap C$ とが独立であることを意味します．2番目と3番目の等式が意味することは明らかでしょう．さらに以下のような等式が成立します．

$$\boldsymbol{P}(A \cap (B \cup C)) = \boldsymbol{P}(A)\boldsymbol{P}(B \cup C)$$

$$\boldsymbol{P}(B \cap (A \cup C)) = \boldsymbol{P}(B)\boldsymbol{P}(A \cup C)$$

$$\boldsymbol{P}(C \cap (A \cup B)) = \boldsymbol{P}(C)\boldsymbol{P}(A \cup B)$$

これらの等式がどのような事象間の独立性を表しているかは明らかでしょう．

これらの等式が成立することを各自で確かめてください．

例 5.9　2 個の異なるさいころを同時にふるという試行を考え，標本空間 Ω と確率 $\boldsymbol{P}$ を次のように定めます．

$$\Omega = \{(i,j) \mid i = 1,\cdots,6,\ j = 1,\cdots,6\}, \quad \boldsymbol{P}(\{(i,j)\}) = \frac{1}{36}$$

事象 A, B, C を次のようにします．

$$A = \{(i,j) \mid i \text{ は奇数}, \quad j = 1,\cdots,6\}$$
$$B = \{(i,j) \mid i = 1,\cdots,6, \quad j \text{ は奇数}\}$$
$$C = \{(i,j) \mid i + j \text{ は奇数}\}$$

このとき，次のことが容易に確かめられます．

$$\boldsymbol{P}(A) = \frac{1}{2}, \quad \boldsymbol{P}(B) = \frac{1}{2}, \quad \boldsymbol{P}(C) = \frac{1}{2}$$
$$\boldsymbol{P}(A \cap B) = \boldsymbol{P}(A)\boldsymbol{P}(B)$$
$$\boldsymbol{P}(A \cap C) = \boldsymbol{P}(A)\boldsymbol{P}(C)$$
$$\boldsymbol{P}(B \cap C) = \boldsymbol{P}(B)\boldsymbol{P}(C)$$

このことから，2 つずつの組を考えると独立になります．しかし，定義 5.4 の意味では独立ではありません．なぜなら，$A \cap B \cap C = \emptyset$ であることに注意すれば，

$$\boldsymbol{P}(A \cap B \cap C) = 0, \quad \boldsymbol{P}(A)\boldsymbol{P}(B)\boldsymbol{P}(C) = \frac{1}{2} \times \frac{1}{2} \times \frac{1}{2}$$

となり，定義 5.4 の条件が成立しません．

このことは，次のように考えればわかるでしょう．事象 A と B が生じるとさいころの目の和は必然的に偶数になり，目の和が奇数であるという事象 C は生じ得ません．つまり，事象 $A \cap B$ は事象 C が生じるかどうかを決定してしまい，この意味で，A, B, C は独立ではあり得ません．　□

例 5.10　コインの 3 回投げで標本空間 Ω と確率 $\boldsymbol{P}$ を次のように与えます．

$$\begin{aligned} &\Omega = \{(x_1, x_2, x_3) \mid x_i = 0 \text{ または } 1,\ i = 1,2,3\} \\ &\boldsymbol{P}(x_1, x_2, x_3) = p^{x_1+x_2+x_3}(1-p)^{3-(x_1+x_2+x_3)} \end{aligned} \tag{5.3}$$

ここで p は $0 < p < 1$ を満たすものとします．3 つの事象 A_1, A_2, A_3 を次のように定めます．

$$A_1 = \{(1,0,0),\ (1,0,1),\ (1,1,0),\ (1,1,1)\}$$

$$A_2 = \{(0,1,0),\ (0,1,1),\ (1,1,0),\ (1,1,1)\}$$

$$A_3 = \{(0,0,1),\ (0,1,1),\ (1,0,1),\ (1,1,1)\}$$

例えば，事象 A_1 は 1 回目に表が出現する事象を意味します．

$$\boldsymbol{P}(A_1) = p,\ \boldsymbol{P}(A_2) = p,\ \boldsymbol{P}(A_3) = p,$$

$$\boldsymbol{P}(A_i \cap A_j) = p^2\ (i \neq j), \quad \boldsymbol{P}(A_i \cap A_2 \cap A_3) = p^3$$

となることが容易に確かめられ，この 3 つの事象は確率的に独立であることがわかります．

$B_i = A_i^c,\ i = 1,2,3$ とおきます．事象 B_i は，i 回目に裏が出現する事象を意味します．$A_i,\ i = 1,2,3$ の独立性から，例えば，B_1, A_2, A_3 の 3 つの事象は確率的に独立になります．

これらのことは，i 回目の結果が，$j\ (j \neq i)$ 回目の結果に関係しないことを意味しています．つまり，コインの 3 回投げを互いに依存し合うことなく独立に行うような確率モデルが，確率 (5.3) によって与えられます．コインの n 回投げについては，章末問題 10 を参照してください．　□

5章の問題

1 例 5.1 (1) の $\boldsymbol{P}$ が定義 5.1 の 2 つの条件を満たすことを示しなさい．

2 定理 5.2 の (2) を証明しなさい．

3 $\Omega = \boldsymbol{R}^2$，密度関数を次のようにします．

$$f(x,y) = \begin{cases} 6x^2y & (0 \leq x \leq 1,\ 0 \leq y \leq 1) \\ 0 & (\text{その他}) \end{cases}$$

包除原理を使って次の A，B，C の和事象の確率を求めなさい．A，B，C を図示して様子をつかむこと．

$A = [0.2,\ 0.7] \times [0.3,\ 0.9]$，$B = [0.3,\ 0.9] \times [0.1,\ 0.5]$，$C = [0.5,\ 0.8] \times [0.4,\ 0.7]$

4 さいころを 2 回続けて投げる試行を考え，標本空間を

$$\Omega = \{(1,1),\cdots,(1,6),\cdots,(6,1),\cdots,(6,6)\}$$

とします．確率 $\boldsymbol{P}$ は $p_{(i,j)} = 1/36$，$(i,j) \in \Omega$ の分布を用いて定めます．

事象 $A = \{(1,j) \mid j \text{ は奇数}\}$，$B = \{(i,3) \mid i = 1,2,3,4,5,6\}$ について，$\boldsymbol{P}(A \cup B)$ の値を包除原理を用いて求めなさい．

5 包除原理を n に関する帰納法で証明しなさい．

6 包除原理に関連した以下の問に答えなさい．

(1) どのような A と B に対しても，次式が成立することを証明しなさい．

$$\boldsymbol{P}(A \cap B) \geq \boldsymbol{P}(A) + \boldsymbol{P}(B) - 1$$

この不等式は **Bonferroni の不等式**と呼ばれます．

(2) どのような A と B に対しても，次式が成立することを証明しなさい．

$$\boldsymbol{P}\left(\bigcup_{i=1}^{n} A_i\right) \leq \sum_{i=1}^{n} \boldsymbol{P}(A_i)$$

この不等式は，**Boole の不等式**と呼ばれています．

7 例 5.2 (2) で，$A = \{1,2,5\}$, $H = \{1,3,5\}$ としたときの $\boldsymbol{P}_H(A)$ を求めなさい．

8 問題 3 の A，B，C について以下の問に答えなさい．

(1) $\boldsymbol{P}_A(B)$，$\boldsymbol{P}_A(C)$，$\boldsymbol{P}_A(B \cap C)$ の値を定めなさい．

(2) $\boldsymbol{P}_A(B \cup C)$ の値を包除原理を用いて定めなさい．

9 例 5.3 の $\boldsymbol{P}(A) = 1/n$ を示しなさい．

10 $0<p<1$ として標本空間と確率を次のように定めます．

$$\Omega=\{(x_1,\cdots,x_n)\,|\,x_i=0 \text{ または } 1,\ i=1,\cdots,n\}$$

$$\boldsymbol{P}(x_1,\cdots,x_n)=p^{\sum_{i=1}^n x_i}(1-p)^{n-\sum_{i=1}^n x_i}$$

$$A_i=\{(x_1,\cdots,x_n)\,|\,x_i=1,x_k=0 \text{ または } 1 \quad k=1,\cdots,i-1,i+1,\cdots,n\}$$

$$(i=1,\cdots,n)$$

の事象に対して，以下の問に答えなさい．

(1) $\boldsymbol{P}(A_i)=p$, $\boldsymbol{P}(A_i^c)=1-p$ であることを示しなさい．

(2) A_1 と A_2 とが確率的に独立であることを示しなさい．

(3) $i\neq j$ のとき，A_i と A_j とが確率的に独立であることを示しなさい．

11 問題 4 と同じ試行を考えます．C を 1 回目の目が偶数であるという事象，D を 2 回目の目が奇数であるという事象とします．C と D とが独立であることを証明しなさい．

12 $\Omega=\{1,2,3,4\}$, $p_i=1/4$, $i=1,2,3,4$ とします．$A=\{1,2\}$, $B=\{1,3\}$, $C=\{1,4\}$ の 3 つの事象が独立になるかどうかを調べなさい．

13 3 つの事象 A, B, C が独立であるとき，以下の等式を証明しなさい．

$$\boldsymbol{P}(A\cap(B\cup C))=\boldsymbol{P}(A)\boldsymbol{P}(B\cup C)$$

$$\boldsymbol{P}(B\cap(A\cup C))=\boldsymbol{P}(B)\boldsymbol{P}(A\cup C)$$

$$\boldsymbol{P}(C\cap(A\cup B))=\boldsymbol{P}(C)\boldsymbol{P}(A\cup B)$$

14 2 つの機械 a と b でネジが生産され，それらのネジはまとめて大きな箱に入れられているとします．機械 a での不良率を p_a，機械 b での不良率を p_b，箱の中のネジ全体中で機械 a のネジが占める割合は o_a，機械 b のネジが占める割合を o_b とします．箱の中から無作為にネジを選んで不良品であることがわかったとします．このネジが機械 a で作られたものである確率は p_a，p_b，o_a，o_b を用いてどのように表せますか．ベイズの定理を用いなさい．

15 ある製品に対する検査方法があり，不良品を 0.95 の確率で判別することができます．一方，この方法は良品を確率 0.01 で不良品と判定してしまいます．この製品を製造している工場の不良率は 0.005 であるとします．いま，1 つの製品に対してこの検査方法を適用したところ，不良品であるとの結果が出たとします．この製品が本当に不良品である確率を求めなさい．

6 1つの確率変数

確率空間は確率論的な議論を行うための舞台であり，現象の動きをその上で議論するためには確率変数が必要になります．本章では確率変数の定義を紹介し，その確率的特性を規定する分布関数の形態により離散的と連続的の２つの場合に分けます．連続的な場合には密度関数が，離散的な場合には分布が重要な働きをなしますが，これらの大きな傾向を反映するものである期待値と分散についてそれらの意味するところを図とともに説明します．さらに期待値と分散の意味をより明確に示してくれるチェビシェフの不等式を紹介します．その後に，応用上よく用いられる分布と密度関数を列挙します．

より複雑でダイナミックな動きを記述しようとする際には複数個の確率変数を取り扱う必要があります．次章では，本章で述べたことを基本として，複数個の確率変数を扱う際の基本について述べます．

キーワード

確率変数
分布関数
離散的な確率変数，分布，連続的な確率変数，
密度関数
期待値，分散，標準偏差
チェビシェフの不等式
代表的な分布と密度関数

6.1 確率変数

定義 6.1（確率変数の定義）

$(\Omega, \mathcal{F}, \boldsymbol{P})$ を確率空間とします．Ω から $\boldsymbol{R}$ への写像 X は，どのような $x \in \boldsymbol{R}$ に対しても

$$\{\, \omega \mid \omega \in \Omega,\ X(\omega) \le x \,\} \in \mathcal{F}$$

が成立するとき，この確率空間上の**確率変数**と呼びます．

$\{\, \omega \mid \omega \in \Omega,\ X(\omega) \le x \,\}$，$\{\, \omega \mid X(\omega) \le x \,\}$，$X^{-1}((-\infty, x])$，$\{X \le x\}$ はすべて同じものを表します．等号が入らないときも同様です．また，括弧が煩雑であるときは，簡単に例えば $X^{-1}(-\infty, x]$ と書くこともあります．X^{-1} は，4章4.2節で述べた逆像を意味します．

定理 6.1

X を $(\Omega, \mathcal{F}, \boldsymbol{P})$ 上の確率変数とします．どのような $x \in \boldsymbol{R}$ に対しても，$\{\, \omega \mid X(\omega) < x \,\} \in \mathcal{F}$ が成立します．

［証明］ $x \in \boldsymbol{R}$ に対して，$(-\infty,\ x) = \bigcup_{n \ge 1} (-\infty,\ x - 1/n]$ が成立します．このことと定理4.1の逆象の性質から

$$X^{-1}(-\infty,\ x) = X^{-1}\left(\bigcup_{n \ge 1}\left(-\infty,\ x - \frac{1}{n}\right]\right) = \bigcup_{n \ge 1} X^{-1}\left(-\infty,\ x - \frac{1}{n}\right]$$

が成立します．確率変数の定義から，各 n に対して

$$X^{-1}\left(-\infty,\ x - \frac{1}{n}\right] \in \mathcal{F}$$

であり，さらに $\mathcal{F}$ は σ–集合体ですから，

$$\bigcup_{n \ge 1} X^{-1}\left(-\infty,\ x - \frac{1}{n}\right] \in \mathcal{F}$$

が成立します．したがって

$$X^{-1}(-\infty,\ x) = \{\omega \mid X(\omega) < x\} \in \mathcal{F}$$

となります． ■

定理 6.2

X を $(\Omega, \mathcal{F}, \boldsymbol{P})$ 上の確率変数とします．どのような $\boldsymbol{R}$ の要素 $a, b\ (a \leq b)$ に対しても，次の関係式が成立します．

(1) $\{\ \omega \mid a \leq X(\omega) \leq b\ \} = X^{-1}[a, b] \in \mathcal{F}$

(2) $\{\ \omega \mid a < X(\omega) \leq b\ \} = X^{-1}(a, b] \in \mathcal{F}$

(3) $\{\ \omega \mid a \leq X(\omega) < b\ \} = X^{-1}[a, b) \in \mathcal{F}$

(4) $\{\ \omega \mid a < X(\omega) < b\ \} = X^{-1}(a, b) \in \mathcal{F}$

(5) $\{\ \omega \mid X(\omega) < b\ \} = X^{-1}(-\infty,\ b) \in \mathcal{F}$

(6) $\{\ \omega \mid a \leq X(\omega)\ \} = X^{-1}[a,\ +\infty) \in \mathcal{F}$

(7) $\{\ \omega \mid a < X(\omega)\ \} = X^{-1}(a,\ +\infty) \in \mathcal{F}$

(8) $\{\ \omega \mid X(\omega) = a\ \} = X^{-1}\{a\} \in \mathcal{F}$

［**証明**］ (1) と (8) の証明だけをあげておきます．他は同様に考えれば証明できます．

［(1) の証明］ $[a,\ b] = (-\infty,\ b] \bigcap (-\infty,\ a)^c$

が成立します．定理 4.1 の逆像の性質を用いると，

$$X^{-1}[a,\ b] = X^{-1}(-\infty,\ b] \bigcap \left(X^{-1}(-\infty\ \ a)\right)^c$$

となります．確率変数の条件から $X^{-1}(-\infty,\ b] \in \mathcal{F}$．また定理 6.1 で示したことから $X^{-1}(-\infty,\ a) \in \mathcal{F}$．したがって，$\mathcal{F}$ が σ–集合体であることより $X^{-1}[a, b] \in \mathcal{F}$ となります．

［(8) の証明］ (1) で $a = b$ とします．$[a, b] = [a, a]$ は，1 点 a からなる集合 $\{a\}$ になりますから，$X^{-1}[a, a] = X^{-1}\{a\} \in \mathcal{F}$ が成立します． ■

3 章で紹介した $\boldsymbol{R}$ 上の σ–集合体である 1 次元ボレル集合体 $\mathcal{B}$ には，定理 6.1, 6.2 で扱った閉区間，開区間，半開区間がすべて属します．

次の 2 つの命題 (1) と (2) が同値であることが証明できます．このことから定義 6.1 の条件は，定理 6.1 と定理 6.2 で示したことだけでなく，もっと多くのことを保証することになります．

(1) どのような $x \in \boldsymbol{R}$ に対しても，$X^{-1}(-\infty,\ x] \in \mathcal{F}$ が成立する．

(2) どのような $A \in \mathcal{B}$ に対しても，$X^{-1}(A) \in \mathcal{F}$ が成立する．

興味のある方は参考文献 [10] を参照してください．

6.2 分布関数

定義 6.2（確率変数の分布関数）

$(\Omega, \mathcal{F}, \boldsymbol{P})$ を確率空間とし，X をその上の確率変数とします．

$$F(x) = \boldsymbol{P}(X \leq x)$$

で定まる 1 変数の関数 $F(x)$ を X の**分布関数**と呼びます．X を明示するために $F_X(x)$ と書くこともありますが，混乱がない限り簡単に $F(x)$ と書きます．

例 6.1　標本空間を $\Omega = \{1,2,3,4,5,6\}$ とし，確率 $\boldsymbol{P}$ は分布 $\{p_i\}_{i=1}^{6}$ によって定められているとします．確率変数 X を次のように定めます．

$$X(\omega) = \begin{cases} 0 & (\omega：\text{奇数}) \\ 2\omega & (\omega：\text{偶数}) \end{cases}$$

これは 4 章の **例 4.3** (1) で示した例です．この確率変数 X の分布関数 F がどのようになるかを調べます．

$$F(x) = \boldsymbol{P}(X \leq x) = \boldsymbol{P}\{\, \omega \mid X(\omega) \leq x \,\}$$

ですから，まず $\{\, \omega \mid X(\omega) \leq x \,\}$ の集合がどのようになるかを調べます．X の取り得る値には $0, 4, 8, 12$ の 4 つがありますから，x の範囲によって次のようになることがわかります．等号の入り方に注意してください．

$$\begin{aligned}
x < 0, \quad & \{\, \omega \mid X(\omega) \leq x \,\} = \emptyset, \\
0 \leq x < 4, \quad & \{\, \omega \mid X(\omega) \leq x \,\} = \{\, \omega \mid X(\omega) = 0 \,\} \\
& \qquad = \{1,3,5\}, \\
4 \leq x < 8, \quad & \{\, \omega \mid X(\omega) \leq x \,\} = \{\, \omega \mid X(\omega) = 0 \text{ または } 4 \,\} \\
& \qquad = \{1,3,5,2\}, \\
8 \leq x < 12, \quad & \{\, \omega \mid X(\omega) \leq x \,\} = \{\, \omega \mid X(\omega) = 0 \text{ または } 4 \text{ または } 8 \,\} \\
& \qquad = \{1,3,5,2,4\}, \\
12 \leq x, \quad & \{\, \omega \mid X(\omega) \leq x \,\} = \{\, \omega \mid X(\omega) = 0 \text{ または } 4 \text{ または } 8 \text{ または } 12 \,\} \\
& \qquad = \{1,3,5,2,4,6\}
\end{aligned}$$

したがって，分布関数 $F(x)$ は次のようになり，そのグラフは図 6.1 に与えられています．

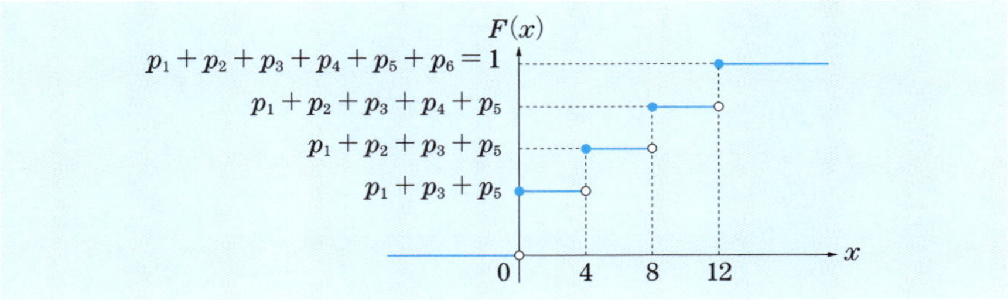

図 6.1 例 6.1 の確率変数の分布関数のグラフ

$$F(x) = \begin{cases} \boldsymbol{P}(\emptyset) = 0 & (x < 0) \\ \boldsymbol{P}(\{1,3,5\}) = p_1 + p_3 + p_5 & (0 \leq x < 4) \\ \boldsymbol{P}(\{1,3,5,2\}) = p_1 + p_2 + p_3 + p_5 & (4 \leq x < 8) \\ \boldsymbol{P}(\{1,3,5,2,4\}) = p_1 + p_2 + p_3 + p_4 + p_5 & (8 \leq x < 12) \\ \boldsymbol{P}(\{1,3,5,2,4,6\}) = p_1 + p_2 + p_3 + p_4 + p_5 + p_6 & (12 \leq x) \end{cases}$$

□

例 6.2 $\Omega = \boldsymbol{R}^2$ とし，確率 $\boldsymbol{P}$ が 2 変数の密度関数 $f(u,v)$ で定められているとします．確率変数 X を

$$(\omega_1,\omega_2) \in \boldsymbol{R}^2, \quad X(\omega_1,\omega_2) = \omega_1$$

とします．この確率変数 X の分布関数 $F(x)$ は，周辺密度関数 $g(u) = \int_{-\infty}^{+\infty} f(u,v)dv$ を用いて，次のようになります．

$$\begin{aligned} F(x) &= \boldsymbol{P}\{\ (\omega_1,\omega_2) \mid X(\omega_1,\omega_2) \leq x\ \} \\ &= \int_{-\infty}^{x} \left\{ \int_{-\infty}^{+\infty} f(u,v)dv \right\} du = \int_{-\infty}^{x} g(u)du \end{aligned}$$

分布関数 $F(x)$ が，密度関数 $g(u)$ によって決まることがわかります．もし $g(u) = \dfrac{1}{\sqrt{2\pi}}e^{-\frac{u^2}{2}}$ であれば，$F(x) = \int_{-\infty}^{x} g(u)du$ のグラフは図 6.2 のようになります．

□

図 6.1 のグラフは階段状，図 6.2 は連続ですが，いずれも右連続（解析の本を見てください）であることがわかります．さらに，

$$\lim_{x\to+\infty} F(x) = 1, \quad \lim_{x\to-\infty} F(x) = 0$$

であり，x を大きくしていったとき，$F(x)$ は単調非減少であることもわかりま

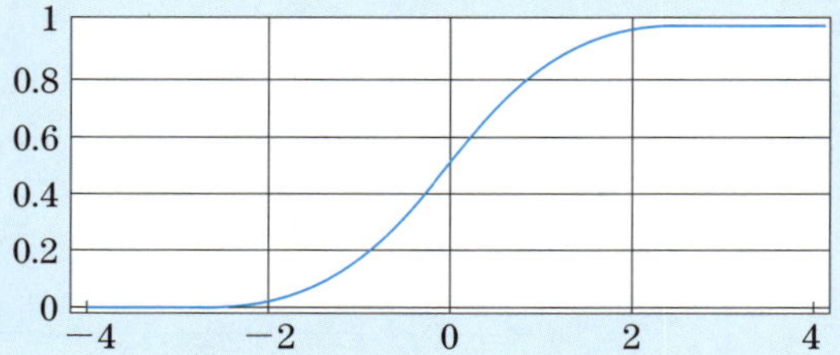

図 6.2　$F(x) = \displaystyle\int_{-\infty}^{x} \frac{1}{\sqrt{2\pi}} e^{-\frac{u^2}{2}} du$ のグラフ

す．一般にどのような確率変数 X の分布関数であっても，このような性質を持つことが証明されます．定理としてまとめておきます．

定理 6.3（確率変数の分布関数の性質）

確率空間 $(\Omega, \mathcal{F}, \boldsymbol{P})$ 上の確率変数 X の分布関数 F は次の性質を持ちます．

(1)　$x_1 \leq x_2$ であれば，つねに $F(x_1) \leq F(x_2)$ である．

(2)　F は右連続である．

(3)　$\displaystyle\lim_{x\to+\infty} F(x) = 1, \quad \lim_{x\to-\infty} F(x) = 0$ である．

［**証明**］　右連続性の証明のみを行っておきます．$\displaystyle\lim_{n\to\infty} F\left(x + \frac{1}{n}\right) = F(x)$ であることを示します．

$$F\left(x + \frac{1}{n}\right) = \boldsymbol{P}\left\{\omega \,\middle|\, X(\omega) \leq x + \frac{1}{n}\right\} = \boldsymbol{P}\left(X^{-1}\left(-\infty,\ x + \frac{1}{n}\right]\right)$$

ですから，まず $X^{-1}(-\infty,\ x + 1/n]$ について調べます．

$$\left(-\infty,\ x + \frac{1}{n+1}\right] \subseteq \left(-\infty,\ x + \frac{1}{n}\right], \quad \bigcap_{n=1}^{\infty}\left(-\infty,\ x + \frac{1}{n}\right] = (-\infty,\ x]$$

したがって，定理 4.1 の逆象の性質と定理 5.2 の確率の連続性から

$$\lim_{n\to\infty} \boldsymbol{P}\left(X^{-1}\left(-\infty,\ x + \frac{1}{n}\right]\right) = \boldsymbol{P}\left(\bigcap_{n=1}^{\infty} X^{-1}\left(-\infty,\ x + \frac{1}{n}\right]\right)$$

$$= \boldsymbol{P}\left(X^{-1}\bigcap_{n=1}^{\infty}\left(-\infty,\ x+\frac{1}{n}\right]\right)$$
$$= \boldsymbol{P}\left(X^{-1}(-\infty,\ x]\right) = F(x) \qquad \blacksquare$$

$\boldsymbol{R}$ から $\boldsymbol{R}$ への関数で定理 6.3 の (1), (2), (3) の 3 つの性質を持つものを単に**分布関数**と呼びます.

定理 6.4

確率変数 X の分布関数を用いて，下記のような事象の確率が定まります.

(1) $\boldsymbol{P}\{\ \omega \mid a \leq X(\omega) \leq b\ \} = F(b) - F(a^-)$

(2) $\boldsymbol{P}\{\ \omega \mid a < X(\omega) \leq b\ \} = F(b) - F(a)$

(3) $\boldsymbol{P}\{\ \omega \mid a \leq X(\omega) < b\ \} = F(b^-) - F(a^-)$

(4) $\boldsymbol{P}\{\ \omega \mid a < X(\omega) < b\ \} = F(b^-) - F(a)$

(5) $\boldsymbol{P}\{\ \omega \mid X(\omega) < b\ \} = F(b^-)$

(6) $\boldsymbol{P}\{\ \omega \mid a < X(\omega)\ \} = 1 - F(a)$

(7) $\boldsymbol{P}\{\ \omega \mid a \leq X(\omega)\ \} = 1 - F(a^-)$

(8) $\boldsymbol{P}\{\ \omega \mid X(\omega) = a\ \} = F(a) - F(a^-)$

$F(a^-)$ は a における F の左側極限を意味します.

以上のことを図 6.3 にまとめておきます．この図は，F が a, b の両点で不連続の場合を描いたものです．a または b で F が連続であるとき，図に書き込まれている確率は，例えば a で連続であれば，$F(a^-) = F(a)$ ですから，$\boldsymbol{P}(X = a) = F(a) - F(a^-) = 0$ となります.

［**定理 6.4 の証明**］ $\boldsymbol{P}(X < x) = F(x^-)$ であることを証明します．(1) から (8) は確率の性質を用いて，容易に証明されます.

$$(-\infty, x) = \bigcup_{n\geq 1}\left(-\infty,\ x-\frac{1}{n}\right]$$

が成立していたことに注意します．定理 4.1 の逆像の性質から，

$$X^{-1}(-\infty, x) = X^{-1}\left(\bigcup_{n\geq 1}\left(-\infty,\ x-\frac{1}{n}\right]\right) = \bigcup_{n\geq 1} X^{-1}\left(-\infty,\ x-\frac{1}{n}\right]$$

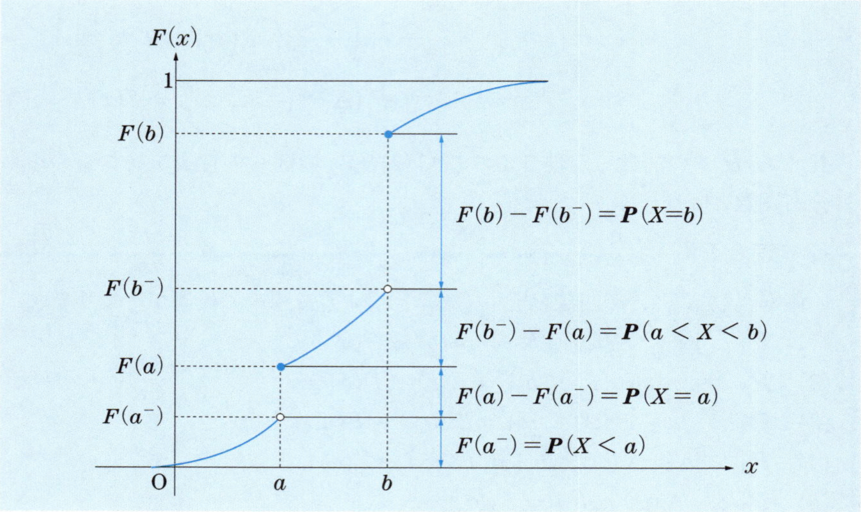

図 6.3　分布関数のグラフからわかる事象の確率

一方，

$$(-\infty,\ x-1] \subseteq \left(-\infty,\ x-\frac{1}{2}\right] \subseteq \left(-\infty,\ x-\frac{1}{3}\right] \subseteq \cdots$$

より，やはり逆像の性質から，

$$X^{-1}(-\infty,\ x-1] \subseteq X^{-1}\left(-\infty,\ x-\frac{1}{2}\right] \subseteq X^{-1}\left(-\infty,\ x-\frac{1}{3}\right] \subseteq \cdots$$

したがって，定理 5.2 の確率の連続性から

$$\begin{aligned}\boldsymbol{P}\left(X^{-1}(-\infty,\ x)\right) &= \boldsymbol{P}\left(\bigcup_{n\geq 1} X^{-1}\left(-\infty,\ x-\frac{1}{n}\right]\right)\\ &= \lim_{n\to\infty}\boldsymbol{P}\left(X^{-1}\left(-\infty,\ x-\frac{1}{n}\right]\right)\end{aligned}$$

よって，

$$\boldsymbol{P}(X<x) = \boldsymbol{P}(X^{-1}(-\infty,\ x)) = \lim_{n\to\infty} F\left(x-\frac{1}{n}\right) = F(x^-)$$

例えば，(8) の関係は次のようにして示されます．

$$\boldsymbol{P}(X=x) = \boldsymbol{P}(X\leq x) - \boldsymbol{P}(X<x) = F(x) - F(x^-)$$ ■

6.3 離散的な確率変数と連続的な確率変数

6.3.1 離散的な確率変数

取り得る値が整数値に限られるような確率変数 X は**離散的**であると言います．

$$p_i = \boldsymbol{P}(X = i) \quad (i \in \boldsymbol{Z})$$

とおき，$\{p_i\}_{i\in \boldsymbol{Z}}$ を X の分布と呼びます．ここで $\boldsymbol{Z} = \{\cdots, -2, -1, 0, 1, 2, \cdots\}$ は整数全体の集合を表します．

X の分布関数 $F(x)$ のグラフは次の図のように階段状になります．

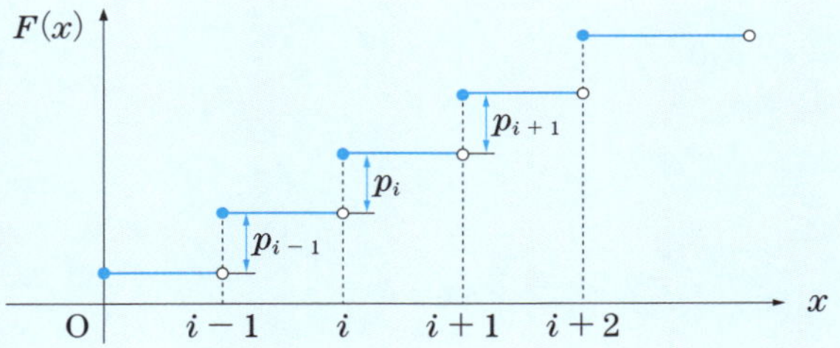

図 6.4　離散的な確率変数の分布関数

注意　通常，例えば $1/5, 2/5, 3/5, 4/5, 5/5$ のうちのいずれかの値しか取らないような確率変数や，取り得る値が有理数のみであるような確率変数も離散的なものとして分類されます．このため一般的には，高々加算な集合 $\boldsymbol{I}$ に対して $\boldsymbol{P}(X^{-1}(\boldsymbol{I})) = 1$ であるとき，確率変数 X は離散的であると呼ばれます．本書では，一般化することによる煩雑さや理解の困難さを避けるために上のように限定します．応用の場面で現れる離散的な確率変数が取り得る値は整数値のみであることが多く見られます．ただし，二項分布を正規分布で近似するなどの極限的な議論をする場合には，定義を拡張しておく必要があります．第 9 章を参照してください．　□

6.3.2 連続的な確率変数

確率変数 X の分布関数 $F(x)$ がある密度関数 $f(x)$ によって，

$$x \in \boldsymbol{R}, \quad F(x) = \int_{-\infty}^{x} f(u)du$$

となるとき，この確率変数を**連続的**であるといいます．この密度関数を X の密度関数といい，$f_X(x)$ と書くこともあります．分布関数は連続関数になり，定理 6.4 にあるそれぞれの確率は，密度関数を用いて次のようになります．

$$\boldsymbol{P}(a \leq X \leq b) = \boldsymbol{P}(a < X \leq b) = \boldsymbol{P}(a \leq X < b) = \boldsymbol{P}(a < X < b)$$
$$= \int_a^b f(u)du \quad \text{(図 6.5 を参照すること)}$$

$$\boldsymbol{P}(X \leq b) = \boldsymbol{P}(X < b) = \int_{-\infty}^{b} f(u)du$$

$$\boldsymbol{P}(a \leq X) = \boldsymbol{P}(a < X) = \int_a^{+\infty} f(u)du$$

$$\boldsymbol{P}(X = a) = 0$$

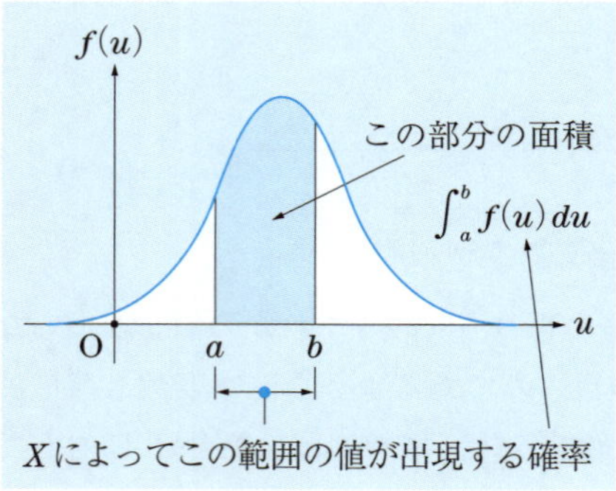

図 6.5

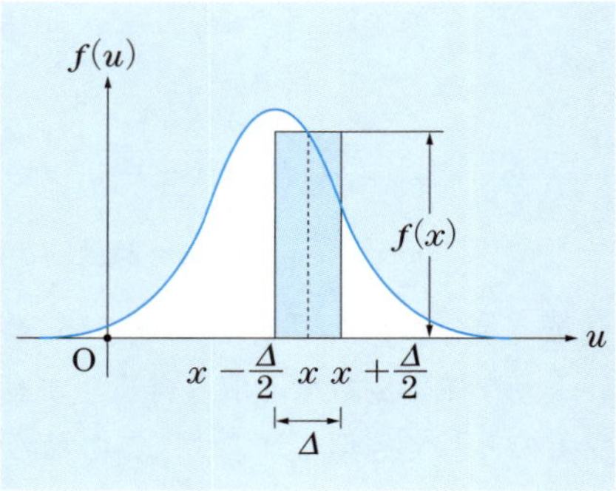

図 6.6

さらに，$a < b < c < d$ とすれば，

$$\boldsymbol{P}(a < X \leq b \text{ または } c < X \leq d) = \int_a^b f(u)du + \int_c^d f(u)du$$

$\varDelta > 0$ が十分小であれば，次の近似が成立します (図 6.6 を参照すること)．

$$\boldsymbol{P}\left(x - \frac{\varDelta}{2} < X \leq x + \frac{\varDelta}{2}\right) = \int_{x-\frac{\varDelta}{2}}^{x+\frac{\varDelta}{2}} f(u)du \approx f(x) \cdot \varDelta$$

6.4 確率変数の期待値と分散

6.4.1 離散的な確率変数の期待値と分散

X を確率空間 $(\Omega, \mathcal{F}, \boldsymbol{P})$ 上で定義された離散的な確率変数とし，その分布を $\{p_i\}_{i \in \boldsymbol{Z}}$ とします．

確率変数は写像であり，あるアクション (行為，作業) を意味していたことを思い出してください．アクション X を取るとき，i の出現する度合いが確率 p_i で与えられます．もし $p_i < p_j$ であれば，結果 i より結果 j のほうが出現しやすいことがわかります．

分布 $\{p_i\}_{i \in \boldsymbol{Z}}$ は，確率変数 X の確率的な性質に関する情報をすべて含み，この分布によって確率変数 X の確率的な性質のすべてを知ることができます．

本節で紹介する確率変数 X の**期待値**と**分散**はそれぞれ $\boldsymbol{E}[X]$, $\boldsymbol{Var}[X]$ と書かれますが，アクション X の結果について見通しを立てるときに用いられ，X の確率的な傾向を特徴づける量としてあります．

定義 6.3（確率変数の期待値と分散）

離散的な確率変数 X の**期待値**と**分散**は，次のように定義されます．

$$\boldsymbol{E}[X] = \sum_{i \in \boldsymbol{Z}} i \cdot p_i, \quad \boldsymbol{Var}[X] = \sum_{i \in \boldsymbol{Z}} (i - \boldsymbol{E}[X])^2 \cdot p_i$$

また，$\boldsymbol{Var}[X]$ の平方を取った $\sqrt{\boldsymbol{Var}[X]}$ を X の**標準偏差**と呼びます．

期待値と分散が意味することを見るために，いくつかの例をあげます．図示された分布 $\{p_i\}_{i \in \boldsymbol{Z}}$ における $\boldsymbol{E}[X]$ の位置，また分布 $\{p_i\}_{i \in \boldsymbol{Z}}$ の拡がり具合と $\boldsymbol{Var}[X]$ の値の大小との関係を見てください．

例 6.3　確率変数 X の分布が

$$p_i = \boldsymbol{P}(X = i) = \binom{n}{i} p^i q^{n-i} \quad (i = 0, 1, \cdots, n)$$

$$p \geq 0, \quad q \geq 0, \quad p + q = 1$$

である場合を見ます．この分布は 2 項分布と呼ばれ，n と p はパラメータとして与えられていました（1 章を参照してください）．

X の期待値と分散は次のようになります．

$$\boldsymbol{E}[X] = np, \quad \boldsymbol{Var}[X] = npq = np(1-p)$$

$p = 1/2$, $q = 1/2$ として，$n = 5$, 8, 11, 14 のそれぞれの場合の分布 $\{p_1, \cdots, p_n\}$ を同時に図示したものが図 6.7 です．

折れ線は p_i の値を示す点をつなぎ合わせて作られ，左側から順に $n = 5$, $n = 8$, $n = 11$, $n = 14$ の場合に対応します．

それぞれの n の場合に対する期待値と分散を計算しておきます．

$$n = 5, \quad \boldsymbol{E}[X] = \frac{5}{2}, \quad \boldsymbol{Var}[X] = \frac{5}{4}$$

$$n = 8, \quad \boldsymbol{E}[X] = \frac{8}{2}, \quad \boldsymbol{Var}[X] = \frac{8}{4}$$

$$n = 11, \quad \boldsymbol{E}[X] = \frac{11}{2}, \quad \boldsymbol{Var}[X] = \frac{11}{4}$$

$$n = 14, \quad \boldsymbol{E}[X] = \frac{14}{2}, \quad \boldsymbol{Var}[X] = \frac{14}{4}$$

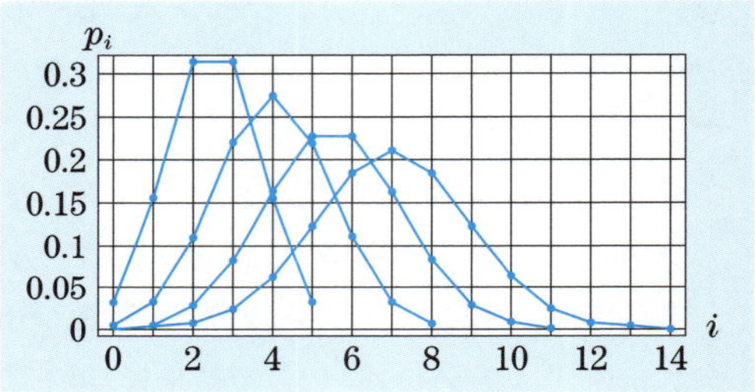

図 6.7　$p = 1/2$ のときの 2 項分布のグラフ．左から $n = 5, 8, 11, 14$ の場合

期待値 $\boldsymbol{E}[X]$ の値が変化することによって，分布のグラフ全体が左右に移動し，分布の中心的な傾向を表していることがわかります．分散 $\boldsymbol{Var}[X]$ の値が大きいほど分布のグラフは期待値を中心として左右に広がり，したがって確率変数 X の値として期待値から遠く離れた値が出現しやすくなることがわかります．$\boldsymbol{E}[X]$, $\boldsymbol{Var}[X]$ の計算は，章末の問題 7 を参照してください．　□

6.4.2　連続的な確率変数の期待値と分散

X を確率空間 $(\Omega, \mathcal{F}, \boldsymbol{P})$ 上で定義された連続的な確率変数とし，その密度関数を $f(x)$ とします．

定義 6.4（連続的な確率変数の期待値と分散）

連続的な確率変数 X の**期待値** $\boldsymbol{E}[X]$ と**分散** $\boldsymbol{Var}[X]$ は，次のように定義されます．

$$\boldsymbol{E}[X] = \int_{-\infty}^{+\infty} xf(x)dx, \quad \boldsymbol{Var}[X] = \int_{-\infty}^{+\infty} (x - \boldsymbol{E}[X])^2 f(x)dx$$

また，$\boldsymbol{Var}[X]$ の平方を取った $\sqrt{\boldsymbol{Var}[X]}$ を X の**標準偏差**と呼びます．

期待値と分散が意味することは，離散的な場合と同様です．

例 6.4　確率変数 X の密度関数を次の正規分布 $N(\mu, \sigma^2)$ とします．

$$n_{\mu,\sigma^2}(x) = \frac{1}{\sqrt{2\pi\sigma^2}} \exp\left\{-\frac{(x-\mu)^2}{2\sigma^2}\right\}$$

期待値と分散は次のように得られます．章末の問題 8 を参照してください．

$$\boldsymbol{E}[X] = \mu, \quad \boldsymbol{Var}[X] = \sigma^2$$

$\mu = 0$ として，$\sigma^2 = 1, 4, 9, 16$ のそれぞれの場合の $n_{\mu,\sigma^2}(x)$ のグラフを同時に図示したものが図 6.8 です．高さの最も高いグラフから順に $\sigma^2 = 1, 4, 9, 16$ の各場合に対応します．σ^2 の値が大きくなるに従って，グラフが左右に広がっていくことがわかります．

さらに図 6.9 は，$\sigma^2 = 1$ とし，$\mu = 0, 2, 4, 6$ のそれぞれの場合の $n_{\mu,\sigma^2}(x)$ のグラフを同時に描いたものです．左側のグラフから順に $\mu = 0, 2, 4, 6$ の場合に対応します．μ が密度関数のグラフの中心を定め，その値が変化することでグラフ全体が左右に移動します．□

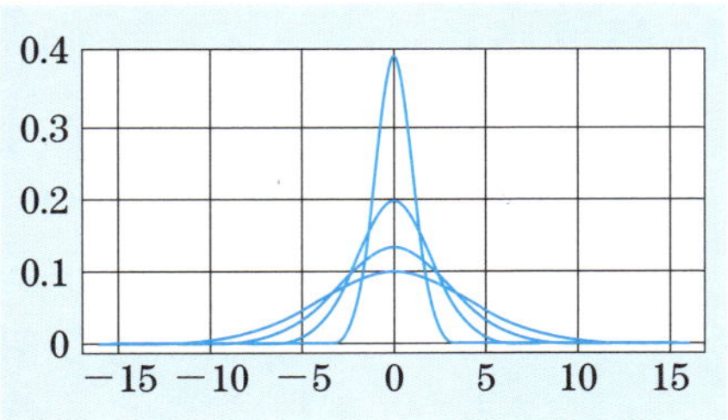

図 6.8　$\mu = 0$ のときの正規密度関数．高さが高いものから順に $\sigma^2 = 1, 4, 9, 16$

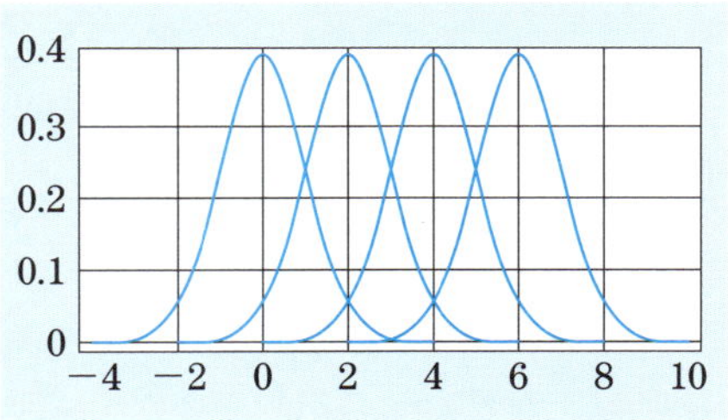

図 6.9　$\sigma^2 = 1$ のときの正規密度関数．左から順に $\mu = 0, 2, 4, 6$

6.5 チェビシェフの不等式

6.4 節で述べたことから，分散の大小は期待値から離れた値が出現しやすいかどうかを判断する際の目安になることがわかります．分散が大きいほど期待値から遠く離れた値が出現しやすく，逆に分散が小さいほど期待値に近い値が出現しやすくなり，期待値から遠く離れた値は出現しにくくなります．このことは次のチェビシェフの不等式によって，より明確に示されます．

定理 6.5（チェビシェフの不等式）

X を確率空間 $(\Omega, \mathcal{F}, \boldsymbol{P})$ 上で定義された確率変数とし，期待値と分散はともに有限であるとします．このとき，どのような $\varepsilon > 0$ に対しても次の不等号関係が成立します．

$$\boldsymbol{P}(|X - \boldsymbol{E}[X]| > \varepsilon) \leq \frac{\boldsymbol{Var}[X]}{\varepsilon^2}$$

この不等号関係を**チェビシェフの不等式**と呼びます．左辺の確率については図 6.10 を参照してください．

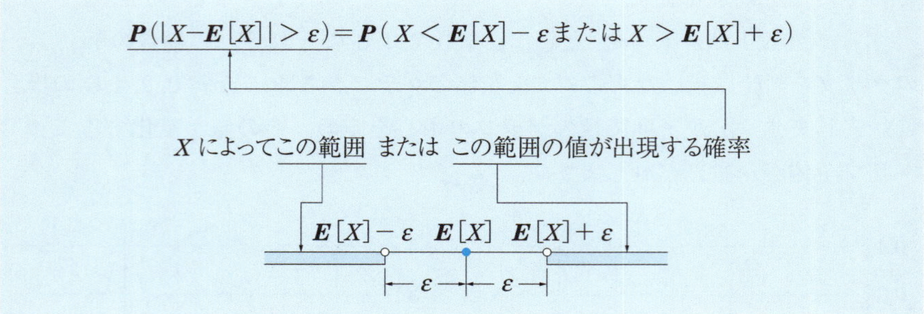

図 6.10 確率 $\boldsymbol{P}(|X - \boldsymbol{E}[X]| > \varepsilon)$ が意味すること

チェビシェフの不等式から $\boldsymbol{Var}[X]$ の値が 0 に近いほど，期待値 $\boldsymbol{E}[X]$ から ε 以上離れた値の出現確率が 0 に近くなることがわかります．つまり，期待値から離れた値が出現しにくくなります．

［**チェビシェフの不等式の証明**］ X が連続的である場合の証明を与えます．離散的な場合も同様に証明できます．X の密度関数を $f(x)$ とします．

$$
\begin{aligned}
\boldsymbol{Var}[X] &= \int_{-\infty}^{+\infty} (x - \boldsymbol{E}[X])^2 f(x)dx \\
&= \int_{\{x\,;\,|x-\boldsymbol{E}[X]|\le\varepsilon\}} (x - \boldsymbol{E}[X])^2 f(x)dx \\
&\quad + \int_{\{x\,;\,|x-\boldsymbol{E}[X]|>\varepsilon\}} (x - \boldsymbol{E}[X])^2 f(x)dx \\
&\ge \int_{\{x\,;\,|x-\boldsymbol{E}[X]|\ >\varepsilon\}} (x - \boldsymbol{E}[X])^2 f(x)dx \\
&\ge \varepsilon^2 \int_{\{x\,;\,|x-\boldsymbol{E}[X]|>\varepsilon\}} f(x)dx \\
&= \varepsilon^2 \boldsymbol{P}(|X - \boldsymbol{E}[X]| > \varepsilon)
\end{aligned}
$$

■

6.6 代表的な分布と密度関数

以下に応用上よく用いられる分布と密度関数をまとめておきます.

名前	パラメータ	分布	期待値	分散
ベルヌーイ分布	$0 \leq p \leq 1$	$p_0 = 1-p,\ p_1 = p$	p	$p(1-p)$
2 項分布	n：正の整数 $0 \leq p \leq 1$	$p_i = \binom{n}{i} p^i (1-p)^{n-i}$ $i = 0, 1, \cdots, n$	np	$np(1-p)$
幾何分布	$0 < p \leq 1$	$p_i = (1-p)^{i-1} p$ $i = 1, 2, \cdots$	$\dfrac{1}{p}$	$\dfrac{1-p}{p^2}$
負の 2 項分布	r：正の整数 $0 < p \leq 1$	$p_i = \binom{i-1}{r-1} p^r (1-p)^{i-r}$ $i = r, r+1, \cdots$	$\dfrac{r}{p}$	$\dfrac{r(1-p)}{p^2}$
ポアソン分布	$\lambda > 0$	$p_i = \dfrac{\lambda^i}{i!} e^{-\lambda}$ $i = 0, 1, 2, \cdots$	λ	λ

名前	パラメータ	密度関数	期待値	分散
一様分布	$\alpha < \beta$	$f(x) = \dfrac{1}{\beta - \alpha}$ $\alpha \leq x \leq \beta$	$\dfrac{\alpha + \beta}{2}$	$\dfrac{(\beta - \alpha)^2}{12}$
指数分布	$\lambda > 0$	$f(x) = \lambda e^{-\lambda x}$ $x \geq 0$	$\dfrac{1}{\lambda}$	$\dfrac{1}{\lambda^2}$
正規分布	$-\infty < \mu < \infty$ $\sigma > 0$	$f(x) = \dfrac{1}{\sqrt{2\pi\sigma^2}} \exp\left\{-\dfrac{(x-\mu)^2}{2\sigma^2}\right\}$ $-\infty < x < \infty$	μ	σ^2
ガンマ分布	$\lambda > 0$ $k > 0$	$f(x) = \dfrac{\lambda^k}{\Gamma(k)} x^{k-1} e^{-\lambda x}$ $x \geq 0$	$\dfrac{k}{\lambda}$	$\dfrac{k}{\lambda^2}$
ワイブル分布	$\lambda > 0$ $m > 0$	$f(x) = \lambda m x^{m-1} e^{-\lambda x^m}$ $x \geq 0$	$\left(\dfrac{1}{\lambda}\right)^{\frac{1}{m}} \Gamma\left(1 + \dfrac{1}{m}\right)$	$\left(\dfrac{1}{\lambda}\right)^{\frac{2}{m}} \left[\Gamma\left(1 + \dfrac{2}{m}\right) - \left\{\Gamma\left(1 + \dfrac{1}{m}\right)\right\}^2\right]$

6 章の問題

1 $\Omega = \{1,2,3,4,5,6\}$ として 4 章の 例 4.3 の $X:\Omega \to \boldsymbol{R}$ を考えます．

$$X(\omega) = \begin{cases} 2\omega & (\omega : \text{偶数}) \\ 0 & (\text{その他}) \end{cases}$$

$$\mathcal{F}_1 = \{\{1\},\ \{2,3,4,5,6\},\ \Omega,\ \emptyset\}$$

$$\mathcal{F}_2 = \{\{2\},\ \{4\},\ \{2,4\},\ \{1,3,5,6\},\ \{1,3,4,5,6\},\ \{1,2,3,5,6\},\ \Omega,\ \emptyset\}$$

$$\mathcal{F}_3 = \mathcal{P}(\Omega)$$

とします．次の問に答えなさい．

(1) $\mathcal{F}_1$，$\mathcal{F}_2$，$\mathcal{F}_3$ はいずれも σ–集合体であることを確認しなさい．

(2) X は $\mathcal{F}_1$ と $\mathcal{F}_2$ のいずれに対しても定義 6.1 の条件を満たさないことを示しなさい．

(3) X は $\mathcal{F}_3$ に対して定義 6.1 の条件を満たすことを示しなさい．

2 離散的な確率変数 X の分布 $\{p_i\}_{i=1}^{6}$ が次のように与えられているとき，X の分布関数 $F(x)$ はどのようになりますか．

$$p_1 = \frac{3}{32},\ p_2 = \frac{3}{30},\ p_3 = \frac{9}{40},\ p_4 = \frac{1}{12},\ p_5 = \frac{9}{32},\ p_6 = \frac{1}{6}$$

3 密度関数 $f(x)$ が次のように与えられている連続的な確率変数 X の分布関数 $F(x)$ はどのようになりますか．また，任意の $x \in \boldsymbol{R}$ において $F(x^-) = F(x)$ であることを示しなさい．

$$f(x) = \begin{cases} 1 & (0 \leq x \leq 1) \\ 0 & (\text{その他}) \end{cases}$$

4 X の密度関数を次のように与えます．

$$f(x) = \begin{cases} \lambda e^{-\lambda x} & (x \geq 0) \\ 0 & (x < 0) \end{cases}$$

(1) X の分布関数 $F(x)$ を求めなさい．

(2) $\boldsymbol{P}\{X > x\}$ はどのようになりますか．

(3) $a < b$ とします．$\boldsymbol{P}\{a < X \leq b\}$ はどのようになりますか．

(4) 任意の $x \in \boldsymbol{R}$ に対して $F(x^-) = F(x)$ となることを示しなさい．

5 $(\Omega, \mathcal{F}, \boldsymbol{P})$ を確率空間とし，確率変数 X を次のように定めます．

$$\omega \in \Omega, \quad X(\omega) = a$$

ここで a は定数を表します．つまり X はどのような $\omega \in \Omega$ に対しても一定値 a を対応させます．X の分布関数はどのようになりますか．

6 問題 2 で求めた分布関数について，定理 6.3 の 3 つの性質が満たされることを確認しなさい．

7 **例 6.3** の $\boldsymbol{E}[X] = np$, $\boldsymbol{Var}[X] = npq$ を証明しなさい．

8 **例 6.4** の $\boldsymbol{E}[X] = \mu$, $\boldsymbol{Var}[X] = \sigma^2$ を証明しなさい．

9 離散的な確率変数 X についてチェビシェフの不等式を証明しなさい．

10 6.6 節の表の期待値と分散を実際に計算して求めなさい．

11 確率複数 X の密度関数をパラメータ λ の指数分布であるとします．$h > 0$, $t \geq 0$ として

$$\boldsymbol{P}(X > h + t \mid X > h) = \boldsymbol{P}(X > t)$$

となることを証明してください．これを指数分布のマルコフ性または無記憶性と呼びます．5 章の **例 5.4** を参照してください．

7 複数個の確率変数

通常，現象を確率的に議論しようとすると，1つの確率変数だけでは不十分であり，多くの確率変数を取り扱わなければなりません．また，定義した複数個の確率変数から新たな確率変数を構成するといったことも必要になります．本章以降では，このような複数個の確率変数を取り扱う際に基本となる事項について解説します．

キーワード

複数個の確率変数の同時分布関数，離散的，同時分布，連続的，同時密度関数，確率変数の関数，確率変数の関数の期待値，期待値の線形性，共分散，モーメント母関数

7.1 複数個の確率変数の同時分布関数

定義 7.1（複数個の確率変数の同時分布関数）

$X_1, X_2, \cdots, X_n$ を確率空間 $(\Omega, \mathcal{F}, \boldsymbol{P})$ 上の確率変数とします．

$$F(x_1, \cdots, x_n) = \boldsymbol{P}(X_1 \leq x_1, \cdots, X_n \leq x_n)$$

で定義される n 変数の関数 $F(x_1, \cdots, x_n)$ を $X_1, \cdots, X_n$ の**同時分布関数**と呼びます．考えている n 個の確率変数を明確にするために $F_{X_1,\cdots,X_n}(x_1, \cdots, x_n)$ と書くこともあります．

定義式の右辺のかっこの中身は，次式で表される Ω の部分集合を意味します．

$$\begin{aligned}\{\omega \mid X_1(\omega) \leq x_1, \cdots, X_n(\omega) \leq x_n\} &= \bigcap_{i=1}^{n} \{\omega \mid X_i(\omega) \leq x_i\} \\ &= \bigcap_{i=1}^{n} X_i^{-1}(-\infty, x_i]\end{aligned}$$

1 つの確率変数の分布関数は，定理 6.3 で述べられているような性質を持つ 1 変数の関数でした．同時分布関数 $F(x_1, \cdots, x_n)$ も同様に次のような性質を持ちます．

(1)　$a_i \leq b_i \ (i = 1, \cdots, n)$ のとき，$F(a_1, \cdots, a_n) \leq F(b_1, \cdots, b_n)$

(2)　$\displaystyle\lim_{h_i \downarrow 0,\ i=1,\cdots,n} F(x_1 + h_1, \cdots, x_n + h_n) = F(x_1, \cdots, x_n)$

ここで，$h_i \downarrow 0$ は，$h_i > 0$ の条件のもとで $h_i \to 0$ とすることを意味します．

(3)　$\displaystyle\lim_{x_i \to \infty,\ i=1,\cdots,n} F(x_1, \cdots, x_n) = 1$

(4)　$\displaystyle\lim_{x_i \to -\infty} F(x_1, \cdots, x_n) = 0 \quad (i = 1, \cdots, n)$

$\displaystyle\lim_{x_n \to \infty} F(x_1, \cdots, x_n)$ がどのようになるかを調べてみます．

$$\begin{aligned}\lim_{x_n \to \infty} F(x_1, \cdots, x_n) &= \lim_{x_n \to \infty} \boldsymbol{P}\left(\bigcap_{i=1}^{n} X_i^{-1}(-\infty, x_i]\right) \\ &= \boldsymbol{P}\left(\bigcap_{i=1}^{n-1} X_i^{-1}(-\infty, x_i] \bigcap X_n^{-1}(-\infty, +\infty)\right)\end{aligned}$$

$X_n^{-1}(-\infty, +\infty) = \Omega$ ゆえ

$$\bigcap_{i=1}^{n-1} X_i^{-1}(-\infty, x_i] \bigcap X_n^{-1}(-\infty, +\infty) = \bigcap_{i=1}^{n-1} X_i^{-1}(-\infty, x_i]$$

したがって，

$$\lim_{x_n \to \infty} F_{X_1,\cdots,X_n}(x_1,\cdots,x_n) = \boldsymbol{P}\{\ \omega \mid X_1(\omega) \le x_1, \cdots, X_{n-1}(\omega) \le x_{n-1}\ \}$$

となり，確率変数 $X_1, \cdots, X_{n-1}$ の同時分布関数が得られます．

確率変数 $X_1, \cdots, X_n$ の一部の確率変数の同時分布関数は，対応する変数以外の変数を ∞ にとばすことで得られます．例えば X_1 の分布関数は，x_1 以外の変数 $x_2, \cdots, x_n$ を ∞ にとばして次のように求まります．

$$F_{X_1}(x_1) = \lim_{x_2 \to \infty, \cdots, x_n \to \infty} F_{X_1,\cdots,X_n}(x_1, \cdots, x_n)$$

確率変数 $X_1, \cdots, X_n$ によって定まる事象の確率は，同時分布関数を用いることで定めることができます．

例 7.1　2 つの確率変数 X, Y によって定まる事象 $\{a_1 < X \le b_1,\ a_2 < Y \le b_2\}$ の確率を同時分布関数を用いて表してみます．$a_1 < b_1$，$a_2 < b_2$ とします．

$$\begin{aligned}
&\boldsymbol{P}(a_1 < X \le b_1,\ a_2 < Y \le b_2) \\
&= \boldsymbol{P}(X \le b_1,\ Y \le b_2) - \boldsymbol{P}(X \le b_1,\ Y \le a_2) \\
&\qquad - \boldsymbol{P}(X \le a_1,\ Y \le b_2) + \boldsymbol{P}(X \le a_1,\ Y \le a_2) \\
&= F(b_1, b_2) - F(b_1, a_2) - F(a_1, b_2) + F(a_1, a_2)
\end{aligned}$$ □

6.3 節では 1 つの確率変数を離散的な場合と連続的な場合に分類しました．n 個の確率変数 $X_1, \cdots, X_n$ に対しても同様に離散的な場合と連続的な場合に分類します．

離散的な場合：$X_1, \cdots, X_n$ のそれぞれが 6.3.1 節の意味で離散的であるとき，$X_1, \cdots, X_n$ は**離散的**であるといいます．

$$p(i_1, \cdots, i_n) = \boldsymbol{P}(X_1 = i_1, \cdots, X_n = i_n) \quad (i_1, \cdots, i_n \in \boldsymbol{Z})$$

を $X_1, \cdots, X_n$ の **同時分布**と呼びます．確率変数 $X_1, \cdots, X_n$ を明確にするために $p_{X_1,\cdots,X_n}(i_1, \cdots, i_n)$ と書くこともあります．

$X_1, \cdots, X_{n-1}$ の同時分布は

$$p_{X_1,\cdots,X_{n-1}}(i_1,\cdots,i_{n-1}) = \sum_{i_n \in \boldsymbol{Z}} p_{X_1,\cdots,X_{n-1},X_n}(i_1,\cdots,i_{n-1},i_n)$$

として求まります．次のことに注意してください．

$$\begin{aligned}\bigcup_{i_n \in \boldsymbol{Z}} \bigcap_{j=1}^{n} X_j^{-1}\{i_j\} &= \bigcap_{j=1}^{n-1} X_j^{-1}\{i_j\} \bigcap \left(\bigcup_{i_n \in \boldsymbol{Z}} X_n^{-1}\{i_n\} \right) \\ &= \bigcap_{j=1}^{n-1} X_j^{-1}\{i_j\}\end{aligned}$$

$$X_n^{-1}\{k\} \bigcap X_n^{-1}\{l\} = \emptyset \quad (k \neq l)$$

したがって，

$$\begin{aligned}\sum_{i_n \in \boldsymbol{Z}} p_{X_1,\cdots,X_n}(i_1,\cdots,i_n) &= \boldsymbol{P}\left(\bigcup_{i_n \in \boldsymbol{Z}} \bigcap_{j=1}^{n} X_j^{-1}\{i_j\} \right) \\ &= \boldsymbol{P}\left(\bigcap_{j=1}^{n-1} X_j^{-1}\{i_j\} \right) \\ &= p_{X_1,\cdots,X_{n-1}}(i_1,\cdots,i_{n-1})\end{aligned}$$

複数個の確率変数の一部についての同時分布は，対応する変数以外の変数に関して総和をとれば求まります．

例 7.2 2つの確率変数 X, Y の同時分布を次のようにします．

$$p_{X,Y}(k,m) = \boldsymbol{P}(X = k, Y = m) = \binom{n}{k} p^k q^{n-k} \cdot e^{-\lambda} \frac{\lambda^m}{m!}$$
$$(k = 0, 1, \cdots, n, \quad m = 0, 1, \cdots)$$

$$\lambda > 0, \quad p \geq 0, \quad q \geq 0, \quad p + q = 1$$

X, Y それぞれの分布は，次のようにして求まります．

$$p_X(k) = \sum_{m=0}^{\infty} p_{X,Y}(k,m) = \binom{n}{k} p^k q^{n-k} \quad (k = 0, 1, \cdots, n)$$

$$p_Y(m) = \sum_{k=0}^{n} p_{X,Y}(k,m) = e^{-\lambda} \frac{\lambda^m}{m!} \quad (m = 0, 1, \cdots)$$

□

連続的な場合：$X_1, \cdots, X_n$ の同時分布関数 $F_{X_1,\cdots,X_n}(x_1, \cdots, x_n)$ が，n 変数の密度関数 $f(u_1, \cdots, u_n)$ を用いて

$$F_{X_1,\cdots,X_n}(x_1, \cdots, x_n) = \int_{-\infty}^{x_1} du_1 \cdots \int_{-\infty}^{x_n} f(u_1, \cdots, u_n) du_n$$

とできるとき，$X_1, \cdots, X_n$ は**連続的**であるといい，$f(u_1, \cdots, u_n)$ を $X_1, \cdots, X_n$ の**同時密度関数**と呼びます．$f_{X_1,\cdots,X_n}(u_1, \cdots, u_n)$ と書くこともあります．

すでに述べた同時分布関数の性質から $X_1, \cdots, X_{n-1}$ の同時分布関数は次のようになります．

$$\begin{aligned} F_{X_1,\cdots,X_{n-1}}(x_1, \cdots, x_{n-1}) &= \lim_{x_n \to +\infty} F_{X_1,\cdots,X_n}(x_1, \cdots, x_n) \\ &= \int_{-\infty}^{x_1} du_1 \cdots \int_{-\infty}^{x_{n-1}} du_{n-1} \int_{-\infty}^{+\infty} f(u_1, \cdots, u_{n-1}, u_n) du_n \end{aligned}$$

$\displaystyle\int_{-\infty}^{+\infty} f(u_1, \cdots, u_{n-1}, u_n) du_n$ が f の 1 つの周辺密度関数であったことを思い出してください．つまり $X_1, \cdots, X_{n-1}$ もまた連続的であり，その同時密度関数は周辺密度関数で与えられます．一般的に，$X_1, \cdots, X_n$ の一部の確率変数 $X_{k_1} \cdots, X_{k_l}$ は連続的であり，その同時密度関数はやはり周辺密度関数で与えられます．

例 7.3　2 つの確率変数 X, Y の同時密度関数を次の 2 変量正規分布とします．

$$\begin{aligned} f_{X,Y}(x, y) =& \frac{1}{2\pi\sigma_X\sigma_Y\sqrt{1-\rho^2}} \exp\left\{ -\frac{1}{2(1-\rho^2)} \left[\left(\frac{x-\mu_X}{\sigma_X}\right)^2 \right.\right. \\ & \left.\left. - \frac{2\rho(x-\mu_X)(y-\mu_Y)}{\sigma_X\sigma_Y} + \left(\frac{y-\mu_Y}{\sigma_Y}\right)^2 \right] \right\} \end{aligned}$$

X の密度関数 $f_X(x)$ と Y の密度関数 $f_Y(y)$ は

$$f_X(x) = \int_{-\infty}^{+\infty} f(x, y) dy = \frac{1}{\sqrt{2\pi{\sigma_X}^2}} \exp\left\{ -\frac{(x-\mu_X)^2}{2{\sigma_X}^2} \right\}$$

$$f_Y(y) = \int_{-\infty}^{+\infty} f(x, y) dx = \frac{1}{\sqrt{2\pi{\sigma_Y}^2}} \exp\left\{ -\frac{(y-\mu_Y)^2}{2{\sigma_Y}^2} \right\}$$

X の密度関数は $N(\mu_X, {\sigma_X}^2)$ の正規分布になります．同様にして，Y の密度関数は $N(\mu_Y, {\sigma_Y}^2)$ の正規分布になります．X, Y それぞれの期待値と分散は次のようになります．

$$\boldsymbol{E}[X] = \mu_X,\ \boldsymbol{Var}[X] = {\sigma_X}^2$$

$$\boldsymbol{E}[Y] = \mu_Y,\ \boldsymbol{Var}[Y] = {\sigma_Y}^2$$

2 章の **例 2.8** と 2 章の問題 9 を参照してください．

2 変量正規分布は，$\mu_X, \sigma_X, \mu_Y, \sigma_Y, \rho$ の 5 つのパラメーターを持っていますが，$\mu_X, \sigma_X, \mu_Y, \sigma_Y$ の意味は以上の計算からわかります．ρ については 8 章の **例 8.2** で述べます． □

連続的な場合，同時分布関数は同時密度関数によって定められます．そのため，確率変数 $X_1, \cdots, X_n$ に関する事象の確率は，同時密度関数によっても定められます．

例 7.1 の続き　X, Y は連続的で同時密度関数を $f(x, y)$ とします．**例 7.1** の事象の確率はこの同時密度関数を用いて，次のようになります．

$$\boldsymbol{P}(a_1 < X \leq b_1,\ a_2 < Y \leq b_2) = \int_{a_1}^{b_1} \left\{ \int_{a_2}^{b_2} f(x, y) dy \right\} dx$$ □

7.2 確率変数の関数— 複数個の確率変数から新しい確率変数を構成すること

合成写像について述べた 4.2 節では，複数個の写像を組合せて新しい写像が構成できることを見ました．このことを確率変数に適応します．

$X_1, \cdots, X_n$ を確率空間 $(\Omega, \mathcal{F}, \boldsymbol{P})$ 上の n 個の確率変数とします．これらの n 個の確率変数によって Ω から $\boldsymbol{R}^n$ への写像 $(X_1, \cdots, X_n)$ が定義されます．h を $\boldsymbol{R}^n$ から $\boldsymbol{R}$ への写像とします．このとき，これらの 2 つの写像を用いて次のように合成写像が定義できます．

$$h \circ (X_1, \cdots, X_n) \ :\ \Omega \longrightarrow \boldsymbol{R}$$

厳密には可測性と呼ばれる条件が h に対して必要ですが，応用上現れてくる h について，この合成写像は確率変数になるとしても問題は生じません．

次の 例 7.4 にあげられているものは 4.2 節で触れたものですが，すべて確率変数になります．

例 7.4　$X, X_1 \cdots, X_n$ を確率空間 $(\Omega, \mathcal{F}, \boldsymbol{P})$ 上の確率変数とします．

(1)　$h(x_1, \cdots, x_n) = x_1 + \cdots + x_n$ のとき，

$$h \circ (X_1, \cdots, X_n)(\omega) = X_1(\omega) + \cdots + X_n(\omega)$$

この $h \circ (X_1, \cdots, X_n)$ を簡単に $X_1 + \cdots + X_n$ と書きます．

(2)　$h(x_1, \cdots, x_n) = \dfrac{x_1 + \cdots + x_n}{n}$ のとき，

$$h \circ (X_1, \cdots, X_n)(\omega) = \frac{X_1(\omega) + \cdots + X_n(\omega)}{n}$$

この $h \circ (X_1, \cdots, X_n)$ を簡単に $\dfrac{X_1 + \cdots + X_n}{n}$ と書きます．

(3)　$h(x_1, \cdots, x_n) = x_1 \cdot \cdots \cdot x_n$ のとき，

$$h \circ (X_1, \cdots, X_n)(\omega) = X_1(\omega) \cdot \cdots \cdot X_n(\omega)$$

この $h \circ (X_1, \cdots, X_n)$ を簡単に，$X_1 \cdot \cdots \cdot X_n$ と書きます．

(4)　a を定数とし，$h(x) = a \cdot x$ のとき，$(h \circ X)(\omega) = a \cdot X(\omega)$

この $h \circ X$ を簡単に $a \cdot X$ と書きます．

(5)　b を定数とし，$h(x) = x + b$ のとき，$(h \circ X)(\omega) = X(\omega) + b$

この $h \circ X$ を簡単に $X + b$ と書きます．

(6)　n を正の整数とし，$h(x) = x^n$ のとき，$(h \circ X)(\omega) = (X(\omega))^n$

このh∘X を簡単に $(X)^n$ または X^n と書きます．

(7)　$h(x) = |x|$ のとき，$(h \circ X)(\omega) = |X(\omega)|$

この $h \circ X$ を簡単に $|X|$ と書きます．ここで $|\cdot|$ は絶対値を取ることを意味します．□

確率変数の関数の密度関数のいくつかについては，章末問題2を，また，(1)の確率変数の和の密度関数に関しては8章8.4.2節を参照してください．

定理 7.1（確率変数の関数の期待値）

$X_1, \cdots, X_n$ を確率空間 $(\Omega, \mathcal{F}, \boldsymbol{P})$ 上の確率変数とし，h を $\boldsymbol{R}^n$ から $\boldsymbol{R}$ への写像とします．$h \circ (X_1, \cdots, X_n)$ の期待値 $\boldsymbol{E}[h \circ (X_1, \cdots, X_n)]$ は次のように計算できます．

(1)　**離散的な場合**：$X_1, \cdots, X_n$ の同時分布を $p(i_1, \cdots, i_n)$ とすれば，

$$\boldsymbol{E}[h \circ (X_1, \cdots, X_n)] = \sum_{i_1 \in \boldsymbol{Z}} \cdots \sum_{i_n \in \boldsymbol{Z}} h(i_1, \cdots, i_n) p(i_1, \cdots, i_n)$$

期待値の定義に従って計算をしようとすれば，まず $h \circ (X_1, \cdots, X_n)$ の分布を求め，その後，定義 6.2 に従って計算する必要があります．上の式は，$\boldsymbol{E}[h \circ (X_1, \cdots, X_n)]$ が，$X_1, \cdots, X_n$ の同時分布から直接求められることを意味しています．

(2)　**連続的な場合**：$X_1, \cdots, X_n$ の同時密度関数を $f(x_1, \cdots, x_n)$ とすれば，

$$\begin{aligned}&\boldsymbol{E}[h \circ (X_1, \cdots, X_n)] \\ &\quad = \int_{-\infty}^{+\infty} dx_1 \cdots \int_{-\infty}^{+\infty} h(x_1, \cdots, x_n) f(x_1, \cdots, x_n) dx_n\end{aligned}$$

定理 7.1 の証明は行いませんが，次の 例 7.5 で様子を見てください．

例 7.5　2つの離散的な確率変数 X, Y を考え，その同時分布を

$$p(i, j) = \boldsymbol{P}(X = i, Y = j)$$

とします．h を次のような $\boldsymbol{R}^2$ から $\boldsymbol{R}$ への写像とします．例 7.4 (1) で $n = 2$

とした場合に対応します．

$$(x,y)\in \boldsymbol{R}^2,\quad h(x,y)=x+y$$

$\boldsymbol{E}[h\circ(X,Y)]$ を 2 つの方法で計算してみます．

(1)　定理 7.1 で述べた方法で計算すると次のようになります．

$$\boldsymbol{E}[h\circ(X,Y)]=\sum_{i\in\boldsymbol{Z}}\sum_{j\in\boldsymbol{Z}}h(i,j)p(i,j)=\sum_{i\in\boldsymbol{Z}}\sum_{j\in\boldsymbol{Z}}(i+j)p(i,j)$$

(2)　$h\circ(X,Y)$ の分布を求めた後に，$\boldsymbol{E}[h\circ(X,Y)]$ を計算します．

$h\circ(X,Y)$ の分布は，$\boldsymbol{P}(h\circ(X,Y)=k)$ の確率を同時分布 $p(i,j)$ を用いて表すことによって得られます．

$$\boldsymbol{P}(h\circ(X,Y)=k)=\boldsymbol{P}\{\ \omega\mid X(\omega)+Y(\omega)=k\ \}$$

ですから，まず $\{\ \omega\mid X(\omega)+Y(\omega)=k\ \}$ を書き直すことからはじめます．

$$\{\ \omega\mid X(\omega)+Y(\omega)=k\ \}=\bigcup_{i\in\boldsymbol{Z}}\{\ \omega\mid X(\omega)=i,\ Y(\omega)=k-i\ \},$$

$$\{\ \omega\mid X(\omega)=i,\ Y(\omega)=k-i\ \}\bigcap\{\ \omega\mid X(\omega)=j,\ Y(\omega)=k-j\ \}=\emptyset \quad (i\neq j)$$

より，確率 $\boldsymbol{P}$ の性質を用いて

$$\begin{aligned}\boldsymbol{P}(h\circ(X,Y)=k)&=\boldsymbol{P}\{\ \omega\mid X(\omega)+Y(\omega)=k\ \}\\&=\sum_{i\in\boldsymbol{Z}}\boldsymbol{P}\{\ \omega\mid X(\omega)=i,\ Y(\omega)=k-i\ \}\\&=\sum_{i\in\boldsymbol{Z}}p(i,k-i)\end{aligned}$$

となります．したがって期待値の定義に従って

$$\begin{aligned}\boldsymbol{E}[h\circ(X,Y)]&=\sum_{k\in\boldsymbol{Z}}k\cdot\boldsymbol{P}(h\circ(X,Y)=k)\\&=\sum_{k\in\boldsymbol{Z}}k\sum_{i\in\boldsymbol{Z}}p(i,k-i)\\&=\sum_{i\in\boldsymbol{Z}}\sum_{j\in\boldsymbol{Z}}(i+j)\cdot p(i,j)\end{aligned}$$

となり，(1) の結果と一致します．　□

定理 7.1 を用いて期待値と分散の性質に関して次の定理 7.2 が証明されます．

定理 7.2（期待値と分散の性質）

2 つの確率変数 X, Y に対して，次の関係が成立します．a と b は定数とします．

(1)　$\boldsymbol{E}[X+Y] = \boldsymbol{E}[X] + \boldsymbol{E}[Y]$

(2)　$\boldsymbol{E}[aX] = a\boldsymbol{E}[X]$

(3)　$\boldsymbol{E}[X+b] = \boldsymbol{E}[X] + b$

(4)　$\boldsymbol{Var}[X] = \boldsymbol{E}[(X-\boldsymbol{E}[X])^2] = \boldsymbol{E}[X^2] - (\boldsymbol{E}[X])^2$

(5)　$\boldsymbol{Var}[X+Y] = \boldsymbol{Var}[X] + \boldsymbol{Var}[Y] + 2\boldsymbol{Cov}[X,Y]$

ここで，$\boldsymbol{Cov}[X,Y] \equiv \boldsymbol{E}[(X-\boldsymbol{E}[X])(Y-\boldsymbol{E}[Y])]$ は X と Y の共分散と呼ばれ，確率変数 X と Y の依存関係を表す量の 1 つです．これについては次の章で述べます．

(6)　$\boldsymbol{Var}[aX] = a^2\boldsymbol{Var}[X]$

(7)　$\boldsymbol{Var}[X+b] = \boldsymbol{Var}[X]$

[証明]　ここでは，X, Y の同時分布を $p(i,j)$，X の分布を $p_X(i)$，Y の分布を $p_Y(j)$ として離散的な場合の証明を行います．

[(1) の証明]
$$\begin{aligned}\boldsymbol{E}[X+Y] &= \sum_{i\in\boldsymbol{Z}}\sum_{j\in\boldsymbol{Z}}(i+j)\cdot p(i,j)\\ &= \sum_{i\in\boldsymbol{Z}} i \sum_{j\in\boldsymbol{Z}} p(i,j) + \sum_{j\in\boldsymbol{Z}} j \sum_{i\in\boldsymbol{Z}} p(i,j)\\ &= \sum_{i\in\boldsymbol{Z}} i\cdot p_X(i) + \sum_{j\in\boldsymbol{Z}} j\cdot p_Y(j)\\ &= \boldsymbol{E}[X] + \boldsymbol{E}[Y]\end{aligned}$$

[(2) の証明]
$$\boldsymbol{E}[aX] = \sum_{i\in\boldsymbol{Z}} a\cdot i\cdot p_X(i) = a\sum_{i\in\boldsymbol{Z}} i\cdot p_X(i) = a\boldsymbol{E}[X]$$

[(3) の証明]
$$\begin{aligned}\boldsymbol{E}[X+b] &= \sum_{i\in\boldsymbol{Z}}(i+b)\cdot p_X(i)\\ &= \sum_{i\in\boldsymbol{Z}} i\cdot p_X(i) + b\sum_{i\in\boldsymbol{Z}} p_X(i)\\ &= \boldsymbol{E}[X] + b\end{aligned}$$

[(4) の証明]　$\boldsymbol{E}[X]$ 自体定数であることに注意してください．

$$\boldsymbol{Var}[X] = \sum_{i \in \boldsymbol{Z}} (i - \boldsymbol{E}[X])^2 p_X(i)$$
$$= \boldsymbol{E}[(X - \boldsymbol{E}[X])^2] = \boldsymbol{E}[X^2 - 2X \cdot \boldsymbol{E}[X] + (\boldsymbol{E}[X])^2]$$
$$= \boldsymbol{E}[X^2] - \boldsymbol{E}[2X \cdot \boldsymbol{E}[X]] + (\boldsymbol{E}[X])^2$$
$$= \boldsymbol{E}[X^2] - 2\boldsymbol{E}[X]\boldsymbol{E}[X] + (\boldsymbol{E}[X])^2$$
$$= \boldsymbol{E}[X^2] - (\boldsymbol{E}[X])^2$$

[(5) の証明]

$$\begin{aligned}\boldsymbol{Var}[X+Y] &= \boldsymbol{E}[(X+Y-\boldsymbol{E}[X+Y])^2] \\ &= \boldsymbol{E}[(X-\boldsymbol{E}[X])^2 \\ &\quad +2(X-\boldsymbol{E}[X])(Y-\boldsymbol{E}[Y]) + (Y-\boldsymbol{E}[Y])^2] \\ &= \boldsymbol{E}[(X-\boldsymbol{E}[X])^2] \\ &\quad +2\boldsymbol{E}[(X-\boldsymbol{E}[X])(Y-\boldsymbol{E}[Y])] \\ &\quad +\boldsymbol{E}[(Y-\boldsymbol{E}[Y])^2] \\ &= \boldsymbol{Var}[X] + \boldsymbol{Var}[Y] + 2\boldsymbol{Cov}[X,Y]\end{aligned}$$

[(6) の証明]

$$\begin{aligned}\boldsymbol{Var}[a \cdot X] &= \boldsymbol{E}[(a \cdot X - a \cdot \boldsymbol{E}[X])^2] \\ &= a^2 \boldsymbol{E}[(X-\boldsymbol{E}[X])^2] \\ &= a^2 \boldsymbol{Var}[X]\end{aligned}$$

[(7) の証明]

$$\begin{aligned}\boldsymbol{Var}[X+b] &= \boldsymbol{E}[(X+b-\boldsymbol{E}[X+b])^2] \\ &= \boldsymbol{E}[(X-\boldsymbol{E}[X])^2] \\ &= \boldsymbol{Var}[X]\end{aligned}$$

■

系 7.1

定理 7.2 を順次用いることで，n 個の確率変数 $X_1, \cdots, X_n$ に対して，次の (1), (2) が容易に示されます．$a_1, \cdots, a_n$ は定数とします．

(1)　$\boldsymbol{E}[a_1 X_1 + \cdots + a_n X_n] = \sum_{i=1}^{n} a_i \boldsymbol{E}[X_i]$

(2)　$\boldsymbol{Var}[a_1 X_1 + \cdots + a_n X_n] = \sum_{i=1}^{n} a_i^2 \boldsymbol{Var}[X_i] + 2 \sum_{1 \le i < j \le n} a_i a_j \boldsymbol{Cov}[X_i, X_j]$

(1) の関係を期待値の**線形性**と呼びます．分散に関しては，このような関係が成立しないことに注意してください．8 章の系 8.1 を参照してください．

系 7.2

系 7.1 を用いると，次のことが容易に確認できます．

$$\boldsymbol{E}\left[\frac{X_1+\cdots+X_n}{n}\right]=\frac{1}{n}\sum_{i=1}^{n}\boldsymbol{E}[X_i]$$

$$\boldsymbol{Var}\left[\frac{X_1+\cdots+X_n}{n}\right]$$
$$=\frac{1}{n^2}\sum_{i=1}^{n}\boldsymbol{Var}[X_i]+\frac{2}{n^2}\sum_{1\le i<j\le n}\boldsymbol{Cov}[X_i,X_j]$$

もし，期待値，分散，共分散が同一で

$$\boldsymbol{E}[X_1]=\cdots=\boldsymbol{E}[X_n]=\mu$$
$$\boldsymbol{Var}[X_1]=\cdots=\boldsymbol{Var}[X_n]=\sigma^2$$
$$\boldsymbol{Cov}[X_i,X_j]=\gamma \quad (i=1,\cdots,n,\quad j=i,\cdots,n)$$

とすれば,

$$\boldsymbol{E}\left[\frac{X_1+\cdots+X_n}{n}\right]=\mu$$
$$\boldsymbol{Var}\left[\frac{X_1+\cdots+X_n}{n}\right]=\frac{\sigma^2}{n}+\frac{n-1}{n}\gamma$$

さらに，もし $\gamma=0$ であれば

$$\boldsymbol{Var}\left[\frac{X_1+\cdots+X_n}{n}\right]=\frac{\sigma^2}{n}$$

となります．

$\boldsymbol{Cov}[X_i,X_j]$ は確率変数 X_i と X_j との依存性に関係しますが，これについては 8 章で述べます．

7.3 モーメント母関数

確率変数 X について

$$\boldsymbol{E}[X^n] = \begin{cases} \displaystyle\sum_{i \in \boldsymbol{Z}} i^n p_i & (X：離散的) \\ \displaystyle\int_{-\infty}^{\infty} x^n f(x) dx & (X：連続的) \end{cases}$$

を X の **n 次モーメント**または**原点まわりの n 次モーメント**と呼びます．さらに，$\boldsymbol{E}[(X - \boldsymbol{E}[X])^n]$ を**期待値まわりの n 次モーメント**といいます．

X の期待値 $\boldsymbol{E}[X]$ は 1 次モーメントであり，分散は期待値まわりの 2 次モーメントですが，$\boldsymbol{Var}[X] = \boldsymbol{E}[X^2] - (\boldsymbol{E}[X])^2$ のように 1 次モーメントと 2 次モーメントから定まります．

特に期待値まわりの 3 次モーメント

$$\boldsymbol{E}[(X - \boldsymbol{E}[X])^3] = \int_{-\infty}^{\infty} (x - \boldsymbol{E}[X])^3 f_X(x) dx$$

を**歪度**（わいど）と呼びます．密度関数 $f_X(x)$ が期待値を中心として左右対称であれば，その歪度は 0 になります．例えば，正規分布 $N(\mu, \sigma^2)$ は期待値 μ を中心として左右対称でした．したがってその歪度は 0 になります．歪度は，期待値を中心とした対称性からのズレの程度を表すことになります．$\boldsymbol{E}[(x - \boldsymbol{E}(X))^3]$ を標準偏差の 3 乗で割ったものを歪度と呼ぶこともあります．

モーメントを比較的簡単に求める手段として，モーメント母関数があります．

$h(x) = e^{tx}$ としたときの合成写像 $h \circ X$ を簡単に e^{tX} と書きます．X の**モーメント母関数** $\varphi_X(t)$ は，e^{tX} の期待値として次のように定義されます．

$$\varphi_X(t) = \boldsymbol{E}[e^{tX}] = \begin{cases} \displaystyle\sum_{i \in \boldsymbol{Z}} e^{it} p_X(i) & (X：離散的) \\ \displaystyle\int_{-\infty}^{\infty} e^{xt} f_X(x) dx & (X：連続的) \end{cases}$$

$\varphi_X(t)$ を t で微分してみます．

$$\varphi'_X(t) = \frac{d\varphi_X(t)}{dt}$$
$$= \begin{cases} \displaystyle\sum_{i \in \boldsymbol{Z}} ie^{it} p_X(i) \\ \displaystyle\int_{-\infty}^{\infty} xe^{xt} f_X(x)dx \end{cases}$$
$$= \boldsymbol{E}[Xe^{tX}]$$

ここで $t = 0$ とおきます.

$$\varphi'_X(0) = \begin{cases} \displaystyle\sum_{i \in \boldsymbol{Z}} ip_X(i) \\ \displaystyle\int_{-\infty}^{\infty} xf_X(x)dx \end{cases}$$
$$= \boldsymbol{E}[Xe^{0X}] = \boldsymbol{E}[X]$$

形式的に $\varphi_X(t)$ を t で n 回微分して $t = 0$ とおくと,

$$\varphi_X^{(n)}(t) = \frac{d^n}{dt^n}\varphi_X(t) = \boldsymbol{E}[X^n e^{tX}], \quad \varphi_X^{(n)}(0) = \boldsymbol{E}[X^n] \quad (n \geq 1)$$

となり, X の n 次モーメントが得られます. X のモーメント母関数が得られてしまうと, それを微分することで X の n 次モーメントが得られことになります. モーメント母関数という名称は, このように任意次数のモーメントが求められる（生み出される）ことから来ています.

モーメント母関数は, モーメント以外に密度関数を定めるためにも用いられますが, これについては次の例の後に触れます.

例 7.6 X の分布を2項分布とし, モーメント母関数を求めてみます.

$$p_k = \binom{n}{k} p^k (1-p)^{n-k} \quad (k = 0, 1, \cdots, n)$$
$$\varphi_X(t) = \sum_{k=0}^{n} e^{kt} \binom{n}{k} p^k (1-p)^{n-k}$$
$$= \sum_{k=0}^{n} \binom{n}{k} (pe^t)^k (1-p)^{n-k}$$
$$= (pe^t + 1 - p)^n$$

$$\varphi'_X(t) = npe^t(pe^t + 1 - p)^{n-1}$$
$$\varphi''_X(t) = npe^t(pe^t + 1 - p)^{n-1} + npe^t(n-1)pe^t(pe^t + 1 - p)^{n-2}$$
$$\boldsymbol{E}[X] = \varphi'_X(0) = np$$
$$\boldsymbol{E}[X^2] = \varphi''_X(0) = np + n(n-1)p^2$$
$$\begin{aligned}\boldsymbol{Var}[X] &= \boldsymbol{E}[X^2] - (\boldsymbol{E}[X])^2 \\ &= np + n^2p^2 - np^2 - n^2p^2 = np(1-p)\end{aligned}$$
□

例 7.7　X の密度関数を正規分布 $N(\mu, \sigma^2)$ であるとします．モーメント母関数と，それを利用したモーメントの導出は以下のようになります．

$$\begin{aligned}\varphi_X(t) &= \frac{1}{\sqrt{2\pi\sigma^2}} \int_{-\infty}^{\infty} e^{tx} e^{-\frac{(x-\mu)^2}{2\sigma^2}} dx \\ &= \exp\left\{\frac{\sigma^2 t^2}{2} + \mu t\right\}\end{aligned}$$
$$\varphi'_X(t) = (\mu + \sigma^2 t)\exp\left\{\frac{\sigma^2 t^2}{2} + \mu t\right\}$$
$$\varphi''_X(t) = \sigma^2 \exp\left\{\frac{\sigma^2 t^2}{2}\right\} + (\mu + \sigma^2 t)^2 \exp\left\{\frac{\sigma^2 t^2}{2} + \mu t\right\}$$
$$\boldsymbol{E}[X] = \varphi'_X(0) = \mu$$
$$\boldsymbol{E}[X^2] = \varphi''_X(0) = \sigma^2 + \mu^2$$
$$\boldsymbol{Var}[X] = \boldsymbol{E}[X^2] - (\boldsymbol{E}[X])^2 = \sigma^2$$
□

モーメント母関数と分布とは 1 対 1 に対応しています．例えば，モーメント母関数が $\exp\left\{\sigma^2 t^2/2 + \mu t\right\}$ となる分布は正規分布 $N(\mu, \sigma^2)$ 以外にはあり得ません．8 章の 8.4.2 節では，このことを用いて独立な確率変数の和の密度関数を具体的に求めてみます．

7 章の問題

1 (1)　確率変数 X, Y の同時密度関数が次のように与えられています．同時分布関数を求めなさい．次にこれを利用して，事象 $\{X \leq x\}$, $\{Y \leq y\}$, $\{1 < X \leq 2,\ 0.5 < Y \leq 1\}$ の確率を定めなさい．

$$f_{X,Y}(x,y) = \begin{cases} \lambda e^{-\lambda x} 2y & (0 \leq x,\ 0 \leq y \leq 1) \\ 0 & (\text{その他}) \end{cases}$$

(2)　同時密度関数が次のように与えられています．同時分布関数を求めなさい．また前問 (1) にある事象の確率を同様にして定めなさい．

$$f_{X,Y}(x,y) = \begin{cases} \dfrac{1}{2}(2x + 3y^2) & (0 \leq x \leq 1,\ 0 \leq y \leq 1) \\ 0 & (\text{その他}) \end{cases}$$

2　確率変数 X の密度関数を $f_X(x)$ とし，a を正の定数とします．

(1)　$X + a$　　(2)　aX　　(3)　X^2

のそれぞれの密度関数を $f_X(x)$ を用いて表しなさい．

3 (1)　X の密度関数を $n_{\mu,\sigma^2}(x)$ とします．問題 2 の結果を用いて $\dfrac{X - \mu}{\sigma}$ の密度関数が $n_{0,1^2}(x)$ となることを示しなさい．

(2)　X の密度関数を $n_{0,1^2}(x)$ とします．問題 2 の結果を用いて X^2 の密度関数を定めなさい．

4　X と Y の同時密度関数が **例 7.2** で与えられているとします．$\boldsymbol{E}[X + Y]$ と $\boldsymbol{E}[X \cdot Y]$ の期待値を求めなさい．

5　X の分布がポアソン分布

$$p_k = \frac{\lambda^k}{k!} e^{-\lambda} \quad (k = 0, 1, 2, \cdots)$$

であるときのモーメント母関数を求め，これを利用して X の期待値と分散を求めなさい．

6　確率変数 X の密度関数をパラメータ $\lambda > 0$ の指数分布であるとします．

$$f_X(x) = \begin{cases} \lambda e^{-\lambda x} & (x \geq 0) \\ 0 & (x < 0) \end{cases}$$

X のモーメント母関数を求め，これを利用して X の歪度を定めなさい．指数分布が期待値 $1/\lambda$ を中心として左右対称でないことに注意してください．

8 確率変数間の依存性と独立性

コインを n 回投げる，もう少し拡張して無限回投げるといった試行の標本空間はいままで述べてきたようにして定義することができますが，毎回毎回のコイン投げをその前後のコイン投げとまったく独立に投げるということをいかにして定義すればよいのでしょうか．また何らかの依存関係を組み込もうとする際に依存関係をどのように考えておけばよいのでしょうか．統計的推測を行う際の複数個のデータ収集において，それぞれのデータは互いに依存関係がないようにして取る（ランダムサンプリングと呼ばれます）必要があります．このことを前提にして，統計的な推測手法が開発されその性能が評価されますが，その際の議論は確率的に独立な複数個の確率変数を駆使することによって行われます．一方，予測の問題では，何らかの依存関係がなければ不可能になります．

時間とともに複雑に動いている現象を記述するには多数の確率変数が必要とされ，それらの間にさまざまな独立性と依存性が仮定されます．依存性と独立性は相補的な関係にあり，それぞれを問題に即してうまく使い分けながら現象の解析に向かいます．このような分科は確率過程とその応用に関するもので，物理現象の解析だけでなく，金融工学，情報伝達等の社会科学など広い範囲にわたります．

本章では，複数個の確率変数間の依存性と独立性について基本的な事項を解説します．

キーワード

条件付き分布関数，条件付き分布
条件付き密度関数，確率変数間の独立性
相関係数，条件付き期待値，たたみこみ

8.1 確率変数間の依存性と独立性

定義 8.1

(1)　X, Y を確率空間 $(\Omega, \mathcal{F}, \boldsymbol{P})$ 上の**離散的**な確率変数とし，同時分布とそれぞれの分布を

$$p_{X,Y}(i,j) = \boldsymbol{P}(X=i, Y=j) \quad (i \in \boldsymbol{Z},\ j \in \boldsymbol{Z})$$

$$p_X(i) = \boldsymbol{P}(X=i) = \sum_{j \in \boldsymbol{Z}} p_{X,Y}(i,j)$$

$$p_Y(j) = \boldsymbol{P}(Y=j) = \sum_{i \in \boldsymbol{Z}} p_{X,Y}(i,j)$$

とします．このとき，

$$p_{X|Y}(i|j) = \frac{p_{X,Y}(i,j)}{p_Y(j)}$$

を $\{Y=j\}$ に関する X の**条件付き分布**と呼びます．さらに

$$F_{X|Y}(x|j) = \sum_{i \le x} p_{X|Y}(i|j)$$

を $\{Y=j\}$ に関する X の**条件付き分布関数**と呼び，$\{Y=j\}$ であるときの事象 $\{X \le x\}$ の条件付き確率 $\boldsymbol{P}(X \le x \,|\, Y=j)$ にほかなりません．

(2)　X, Y を確率空間 $(\Omega, \mathcal{F}, \boldsymbol{P})$ 上の**連続的**な確率変数とし，X, Y の同時密度関数を $f_{X,Y}(x,y)$，それぞれの密度関数を

$$f_X(x) = \int_{-\infty}^{\infty} f_{X,Y}(x,y)dy, \quad f_Y(y) = \int_{-\infty}^{\infty} f_{X,Y}(x,y)dx$$

とします．このとき，

$$f_{X|Y}(x \,|\, y) = \frac{f_{X,Y}(x,y)}{f_Y(y)}$$

を $\{Y=y\}$ に関する X の**条件付き密度関数**と呼びます．さらに

$$F_{X|Y}(x \,|\, y) = \int_{-\infty}^{x} f_{X|Y}(u \,|\, y)du$$

を $\{Y=y\}$ に関する X の**条件付き分布関数**と呼び，$\{Y=y\}$ であるときの事象 $\{X \le x\}$ の条件付き確率を意味し，$\boldsymbol{P}(X \le x \,|\, Y=y)$ とも書かれます．

注意　連続的な場合の条件付き密度関数と条件付き分布関数の定義における動機と使い方について述べておきます.

まず条件付き分布関数 $\boldsymbol{P}(X \leq x \,|\, Y = y)$ の定義から始めます. 連続的である場合, 6 章の 6.3.2 節で述べたようにどのような y に対しても $\boldsymbol{P}(Y = y) = 0$ であることから, 単純に条件付き確率の定義に従い $\boldsymbol{P}(X \leq x \,|\, Y = y) = \boldsymbol{P}(X \leq x, Y = y)/\boldsymbol{P}(Y = y)$ と定義できないことに注意してください.

そこで, 確率変数 Y の値が y であるときの事象 $\{X \leq x\}$ の条件付き確率 $\boldsymbol{P}(X \leq x \,|\, Y = y)$ を $\displaystyle\lim_{\Delta \to 0} \boldsymbol{P}(X \leq x \,|\, y \leq Y \leq y + \Delta)$ の極限として定義します.

この極限を計算してみます.

$$
\lim_{\Delta \to 0} \boldsymbol{P}(X \leq x \,|\, y \leq Y \leq y + \Delta) = \lim_{\Delta \to 0} \frac{\boldsymbol{P}(X \leq x,\ y \leq Y \leq y + \Delta)}{\boldsymbol{P}(y \leq Y \leq y + \Delta)}
$$

$$
= \lim_{\Delta \to 0} \frac{\displaystyle\int_{-\infty}^{x} \int_{y}^{y+\Delta} f_{X,Y}(u, v)\,dv\,du}{\displaystyle\int_{y}^{y+\Delta} f_Y(v)\,dv} = \lim_{\Delta \to 0} \frac{\dfrac{\displaystyle\int_{-\infty}^{x} \int_{y}^{y+\Delta} f_{X,Y}(u, v)\,dv\,du}{\Delta}}{\dfrac{\displaystyle\int_{y}^{y+\Delta} f_Y(v)\,dv}{\Delta}}
$$

$$
= \frac{\displaystyle\lim_{\Delta \to 0} \frac{\displaystyle\int_{-\infty}^{x} \int_{y}^{y+\Delta} f_{X,Y}(u, v)\,dv\,du}{\Delta}}{\displaystyle\lim_{\Delta \to 0} \frac{\displaystyle\int_{y}^{y+\Delta} f_Y(v)\,dv}{\Delta}} = \frac{\displaystyle\int_{-\infty}^{x} f_{X,Y}(u, y)\,du}{f_Y(y)} = \int_{-\infty}^{x} \frac{f_{X,Y}(u, y)\,du}{f_Y(y)}
$$

したがって, 条件付き分布関数と条件付き密度関数が定義 8.1 のように与えられることになります.

改めて $X + Y$ と Y の 2 つの確率変数に対して, $\boldsymbol{P}(X + Y \leq u \mid Y = y)$ を考えてみます. この条件付き確率は, $\{Y = y\}$ の条件のもとで考えられています. そのため, $X + Y$ は $X + y$ とでき, したがって, 以下のように計算できます.

$$\boldsymbol{P}(X+Y \leq u \mid Y=y) = \boldsymbol{P}(X+y \leq u \mid Y=y) = \boldsymbol{P}(X \leq u-y \mid Y=y)$$
$$= \int_{-\infty}^{u-y} f_{X|Y}(x \,|\, y)dx = \int_{-\infty}^{u} f_{X|Y}(x-y \,|\, y)dx$$

この関係式は，8.4.2 節で確率変数の和の密度関数を求める際に利用されます．

□

定理 8.1

条件付き分布，条件付き密度関数の定義から次の関係式は容易に確かめられます．

$$p_X(i) = \sum_{j \in \boldsymbol{Z}} p_{X|Y}(i \,|\, j) p_Y(j) \qquad \text{(離散的な場合)}$$

$$f_X(x) = \int_{-\infty}^{\infty} f_{X|Y}(x \,|\, y) f_Y(y) dy \qquad \text{(連続的な場合)}$$

$$\boldsymbol{P}(X \leq x) = \begin{cases} \displaystyle\sum_{j \in \boldsymbol{Z}} F_{X|Y}(x \,|\, j) p_Y(j) & \text{(離散的な場合)} \\ \displaystyle\int_{-\infty}^{\infty} F_{X|Y}(x \,|\, y) f_Y(y) dy & \text{(連続的な場合)} \end{cases}$$

離散的な確率変数 X, Y について考えてみます．これらの間に何らかの依存関係があれば，Y に関する情報がある場合とない場合で X の分布は異なってくるはずですから，条件付き分布を用いることで X と Y の依存関係を調べることができます．

逆にどのような $i \in \boldsymbol{Z}, j \in \boldsymbol{Z}$ に対しても

$$p_{X|Y}(i \,|\, j) = p_X(i) \quad \text{つまり} \quad p_{X,Y}(i,j) = p_X(i) \cdot p_Y(j)$$

が成立すれば，事象 $\{X = i\}$ と $\{Y = j\}$ とが確率的に独立であり，X と Y の間には依存関係がないことになります．このことを X と Y は確率的に独立であるといいます．

統計的な予測の問題では，確率変数間の依存関係を有効に使おうとします．また，品質管理などで用いられる統計的推測では，確率変数間の独立性を用いて推定方法，検定方法などの各種の推測方法が構築されています．

定義 8.2

(1)　**離散的**な確率変数 X, Y において，どのような $i \in \boldsymbol{Z}$ と $j \in \boldsymbol{Z}$ に対しても

$$p_{X,Y}(i,j) = p_X(i) \cdot p_Y(j)$$

が成立するとき，X と Y は**互いに確率的に独立**である（簡単に**独立**である）といいます．

(2)　**連続的**な確率変数 X, Y において，どのような $x \in \boldsymbol{R}$ と $y \in \boldsymbol{R}$ に対しても

$$f_{X,Y}(x,y) = f_X(x) \cdot f_Y(y)$$

が成立するとき，X と Y は**互いに確率的に独立**である（簡単に**独立**である) といいます．

X と Y が独立であるときの $\boldsymbol{E}[X \cdot Y]$ を計算してみます．定理 7.1 を参照しながら，ここでは離散的な場合を計算します．連続的な場合も同様です．

$$\begin{aligned}\boldsymbol{E}[X \cdot Y] &= \sum_{i \in \boldsymbol{Z}} \sum_{j \in \boldsymbol{Z}} i \cdot j \cdot p_{X,Y}(i,j) = \sum_{i \in \boldsymbol{Z}} \sum_{j \in \boldsymbol{Z}} i \cdot j \cdot p_X(i) \cdot p_Y(j) \\ &= \boldsymbol{E}[X] \cdot \boldsymbol{E}[Y]\end{aligned}$$

となります．このことを用いて，X と Y との共分散 $\boldsymbol{Cov}[X,Y]$ を求めると

$$\boldsymbol{Cov}[X,Y] = \boldsymbol{E}[X \cdot Y] - \boldsymbol{E}[X] \cdot \boldsymbol{E}[Y] = \boldsymbol{E}[X] \cdot \boldsymbol{E}[Y] - \boldsymbol{E}[X] \cdot \boldsymbol{E}[Y] = 0$$

となり，X と Y が互いに独立であれば，$\boldsymbol{Cov}[X,Y] = 0$ となることがわかります．したがって同じことですが，$\boldsymbol{Cov}[X,Y] \neq 0$ であれば，X と Y は互いに独立にはなりません．つまり $\boldsymbol{Cov}[X,Y]$ には X と Y の確率的な依存性が反映され，依存の程度を表す 1 つの量として用いることができます．通常は，**相関係数**と呼ばれる次の量が用いられます．

$$\rho(X,Y) = \frac{\boldsymbol{Cov}[X,Y]}{\sqrt{\boldsymbol{Var}[X]\boldsymbol{Var}[Y]}} \tag{8.1}$$

ここで，つねに

$$-1 \leq \rho(X,Y) \leq 1$$

となることが示されます．章末問題 2 を参照してください．X と Y とが独立であれば，$\boldsymbol{Cov}[X,Y]=0$ より $\rho(X,Y)=0$ となります．

例 8.1　コインを 4 回投げる試行を考えます．標本空間と確率は次のように設定します．1 は表を，0 は裏を意味します．

$$\Omega = \{\ (\omega_1,\omega_2,\omega_3,\omega_4) \mid \omega_i = 0 \text{ または } 1\ (i=1,2,3,4)\ \}$$

$$p_{(\omega_1,\omega_2,\omega_3,\omega_4)} = \left(\frac{1}{2}\right)^4 \quad ((\omega_1,\omega_2,\omega_3,\omega_4)\in\Omega)$$

(1)　確率変数 X_1, X_2, X_3 を次のように定義します．

$$(\omega_1,\omega_2,\omega_3,\omega_4)\in\Omega, \quad X_i(\omega_1,\omega_2,\omega_3,\omega_4) = \omega_i \quad (i=1,2,3)$$

X_1 は 1 回目の結果を，X_2 は 2 回目の結果を表します．

$$p_{X_1,X_2}(i,j) = \boldsymbol{P}(X_1=i, X_2=j) = \sum_{\omega_3=0}^{1}\sum_{\omega_4=0}^{1} p_{(i,j,\omega_3,\omega_4)} = \left(\frac{1}{2}\right)^2$$

$$p_{X_1}(i) = \frac{1}{2}, \quad p_{X_2}(j) = \frac{1}{2}$$

から，X_1 と X_2 は独立になります．同様にして，X_1 と X_3，X_2 と X_3 もそれぞれ互いに独立になります．また，X_1, X_2, X_3 が互いに独立になることも示されます (定義 8.4 を参照してください)．

(2)　確率変数 W, Z を次のように定義します．$(\omega_1,\omega_2,\omega_3,\omega_4)\in\Omega$ に対して，

$$W(\omega_1,\omega_2,\omega_3,\omega_4) = \omega_1+\omega_2, \quad Z(\omega_1,\omega_2,\omega_3,\omega_4) = \omega_1+\omega_2+\omega_3$$

W は 2 回目までに表が出現した回数を，Z は 3 回目までに表が出現した回数を表します．W の値としては 0，1，2 の 3 つの可能性があり，Z の値としては 0，1，2，3 の 4 つの可能性があります．

W に関する情報が与えられているとき，Z の値としてどのような可能性があるでしょうか．

W の値が 2 であるとすれば，2 回目までに表が 2 回出現しているのですから，3 回目に表が出るか裏が出るかに従って Z の値は 3 または 2 のいずれかでしかありません．

W の値が 0 であるとすれば，Z の値は 0 または 1 のいずれかでしかありません．W の値によって Z の取り得る値の範囲が変わり，W と Z が相互に依存していることがわかります．分布は次のようになります．

$$\boldsymbol{P}(W=0)=\left(\frac{1}{2}\right)^2,\ \boldsymbol{P}(W=1)=\frac{1}{2},\ \boldsymbol{P}(W=2)=\left(\frac{1}{2}\right)^2$$

$$\boldsymbol{P}(Z=0)=\left(\frac{1}{2}\right)^3,\ \boldsymbol{P}(Z=1)=3\cdot\left(\frac{1}{2}\right)^3$$

$$\boldsymbol{P}(Z=2)=3\cdot\left(\frac{1}{2}\right)^3,\ \boldsymbol{P}(Z=3)=\left(\frac{1}{2}\right)^3$$

$$\boldsymbol{P}(W=0,Z=0)=\left(\frac{1}{2}\right)^3,\ \boldsymbol{P}(W=0,Z=1)=\left(\frac{1}{2}\right)^3$$

$$\boldsymbol{P}(W=1,Z=1)=\left(\frac{1}{2}\right)^2,\ \boldsymbol{P}(W=1,Z=2)=\left(\frac{1}{2}\right)^2$$

$$\boldsymbol{P}(W=2,Z=2)=\left(\frac{1}{2}\right)^3,\ \boldsymbol{P}(W=2,Z=3)=\left(\frac{1}{2}\right)^3$$

したがって，W と Z は独立にはなりません．例えば，$\boldsymbol{P}(W=0,Z=0)=(1/2)^3$ と $\boldsymbol{P}(W=0)\cdot\boldsymbol{P}(Z=0)=(1/2)^2(1/2)^3=(1/2)^5$ とは異なります．

W と Z との相関係数は，(8.1) 式に従って計算をすることで $\rho(W,Z)=\sqrt{2/3}$ となります．8.3 節では他の計算方法でこのことを確かめます． □

例 8.2 **2 変量正規分布の相関係数** 2 つの確率変数 X,Y の同時密度関数を次の 2 変量正規分布とします．

$$f_{X,Y}(x,y)=\frac{1}{2\pi\sigma_X\sigma_Y\sqrt{1-\rho^2}}\exp\left\{-\frac{1}{2(1-\rho^2)}\left[\left(\frac{x-\mu_X}{\sigma_X}\right)^2-\frac{2\rho(x-\mu_X)(y-\mu_Y)}{\sigma_X\sigma_Y}+\left(\frac{y-\mu_Y}{\sigma_Y}\right)^2\right]\right\}$$

X と Y の密度関数は，7 章 **例 7.3** に示されているように，それぞれ $N(\mu_X,{\sigma_X}^2)$，$N(\mu_Y,{\sigma_Y}^2)$ となり，ρ 以外のパラメータの意味は明らかでした．

簡単な計算により，次のことが確かめられます．

$$\boldsymbol{Cov}[X,Y]=\boldsymbol{E}[(X-\mu_X)(Y-\mu_Y)]=\rho\sigma_X\sigma_Y,\quad \rho(X,Y)=\rho$$

パラメータ ρ が X と Y の相関係数であることがわかります．

2 変量正規分布の場合，相関係数の値が 0 であることと，X と Y とが独立であることは必要十分の関係にあります．

$$\rho=0\Longleftrightarrow f_{X,Y}(x,y)=f_X(x)f_Y(y)\quad(x\in\boldsymbol{R},\ y\in\boldsymbol{R})$$

一般的には，独立ならば相関係数の値は 0 になりますが，この逆は必ずしも成立しません．□

例 8.3 **相関係数が意味していること**　相関係数が意味することを明確に見るために極端な例を考えてみます．

X を確率変数とし，$4X$ と $-4X$ の確率変数を考えます．$4X$ は X の結果を 4 倍することを，$-4X$ は X の結果を -4 倍することを表し，これらの値は X の値が決まると一意に決まります．また，X の値が大きいほど $4X$ の値は大きくなり，逆に $-4X$ の値は小さくなります．これらのことを頭の隅に置いて，X と $4X$ の間の相関係数と X と $-4X$ との間の相関係数を計算してみます．この計算には 7 章の定理 7.2 で述べた期待値と分散の性質を用います．

$$\boldsymbol{Var}[4X] = 16\boldsymbol{Var}[X]$$
$$\boldsymbol{Cov}[X, 4X] = \boldsymbol{E}[(X - \boldsymbol{E}[X])(4X - \boldsymbol{E}[4X])] = 4\boldsymbol{Var}[X]$$
$$\boldsymbol{Var}[-4X] = 16\boldsymbol{Var}[X]$$
$$\boldsymbol{Cov}[X, -4X] = \boldsymbol{E}[(X - \boldsymbol{E}[X])(-4X - \boldsymbol{E}[-4X])] = -4\boldsymbol{Var}[X]$$

ですから，相関係数 $\rho(X, 4X)$ および $\rho(X, -4X)$ は，それぞれ次のようになります．

$$\rho(X, 4X) = \frac{\boldsymbol{Cov}[X, 4X]}{\sqrt{\boldsymbol{Var}[X]}\sqrt{\boldsymbol{Var}[4X]}} = 1$$
$$\rho(X, -4X) = \frac{\boldsymbol{Cov}[X, -4X]}{\sqrt{\boldsymbol{Var}[X]}\sqrt{\boldsymbol{Var}[-4X]}} = -1$$

一般に，2 つの確率変数 X, Y が依存関係をもち，X の大きな値に対して Y の値が大きくなる傾向が強いほど $\rho(X, Y)$ の値は 1 に近い値を取ります．逆に X の小さな値に対して Y の値が小さくなる傾向が強いほど $\rho(X, Y)$ は -1 に近い値を取ります．□

8.2 条件付き期待値

定義 8.3（条件付き期待値）

(1) X, Y が離散的であるとき，

$$\boldsymbol{E}[X \mid Y = j] = \sum_{i \in \boldsymbol{Z}} i \cdot p_{X|Y}(i \mid j)$$

を，$\{Y = j\}$ に関する X の**条件付き期待値**と呼びます．

(2) X, Y が連続的であるとき，

$$\boldsymbol{E}[X \mid Y = y] = \int_{-\infty}^{\infty} x f_{X|Y}(x \mid y) dx$$

を，$\{Y = y\}$ に関する X の**条件付き期待値**と呼びます．

条件付き期待値は，Y に関する情報が与えられているときの X の確率的な中心傾向を与えてくれます．

例 8.1 の続き (1)　例 8.1 の W と Z について，いくつかの条件付き期待値を計算してみます．

$$\begin{aligned}
\boldsymbol{E}[Z \mid W = 2] &= 2 \cdot p_{Z|W}(2 \mid 2) + 3 \cdot p_{Z|W}(3 \mid 2) \\
&= 2 \cdot \frac{\boldsymbol{P}(Z = 2, W = 2)}{\boldsymbol{P}(W = 2)} + 3 \cdot \frac{\boldsymbol{P}(Z = 3, W = 2)}{\boldsymbol{P}(W = 2)} = \frac{5}{2} \\
\boldsymbol{E}[Z \mid W = 1] &= 1 \cdot p_{Z|W}(1 \mid 1) + 2 \cdot p_{Z|W}(2 \mid 1) = \frac{3}{2} \\
\boldsymbol{E}[Z \mid W = 0] &= 0 \cdot p_{Z|W}(0 \mid 0) + 1 \cdot p_{Z|W}(1 \mid 0) = \frac{1}{2}
\end{aligned}$$

W が大きな値を取るほど，Z の値が大きくなる傾向があることがわかりますが，Z と W の意味からこのことは納得できます．□

例 8.2 の続き (1)　X と Y の同時密度関数が 例 8.2 の 2 変量正規分布で与えられているときの条件付き期待値を計算します．条件付き密度関数は次にようになります．

$$f_{X|Y}(x \mid y) = \frac{1}{\sqrt{2\pi(1-\rho^2){\sigma_X}^2}} \exp\left\{-\frac{1}{2(1-\rho^2)}\left(\frac{x-\mu_X}{\sigma_X} - \frac{\rho(y-\mu_Y)}{\sigma_Y}\right)^2\right\}$$

したがって，条件付き期待値 $\boldsymbol{E}[X \mid Y = y]$ は次のようになります．

$$\boldsymbol{E}[X \mid Y = y] = \int_{-\infty}^{\infty} x \cdot f_{X|Y}(x \mid y)dx = \mu_X + \rho\frac{\sigma_X}{\sigma_Y}(y - \mu_Y)$$

$\rho > 0$ であるとき，y が増加すると X の条件付き期待値は増加します．$\rho < 0$ であるときには逆の関係にあります．また y について直線的な関係になっていることもわかります．12 章の回帰分析でこれらのことを用います． □

次の定理は，条件付き期待値から期待値を求める方法を与えてくれます．

定理 8.2（期待値と条件付き期待値との関係）

(1)　X, Y が**離散的**であるとき，

$$\boldsymbol{E}[X] = \sum_{j \in \boldsymbol{Z}} \boldsymbol{E}[X \mid Y = j] \cdot p_Y(j)$$

(2)　X, Y が**連続的**であるとき，

$$\boldsymbol{E}[X] = \int_{-\infty}^{\infty} \boldsymbol{E}[X \mid Y = y] f_Y(y)dy$$

［証明］　離散的な場合について証明を行います．連続的な場合も同様にして証明できます．

$$\boldsymbol{E}[X \mid Y = j] = \sum_{i \in \boldsymbol{Z}} i \cdot p_{X|Y}(i \mid j) = \sum_{i \in \boldsymbol{Z}} i \cdot \frac{p_{X,Y}(i, j)}{p_Y(j)}$$

であることから，同時分布と周辺分布の関係を用いて

$$\begin{aligned}
\sum_{j \in \boldsymbol{Z}} \boldsymbol{E}[X \mid Y = j] \cdot p_Y(j) &= \sum_{j \in \boldsymbol{Z}} \sum_{i \in \boldsymbol{Z}} i \cdot \frac{p_{X,Y}(i, j)}{p_Y(j)} \cdot p_Y(j) \\
&= \sum_{i \in \boldsymbol{Z}} i \sum_{j \in \boldsymbol{Z}} p_{X,Y}(i, j) \\
&= \sum_{i \in \boldsymbol{Z}} i \cdot p_X(i) \\
&= \boldsymbol{E}[X]
\end{aligned}$$

■

例 8.4　2 つの確率変数 X, N の条件付き分布と，N の分布が次のように与えられているとします．

$$p_{X|N}(k\,|\,n) = \boldsymbol{P}(X = k\,|\,N = n) = \binom{n}{k} p^k q^{n-k} \quad (k = 0, 1, \cdots, n)$$

$$p_N(n) = \boldsymbol{P}(N = n) = e^{-\lambda}\frac{\lambda^n}{n!} \quad (n = 0, 1, \cdots)$$

X の期待値 $\boldsymbol{E}[X]$ を定理 8.2 を用いて求めるために，まず $\boldsymbol{E}[X\,|\,N = n]$ を計算します．

$$\boldsymbol{E}[X\,|\,N = n] = \sum_{k=0}^{n} k \cdot p_{X|N}(k\,|\,n) = \sum_{k=0}^{n} k \cdot \binom{n}{k} p^k q^{n-k} = np$$

したがって，

$$\boldsymbol{E}[X] = \sum_{n=0}^{\infty} np \cdot p_N(n) = \sum_{n=0}^{\infty} np \cdot e^{-\lambda}\frac{\lambda^n}{n!} = p\lambda \sum_{n=1}^{\infty} e^{-\lambda}\frac{\lambda^{(n-1)}}{(n-1)!} = p\lambda$$

となります．□

例 8.1 の続き (2)　定理 8.2 を用いて Z の期待値を求めます．

$$\begin{aligned}\boldsymbol{E}[Z] = \boldsymbol{E}[Z\,|\,W = 0] \cdot p_W(0) + \boldsymbol{E}[Z\,|\,W = 1] \cdot p_W(1) \\ + \boldsymbol{E}[Z\,|\,W = 2] \cdot p_W(2) \\ = \frac{1}{2}\left(\frac{1}{2}\right)^2 + \frac{3}{2}\frac{1}{2} + \frac{5}{2}\left(\frac{1}{2}\right)^2 = \frac{3}{2}\end{aligned}$$

一方

$$\begin{aligned}\boldsymbol{E}[Z] &= 0 \cdot p_Z(0) + 1 \cdot p_Z(1) + 2 \cdot p_Z(2) + 3 \cdot p_Z(3) \\ &= 1 \cdot 3 \cdot \left(\frac{1}{2}\right)^3 + 2 \cdot 3 \cdot \left(\frac{1}{2}\right)^3 + 3 \cdot \left(\frac{1}{2}\right)^3 = \frac{3}{2}\end{aligned}$$

であり，両者が一致することが確認できます．□

例 8.2 の続き (2)　X と Y の同時密度関数が 例 8.2 の 2 変量正規密度関数であるとき，条件付き期待値は $\boldsymbol{E}[X\,|\,Y = y] = \mu_X + \rho\dfrac{\sigma_X}{\sigma_Y}(y - \mu_Y)$ でした．したがって定理 8.2 から

$$\begin{aligned}\boldsymbol{E}[X] &= \int_{-\infty}^{\infty} \boldsymbol{E}[X\,|\,Y = y] f_Y(y)dy \\ &= \mu_X + \rho\frac{\sigma_X}{\sigma_Y}\left(\int_{-\infty}^{\infty} y f_Y(y)dy - \mu_Y\right) = \mu_X\end{aligned}$$

□

8.3 複数個の確率変数の独立性

定義 8.4

(1)　$X_1, \cdots, X_n$ を n 個の**離散的**な確率変数とします．どのような $i_1 \in \boldsymbol{Z}, \cdots, i_n \in \boldsymbol{Z}$ に対しても，

$$p_{X_1,\cdots,X_n}(i_1, \cdots, i_n) = p_{X_1}(i_1) \cdots p_{X_n}(i_n)$$

が成立するとき，これらの n 個の確率変数は**互いに確率的に独立**（簡単に**独立**）であるといいます．

(2)　$X_1, \cdots, X_n$ を n 個の**連続的**な確率変数とします．どのような $x_1 \in \boldsymbol{R}, \cdots, x_n \in \boldsymbol{R}$ に対しても，

$$f_{X_1,\cdots,X_n}(x_1, \cdots, x_n) = f_{X_1}(x_1) \cdots f_{X_n}(x_n)$$

が成立するとき，これらの n 個の確率変数は**互いに確率的に独立**（簡単に**独立**）であるといいます．

互いに独立な 3 個の離散的な確率変数 X, Y, Z を考えてみます．

$$p_{X,Y,Z}(k, l, m) = p_X(k) \cdot p_Y(l) \cdot p_Z(m) \quad (k \in \boldsymbol{Z},\ l \in \boldsymbol{Z},\ m \in \boldsymbol{Z})$$

が成立しますが，この関係から何が導き出されるかを見ていきます．

同時分布と周辺分分布との関係から，次のことが成立します．

$$\begin{aligned} p_{X,Y}(k, l) &= \sum_{m \in \boldsymbol{Z}} p_{X,Y,Z}(k, l, m) = \sum_{m \in \boldsymbol{Z}} p_X(k) \cdot p_Y(l) \cdot p_Z(m) \\ &= p_X(k) \cdot p_Y(l) \end{aligned}$$

したがって X と Y は，互いに確率的に独立になります．同様にして，X と Z，Y と Z もそれぞれ互いに独立になります．連続的な場合も同様の結論が得られます．これらのことを一般化したものが次の定理によって与えられています．

定理 8.3

n 個の確率変数 $X_1, \cdots, X_n$ が互いに独立であれば，それらのうちの一部の確率変数をどのように取り出しても，それらは独立になります．

離散的な場合について述べると，k 個の確率変数 $X_{j_1}, \cdots, X_{j_k}$，$1 \leq j_i <$

$\cdots < j_k \leq n$ を取り出すと,

$$p_{X_{j_1},\cdots,X_{j_k}}(i_{j_1},\cdots,i_{j_k}) = p_{X_{j_1}}(i_{j_1})\cdots p_{X_{j_k}}(i_{j_k}) \quad (i_{j_1}\in \boldsymbol{Z},\cdots,i_{j_k}\in \boldsymbol{Z})$$

が成立します.

さらに, $1 \leq m < n$ として, 2つの関数 $h : \boldsymbol{R}^m \to \boldsymbol{R}$, $g : \boldsymbol{R}^{n-m} \to \boldsymbol{R}$ を用いて構成される2つの確率変数 $h\circ(X_1,\cdots,X_m)$ と $g\circ(X_{m+1},\cdots,X_n)$ とは独立になります. 独立な確率変数 $X_1,\cdots,X_n$ を2つのグループに分けたとき, グループ同士が互いに独立になることを意味しています. このことは重要ですが, ここでの証明は省略します.

$$\overbrace{\underbrace{X_1,\cdots\cdots\cdots\cdots,X_m}, \underbrace{X_{m+1},\cdots\cdots\cdots\cdots,X_n}}^{\text{独立}}$$

$$\downarrow \qquad\qquad\qquad \downarrow$$

$$\underbrace{h\circ(X_1,\cdots,X_m),\quad g\circ(X_{m+1},\cdots,X_n)}_{\text{この2つは独立}}$$

系 8.1

確率変数 $X_1,\cdots,X_n$ が独立ならば $\boldsymbol{Cov}[X_i,X_j]=0\ (i\neq j)$ であるため, 系 7.1 (2) は次のようになります.

$$\boldsymbol{Var}[a_1X_1+\cdots+a_nX_n] = \sum_{i=1}^{n} a_i^2 \boldsymbol{Var}[X_i]$$

例 8.1 の続き (3)　例 8.1 では5つの確率変数 X_1, X_2, X_3, W, Z が定義されていましたが, それらの定義から

$$W = X_1 + X_2, \quad Z = X_1 + X_2 + X_3$$

であることがわかります.

W と Z は独立ではなく, 例 8.1 では相関係数が $\sqrt{2/3}$ と与えられ, 8.2 節の **例 8.1 の続き (1)** では条件付き期待値について W が大きな値をとるほど, Z の値が大きくなる傾向があることを見ました. ここでは, 上の W, Z, X_1, X_2, X_3 の間の関係を用いて, $\boldsymbol{Cov}[W,Z]$ と相関係数 $\rho(W,Z)$ とを求めてみます.

X_1, X_2, X_3 が独立であることに注意してください.

$$\begin{aligned}
\boldsymbol{Var}[W] &= \boldsymbol{Var}[X_1 + X_2] \\
&= \boldsymbol{Var}[X_1] + \boldsymbol{Var}[X_2] = 2 \cdot \frac{1}{4} \\
\boldsymbol{Var}[Z] &= \boldsymbol{Var}[X_1 + X_2 + X_3] \\
&= \mathbf{Var}[X_1] + \boldsymbol{Var}[X_2] + \boldsymbol{Var}[X_3] = 3 \cdot \frac{1}{4} \\
\boldsymbol{Cov}[W, Z] &= \boldsymbol{E}[(W - \boldsymbol{E}[W])(Z - \boldsymbol{E}[Z])] \\
&= \boldsymbol{E}[(X_1 + X_2 - \boldsymbol{E}[X_1 + X_2])^2] \\
&\quad + \boldsymbol{E}[(X_1 + X_2 - \boldsymbol{E}[X_1 + X_2])(X_3 - \boldsymbol{E}[X_3])) \\
&= \boldsymbol{Var}[X_1 + X_2] \\
&= \boldsymbol{Var}[X_1] + \boldsymbol{Var}[X_2] = 2 \cdot \frac{1}{4}
\end{aligned}$$

$$\rho(W, Z) = \frac{2 \cdot \frac{1}{4}}{\sqrt{3 \cdot \frac{1}{4} \cdot 2 \cdot \frac{1}{4}}} = \sqrt{\frac{2}{3}}$$

□

定義 8.4 を用いて，可算個の確率変数の独立性は次のように定義されます.

定義 8.5

加算個の確率変数 $X_1, X_2, \cdots$ が互いに確率的に独立であるとは，この中のどの有限個の確率変数も定義 8.4 の意味で独立になることを意味します.

8.4 独立な確率変数の和の分布と密度関数

8.4.1 離散的な場合

6.6 節で代表的な分布の例をあげましたが，これらの分布は互いに関連しあっています．ここでは，ベルヌーイ分布から他の分布を導き出しますが，その際，独立性の仮定のもとで複数個の確率変数の和の分布が重要になります．

7 章の 例 7.5 (2) ですでに述べられていることから，独立な 2 つの離散的な確率変数 X と Y について，$X+Y$ の分布 $p_{X+Y}(k)$ は次のようになります．

$$
\begin{aligned}
p_{X+Y}(k) &= \sum_{i=-\infty}^{\infty} p_{X,Y}(i,k-i) = \sum_{i=-\infty}^{\infty} p_X(i)p_Y(k-i) \\
&= \sum_{j=-\infty}^{\infty} p_{X,Y}(k-j,j) = \sum_{j=-\infty}^{\infty} p_X(k-j)p_Y(j)
\end{aligned}
$$

ここで $p_{X,Y}(i,j)$ は X と Y の同時分布を，$p_X(i)$ と $p_Y(j)$ はそれぞれ X と Y の分布を表しています．

$X+Y$ のモーメント母関数 $\varphi_{X+Y}(t)$ は，X,Y それぞれのモーメント母関数を $\varphi_X(t)$, $\varphi_Y(t)$ として，独立性より次のように積になります．

$$
\begin{aligned}
\varphi_{X+Y}(t) &= \boldsymbol{E}[e^{(X+Y)t}] \\
&= \sum_{i\in\boldsymbol{Z}}\sum_{j\in\boldsymbol{Z}} e^{(i+j)t} p_{X,Y}(i,j) \\
&= \sum_{i\in\boldsymbol{Z}}\sum_{j\in\boldsymbol{Z}} e^{(i+j)t} p_X(i)p_Y(j) \\
&= \boldsymbol{E}[e^{Xt}]\cdot\boldsymbol{E}[e^{Yt}] \\
&= \varphi_X(t)\cdot\varphi_Y(t)
\end{aligned}
$$

(1)　ベルヌーイ分布

$X_1, X_2, \cdots$ を確率空間 $(\Omega, \mathcal{F}, \boldsymbol{P})$ 上で定義された互いに独立な確率変数で同じベルヌーイ分布に従い,

$$\boldsymbol{P}(X_i = 0) = q, \quad \boldsymbol{P}(X_i = 1) = p \quad (p > 0,\ q > 0,\ p + q = 1)$$

であるとします.

コインをひたすら投げ続けるような試行に対して, X_i は第 i 回目に投げたときの結果を調べることを意味します. X_i $(i = 1, 2, \cdots)$ が互いに独立であるとは, 各回に出現してくる結果が相互に関係しないことを意味しています. 結局, 同一の環境で無心にコインを投げ続けることを表しています. 0 は裏を, 1 は表を意味します.

(2)　2 項分布

$X_1 + \cdots + X_n$ の分布を調べます. コイン投げに則していえば, この確率変数は, n 回目までに出現した表の回数を表します. したがって $X_1 + \cdots + X_n$ は, $0, 1, \cdots, n$ のうちのいずれかの値しかとりません.

$$\boldsymbol{P}(X_1 + \cdots + X_n = k) = \binom{n}{k} p^k q^{n-k} \quad (k = 0, 1, 2, \cdots, n)$$

が成立することを, n に関する帰納法で証明します.

［証明］ $n = 1$ のときは,

$$\boldsymbol{P}(X_1 = 0) = q, \quad \boldsymbol{P}(X_1 = 1) = p$$

ですから, 成立しています.

$n = m$ のとき成立するとし, $n = m + 1$ の場合に成立することを示します.

$X_1 + \cdots + X_m + X_{m+1}$ を考えるのですが, 定理 8.3 とその後で述べたことから, $X_1 + \cdots + X_m$ と X_{m+1} の 2 つの確率変数は, 互いに独立になります.

$$\begin{aligned}\boldsymbol{P}(X_1 + \cdots + X_{m+1} = m + 1) &= \boldsymbol{P}(X_1 = 1, \cdots, X_{m+1} = 1) \\ &= \boldsymbol{P}(X_1 = 1) \cdots \boldsymbol{P}(X_{m+1} = 1) \\ &= p^{m+1} = \binom{m+1}{m+1} p^{m+1} q^{m+1-(m+1)}\end{aligned}$$

$$\begin{aligned}\boldsymbol{P}(X_1 + \cdots + X_{m+1} = 0) &= \boldsymbol{P}(X_1 = 0, \cdots, X_{m+1} = 0) \\ &= \boldsymbol{P}(X_1 = 0) \cdots \boldsymbol{P}(X_{m+1} = 0) \\ &= q^{m+1} = \binom{m+1}{0} p^0 q^{m+1-0}\end{aligned}$$

$1 \leq k \leq m$ とします.

$$
\begin{aligned}
&\boldsymbol{P}(X_1 + \cdots + X_{m+1} = k) \\
&= \boldsymbol{P}(X_1 + \cdots + X_m = k,\ X_{m+1} = 0) \\
&\quad + \boldsymbol{P}(X_1 + \cdots + X_m = k-1,\ X_{m+1} = 1) \\
&= \boldsymbol{P}(X_1 + \cdots + X_m = k)\boldsymbol{P}(X_{m+1} = 0) \\
&\quad + \boldsymbol{P}(X_1 + \cdots + X_m = k-1)\boldsymbol{P}(X_{m+1} = 1) \\
&= \binom{m}{k} p^k q^{m-k} \cdot q + \binom{m}{k-1} p^{k-1} q^{m-(k-1)} \cdot p \\
&= \left\{ \binom{m}{k} + \binom{m}{k-1} \right\} p^k q^{m+1-k} \\
&= \binom{m+1}{k} p^k q^{m+1-k}
\end{aligned}
$$

2 番目の等号は, $X_1 + \cdots + X_m$ と X_{m+1} とが互いに独立であることから, 3 番目の等号は帰納法の仮定から成立します. ■

母関数を使って同じことを示してみます. ベルヌーイ分布に従う X_i のモーメント母関数は $\varphi_{X_i}(t) = pe^t + 1 - p$ であり, さらに独立であることから, $X_1 + \cdots + X_n$ のモーメント母関数は

$$\varphi_{X_1 + \cdots + X_n}(t) = (pe^t + 1 - p)^n$$

となります. 7 章で述べた分布とモーメント母関数との 1 対 1 の対応から, これは 2 項分布のモーメント母関数であり, したがって, $X_1 + \cdots + X_n$ の分布はパラメータ n, p の 2 項分布に従うことになります.

2 つの独立な確率変数 X, Y の分布がそれぞれパラメータ m, p と n, p の 2 項分布であるとき, $X + Y$ がパラメータ $m + n, p$ の 2 項分布に従うことが, モーメント母関数を利用することで簡単に確かめられます.

(3) 幾何分布

確率変数 N を次のように定義します.

$$\omega \in \Omega, \quad N(\omega) = n \quad (X_1(\omega) = 0, \cdots, X_{n-1}(\omega) = 0, X_n(\omega) = 1 \text{ のとき})$$

N は, コインを投げ続けたとき, 初めて表が出現するのが何回目であるかを意味し, $N = n$ は n 回目に初めて表が出現する事象を表します.

N の定義と，X_i $(i=1,2,\cdots)$ の独立性を用いて，N の分布は次のように定められ，幾何分布と呼ばれていたものになります．

$$\begin{aligned}\boldsymbol{P}(N=n) &= \boldsymbol{P}(X_1=0,\cdots,X_{n-1}=0,X_n=1)\\ &= \boldsymbol{P}(X_1=0)\cdots\boldsymbol{P}(X_{n-1}=0)\boldsymbol{P}(X_n=1)\\ &= q^{n-1}p \quad (n=1,2,\cdots)\end{aligned}$$

(4)　負の 2 項分布

r を正の整数として固定し，確率変数 M を次のように定義します．

$$\omega\in\Omega,\quad M(\omega)=n\quad\left(\sum_{j=1}^{n-1}X_j(\omega)=r-1\ \text{かつ}\ X_n(\omega)=1\ \text{のとき}\right)$$

事象 $\{M=n\}$ は，コインを投げ続け，n 回目にちょうど r 回目の表が出現することを意味します．または，ちょうど r 回目の表が出現するまでに n 回コインを投げなければならないことを意味しています．M の分布を求めると次のように 6.6 節で負の 2 項分布と呼ばれていたものになります．

$$\begin{aligned}\boldsymbol{P}(M=n) &= \boldsymbol{P}\left(\sum_{j=1}^{n-1}X_j=r-1,\ X_n=1\right)\\ &= \boldsymbol{P}\left(\sum_{j=1}^{n-1}X_j=r-1\right)\boldsymbol{P}(X_n=1)\\ &= \binom{n-1}{r-1}p^{r-1}q^{n-1-(r-1)}p\\ &= \binom{n-1}{r-1}p^rq^{n-r}\quad(n=r,r+1,\cdots)\end{aligned}$$

他方，負の 2 項分布は幾何分布から次のようにしても導き出されます．

$N_1,\cdots,N_r$ を独立で同一のパラメータ p の幾何分布に従う確率変数とします．

$$\boldsymbol{P}(N_i=n)=pq^{n-1}\quad(n=1,2,\cdots)$$

$N_1+\cdots+N_r$ の分布は，次のように負の 2 項分布になります．

$$\boldsymbol{P}(N_1+\cdots+N_r=n)=\binom{n-1}{r-1}p^rq^{n-r}\quad(n=r,r+1,\cdots)$$

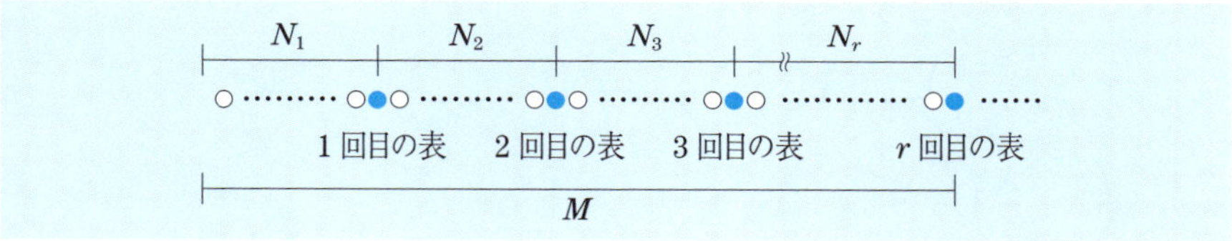

図 8.1

r に関する帰納法で証明できますが，直感的に次のようにして了解できます．

N_1 はコイン投げで初めて表が出現するまでに投げる回数を意味します．コイン投げが独立に行われていることから，N_2 は最初に表が出てから 2 回目に表が出現するまでに投げる回数を意味し，N_1 と同じ分布に従います．したがって $N_1 + \cdots + N_r$ は r 回目の表が出現するまでのコイン投げの回数を表し，先に定義した確率変数 M と同じ分布をもつことになります．図 8.1 を参照してください．

(5)　ポアソン分布

パラメータ n, p の 2 項分布からポアソン分布を導き出します．2 項分布を再度あげておきます．

$$p_k = \binom{n}{k} p^k (1-p)^{n-k} \quad (k = 0, 1, \cdots, n)$$

ここで $n \cdot p = \lambda$ とし，この λ を固定して，$n \to \infty$ としたときの p_k の極限を求めます．$n \cdot p = \lambda$ から $p = \lambda/n$ であることに注意してください．λ の値が固定されていることより，n が大きくなるにつれて p はより小さくなっていきます．

$$\begin{aligned}
\binom{n}{k} p^k (1-p)^{n-k} &= \frac{n!}{k!(n-k)!} p^k (1-p)^{n-1} \\
&= \frac{n!}{k!(n-k)!} \left(\frac{\lambda}{n}\right)^k \left(1 - \frac{\lambda}{n}\right)^{n-k} \\
&= \frac{\lambda^k}{k!} \frac{n \cdot (n-1) \cdots (n-k+1)}{n^k} \left(1 - \frac{\lambda}{n}\right)^{-k} \left(1 - \frac{\lambda}{n}\right)^n \\
&= \frac{\lambda^k}{k!} \cdot 1 \cdot \left(1 - \frac{1}{n}\right) \cdots \left(1 - \frac{k-1}{n}\right) \left(1 - \frac{\lambda}{n}\right)^{-k} \left(1 - \frac{\lambda}{n}\right)^n
\end{aligned}$$

さらに $n \to \infty$ のとき，

$$1 \cdot \left(1 - \frac{1}{n}\right) \cdots \left(1 - \frac{k-1}{n}\right) \to 1$$

$$\left(1 - \frac{\lambda}{n}\right)^{-k} \to 1$$

$$\left(1 - \frac{\lambda}{n}\right)^{n} \to e^{-\lambda}$$

より，次のようになります．

$$\binom{n}{k} p^k (1-p)^{n-k} \to \frac{\lambda^k}{k!} e^{-\lambda}$$

また，独立な 2 つの確率変数がそれぞれパラメータ λ_1，λ_2 のポアソン分布に従うとき，それらの確率変数の和はパラメータ $\lambda_1 + \lambda_2$ のポアソン分布に従います．章末の問題 10 を参照してください．

8.4.2　連続的な場合

X, Y が連続的な確率変数で互いに独立であるときの $X+Y$ の密度関数を求めます．そのために, まず $X+Y$ の分布関数 $\boldsymbol{P}(X+Y \leq u)$ を計算してみます．8.1 節の 注意 を思い起こしてください．

$$\begin{aligned}
\boldsymbol{P}(X+Y \leq u) &= \int_{-\infty}^{\infty} \boldsymbol{P}(X+Y \leq u \,|\, Y=y) f_Y(y) dy \\
&= \int_{-\infty}^{\infty} \boldsymbol{P}(X \leq u-y \,|\, Y=y) f_Y(y) dy \\
&= \int_{-\infty}^{\infty} \left\{ \int_{-\infty}^{u} f_{X|Y}(x-y \,|\, y) dx \right\} f_Y(y) dy \\
&= \int_{-\infty}^{u} \left\{ \int_{-\infty}^{\infty} f_{X,Y}(x-y, y) dy \right\} dx
\end{aligned}$$

したがって，$X+Y$ の密度関数は

$$\begin{aligned}
f_{X+Y}(u) &= \int_{-\infty}^{\infty} f_{X,Y}(u-y, y) dy \\
&= \int_{-\infty}^{\infty} f_{X,Y}(x, u-x) dx
\end{aligned}$$

となります．ここまでは X と Y の独立性にかかわらず成立します．

X と Y が独立であるとき，$f_{X,Y}(u-y,y) = f_X(u-y)f_Y(y)$ であり，したがって $X+Y$ の密度関数は

$$
\begin{aligned}
f_{X,Y}(u) &= \int_{-\infty}^{\infty} f_X(u-y)f_Y(y)dy \\
&= \int_{-\infty}^{\infty} f_X(x)f_Y(u-x)dx
\end{aligned}
$$

となります．これを $f_X(x)$ と $f_Y(y)$ との**たたみこみ**と呼びます．

また，X と Y が独立であるとき，それぞれのモーメント母関数を $\varphi_X(t)$, $\varphi_Y(t)$ とすると，$X+Y$ のモーメント母関数 $\varphi_{X+Y}(t)$ は，次のように，それぞれのモーメント母関数の積になることがわかります．

$$
\varphi_{X+Y}(t) = \boldsymbol{E}[e^{(X+Y)t}] = \boldsymbol{E}[e^{Xt}] \cdot \boldsymbol{E}[e^{Yt}] = \varphi_X(t) \cdot \varphi_Y(t)
$$

(1)　正規分布

X, Y を独立な確率変数とし，それぞれの密度関数を次のような正規分布であるとします．

$$
\begin{aligned}
f_X(x) &= \frac{1}{\sqrt{2\pi{\sigma_X}^2}} \exp\left\{-\frac{(x-\mu_X)^2}{2{\sigma_X}^2}\right\} \\
f_Y(y) &= \frac{1}{\sqrt{2\pi{\sigma_Y}^2}} \exp\left\{-\frac{(y-\mu_Y)^2}{2{\sigma_Y}^2}\right\}
\end{aligned}
$$

$X+Y$ の密度関数は f_X と f_Y とのたたみこみを計算すると，

$$
f_{X+Y}(u) = \frac{1}{\sqrt{2\pi({\sigma_X}^2+{\sigma_Y}^2)}} \exp\left\{-\frac{(u-(\mu_X+\mu_Y))^2}{2({\sigma_X}^2+{\sigma_Y}^2)}\right\}
$$

となり，パラメータが $\mu_X + \mu_Y$ と ${\sigma_X}^2 + {\sigma_Y}^2$ の正規分布であることがわかります．さらに a, b を定数としたとき，$aX + bY$ の密度関数は正規分布 $N(a\mu_X + b\mu_Y, a^2{\sigma_X}^2 + b^2{\sigma_Y}^2)$ となります．

以上のことをモーメント母関数を使うと，次のようになります．

$$
\varphi_{X+Y}(t) = \varphi_X(t) \cdot \varphi_Y(t) = \exp\left\{\frac{{\sigma_X}^2 + {\sigma_Y}^2}{2}t^2 + (\mu_X + \mu_Y)\right\}
$$

7 章で述べた 1 対 1 対応の性質から，これは正規分布 $N(\mu_X+\mu_Y, {\sigma_X}^2+{\sigma_Y}^2)$

のモーメント母関数であり，したがって $X+Y$ の密度関数は $N(\mu_X+\mu_Y, {\sigma_X}^2+{\sigma_Y}^2)$ の正規分布になることがわかります．

(2) ガンマ分布

$X_1, X_2, \cdots, X_k$ を独立な確率変数とし，それぞれの密度関数は同一のパラメータ λ の指数分布であるとします．このとき，$X_1+X_2+\cdots+X_k$ の密度関数は，パラメータ k と λ のガンマ分布

$$\frac{\lambda^k}{(k-1)!}x^{k-1}e^{-\lambda x}$$

となります．k に関する帰納法で示すことができます．

また，m, n を正の整数として，独立な2つの確率変数 X と Y の密度関数がそれぞれパラメータ m と λ のガンマ分布，パラメータ n と λ のガンマ分布であれば，$X+Y$ の密度関数はパラメータ $m+n$ と λ のガンマ分布になります（章末問題11を参照してください）．直観的に次のようにして了解することができます．X_i $(i=1,\cdots,m)$, Y_i $(i=1,\cdots,n)$ を同一のパラメータ λ の指数分布に従う独立な確率変数とし，

$$X = X_1+\cdots+X_m$$

$$Y = Y_1+\cdots+Y_n$$

とします．したがって

$$X+Y = X_1+\cdots+X_m+Y_1+\cdots+Y_n$$

となり，パラメータ $m+n$ と λ のガンマ分布になることがわかります．

8 章の問題

1 連続的な確率変数 X, Y が独立であるとき，$\boldsymbol{E}[X \cdot Y] = \boldsymbol{E}[X] \cdot \boldsymbol{E}[Y]$ となることを証明しなさい．さらに同時分布関数について，$F_{X,Y}(x, y) = F_X(x) \cdot F_Y(y)$ となることも証明しなさい．

2 X, Y は独立であるとします. 次のことを証明しなさい.

(1) X, Y が離散的であるとき，$F_{X|Y}(x \mid j) = F_X(x)$

(2) X, Y が連続的であるとき，$F_{X|Y}(x \mid y) = F_X(x)$

3 X, Y が独立であるとき，次のことを証明しなさい．

(1) X, Y が離散的であるとき，$\boldsymbol{E}[X \mid Y = j] = \boldsymbol{E}[X]$

(2) X, Y が連続的であるとき，$\boldsymbol{E}[X \mid Y = y] = \boldsymbol{E}[X]$

4 相関係数が $-1 \leq \rho(X, Y) \leq 1$ を満たすことを証明しなさい．

5 定理 8.2 の (2) を証明しなさい．

6 確率変数 $X, \varLambda$ の条件付き密度関数と $\varLambda$ の密度関数を次のように与えます.

$$f_{X|\varLambda}(x \mid \lambda) = \begin{cases} \lambda \exp\{-\lambda x\} & (x \geq 0) \\ 0 & (x < 0) \end{cases}$$

$$f_{\varLambda}(\lambda) = \begin{cases} 1 & (1 \leq x \leq 2) \\ 0 & (\text{その他}) \end{cases}$$

$F_{X|\varLambda}(x \mid \lambda)$, $\boldsymbol{E}[X \mid \varLambda = \lambda]$, $\boldsymbol{E}[X]$ を求めなさい．

7 例 8.2 における $\boldsymbol{Cov}[X, Y] = \rho\sigma_X\sigma_Y$ を確かめなさい．

8 8.4.1 節 (2) の最後のほうで述べた，2 項分布に従う独立な確率変数の和の分布が 2 項分布になることをモーメント母関数を用いて示しなさい．

9 8.4.1 節 (4) の最後のほうで述べた，負の 2 項分布を幾何分布に従う確率変数の和によって定められることを証明しなさい．

10 8.4.1 節 (5) の最後のほうに述べたポアソン分布に従う独立な確率変数の和がポアソン分布に従うことを示しなさい．

11 (1) 8.4.2 節 (2) にある $X_1 + X_2 + \cdots + X_k$ の密度関数を導き出しなさい．

(2)　X, Y を独立な確率変数とし, それぞれの密度関数を次のようなガンマ分布とします. m, n は正の整数とします.

$$f_X(x) = \frac{\lambda^m}{(m-1)!} x^{m-1} e^{-\lambda x} \quad (x \geq 0)$$

$$f_Y(y) = \frac{\lambda^n}{(n-1)!} y^{n-1} e^{-\lambda y} \quad (y \geq 0)$$

$X+Y$ の密度関数が次のように与えられることを証明しなさい.

$$f_{X+Y}(u) = \frac{\lambda^{m+n}}{(m+n-1)!} u^{m+n-1} e^{-\lambda u}$$

12　8.4.2 節 (1) にある $f_{X+Y}(x)$ を f_X と f_Y のたたみこみを計算することで導き出しなさい.

13　確率空間 $(\Omega, \mathcal{F}, \boldsymbol{P})$ 上で定められた確率変数 $N, X_1, X_2, \cdots$ について以下のように仮定します.

(1)　$N, X_1, X_2, \cdots$ は独立である.

(2)　$\boldsymbol{E}[X_1] = \boldsymbol{E}[X_2] = \cdots = \mu$

(3)　N は離散的であり, 分布はポアソン分布である.

$$\boldsymbol{P}(N = n) = \frac{\lambda^n}{n!} e^{-\lambda} \quad (n = 0, 1, \cdots)$$

確率変数 Y を次のように定義します.

$$\omega \in \Omega, \quad Y(\omega) = X_1(\omega) + X_2(\omega) + \cdots + X_n(\omega) \quad (N(\omega) = n \text{ とき})$$

$\boldsymbol{E}[Y \mid N = n]$ を求めた後に, これを利用して $\boldsymbol{E}[Y]$ を求めなさい.

14　X と Y を独立であるとし, それぞれの密度関数を次のようにします.

$$f_X(x) = \begin{cases} \lambda_X e^{-\lambda_X x} & (x \geq 0) \\ 0 & (\text{その他}) \end{cases}$$

$$f_Y(y) = \begin{cases} \lambda_Y e^{-\lambda_Y y} & (y \geq 0) \\ 0 & (\text{その他}) \end{cases}$$

以下の問に答えなさい.

(1)　$h(x, y) = \min(x, y)$ としたとき, $h \circ (X, Y)$ の分布関数と密度関数を求めなさい. この $h \circ (X, Y)$ を簡単に $\min(X, Y)$ と書きます.

(2)　$h(x, y) = \max(x, y)$ としたとき, $h \circ (X, Y)$ の分布関数と密度関数を求めなさい. この $h \circ (X, Y)$ を簡単に $\max(X, Y)$ と書きます.

9 確率変数列に関する極限定理

分布関数が同じで，互いに独立であるような可算個の確率変数 $X_1, X_2, \cdots$ について

$$\frac{X_1}{1}, \ \frac{X_1+X_2}{2}, \ \frac{X_1+X_2+X_3}{3}, \ \cdots, \\ \frac{X_1+X_2+\cdots+X_n}{n}, \ \cdots$$

の確率変数列の挙動に関連して大数の弱法則，中心極限定理，大数の強法則をできる限り直感的に捉えられるようにして紹介します．

分布関数が同一であることから期待値は同一で $\boldsymbol{E}[X_1] = \boldsymbol{E}[X_2] = \cdots = \mu$ と書けますが，上記の法則と定理はいずれもこの μ に関係します．少し大胆に言えば，如何にアクションを取っていっても実現値の相加平均は μ に収束します．もちろん途中では，μ に一致するわけではないのですが，中心極限定理によってこれからのズレが正規分布に近いものであることが示されます．ここで注意しなければならないのは，X_i の分布がどのようなものであっても，ズレの分布が必ず正規分布になることであり，正規分布に普遍性があることがわかります．

これらに関する議論は，確率過程の代表的な例である独立確率変数列に関するものの 1 つになります．

キーワード

大数の弱法則
中心極限定理
大数の強法則

9.1　コインの無限回投げ

本節では $X_1, X_2, \cdots$ を独立で同一のベルヌーイ分布に従う確率変数であるとします．

$$\boldsymbol{P}(X_i = 0) = q, \quad \boldsymbol{P}(X_i = 1) = p \quad (i = 1, 2, \cdots)$$

ここで，$p + q = 1$，$p > 0$，$q > 0$ であるとします．確率変数 X_i は，コインを無限回投げるという試行の中で i 回目に表が出たか裏が出たかを表し，それぞれの場合に応じて値 1 または 0 を取ります．したがって，$\dfrac{X_1 + X_2 + \cdots + X_n}{n}$ は n 回目までに表が出現した相対頻度を表すような確率変数になり，その分布は次のようになります．

$$\begin{aligned}\boldsymbol{P}\left(\frac{X_1 + \cdots + X_n}{n} = \frac{k}{n}\right) &= \boldsymbol{P}(X_1 + \cdots + X_n = k) \\ &= \binom{n}{k} p^k q^{n-k} \quad (k = 0, 1, \cdots, n)\end{aligned}$$

この確率変数の期待値は，7 章の系 7.1 を用いて次のように得られます．

$$\boldsymbol{E}\left[\frac{X_1 + \cdots + X_n}{n}\right] = \frac{1}{n}\{\boldsymbol{E}[X_1] + \cdots + \boldsymbol{E}[X_n]\} = p$$

$p = 1/3$ の場合，$n = 6$ と $n = 100$ のときの分布がそれぞれ図 9.1 と図 9.2 に与えられています．図 9.2 のほうが $p = 1/3$ の付近でより鋭く立ち上がっていることがわかります．つまり $n = 100$ の場合，$p = 1/3$ に近い値が出現しやす

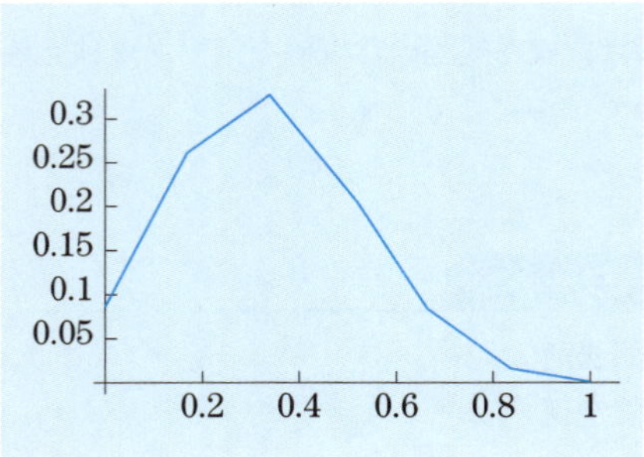

図 9.1　$n = 6$

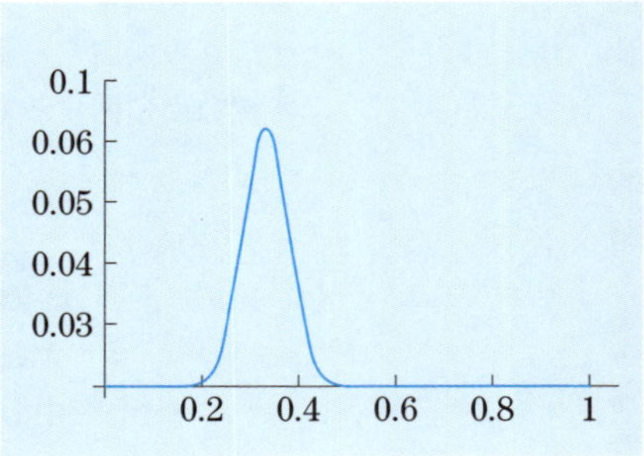

図 9.2　$n = 100$

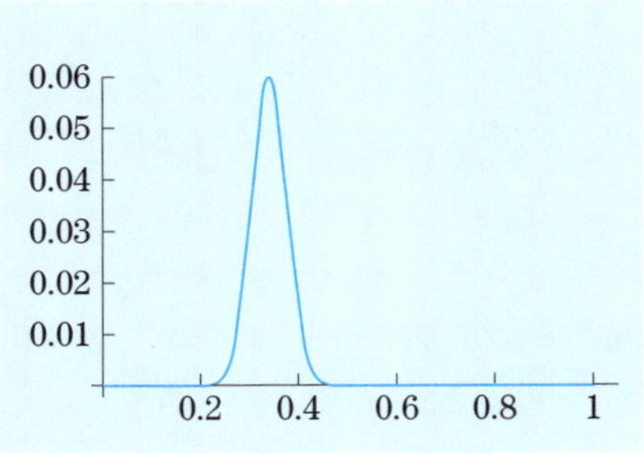

図 9.3　$n = 200$

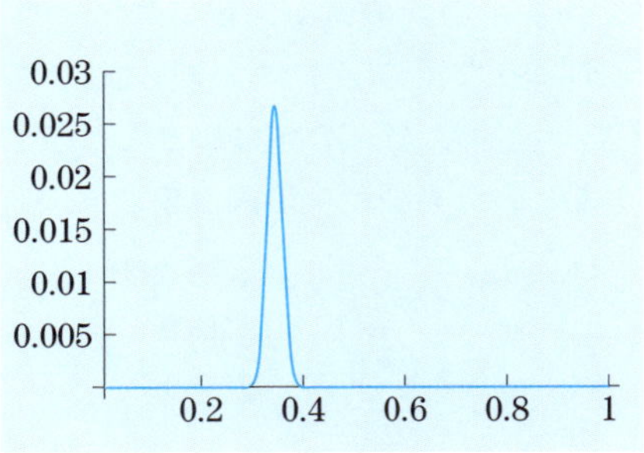

図 9.4　$n = 1000$

いことがわかります．この傾向は，n が大きくなるに従って，例えば $n = 200$ より $n = 1000$ の場合のほうがより強くなります．図 9.3 と図 9.4 を参照してください．

このような事態は，分散が

$$\boldsymbol{Var}\left[\frac{X_1 + \cdots + X_n}{n}\right] = \frac{pq}{n}$$

であることから理解できます．分散は，期待値 $\boldsymbol{E}\left[(X_1 + \cdots + X_n)/n\right] = p$ からの拡がりの程度を与えてくれました．分散 pq/n は，$n \to \infty$ のとき，0 に収束します．つまり，n が大きくなるほど期待値からの拡がりの程度が 0 に近づき，期待値 p に近い値がより出現しやすくなります．

この議論は，確率変数 $(X_1 + \cdots + X_n)/n$ に 6 章の定理 6.5 で紹介されているチェビシェフの不等式を適用するとより明確に示されます．

$$\boldsymbol{P}\left(\left|\frac{X_1 + \cdots + X_n}{n} - p\right| > \varepsilon\right) \leq \frac{1}{\varepsilon^2}\frac{pq}{n}$$

ここで $n \to \infty$ とすると右辺は 0 に収束するため，

$$\boldsymbol{P}\left(\left|\frac{X_1 + \cdots + X_n}{n} - p\right| > \varepsilon\right) \to 0$$

となります．ここで ε は，正であればどのような値を選んでもかまいません．左辺の確率は $(X_1 + \cdots + X_n)/n$ によって $p - \varepsilon$ より小または $p + \varepsilon$ より大の値が出現する確率であり，それが $n \to \infty$ のとき 0 に近づくことを意味しています．つまり，このような領域の値が出現しにくくなり，逆に $p - \varepsilon$ か

ら $p+\varepsilon$ の間の値が出現しやすくなることを意味します．そしてこのことがどのような正の ε についても成立するのですから，n が十分に大であるとき，$(X_1+\cdots X_n)/n$ の値はほとんど p に近いものであることがわかります．以上をまとめたものが次の図 9.5 です．

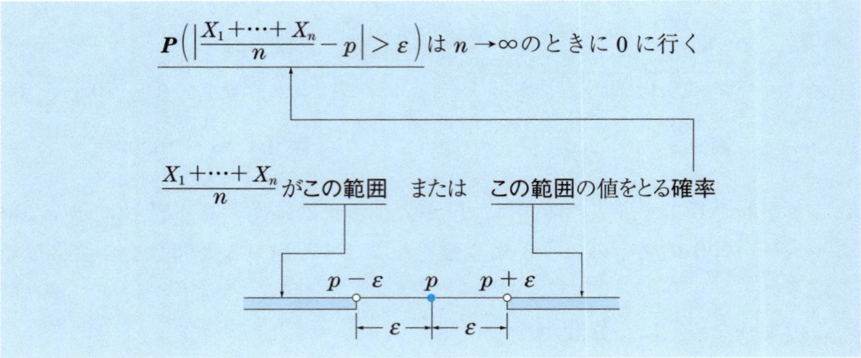

$P\left(\left|\dfrac{X_1+\cdots+X_n}{n}-p\right|>\varepsilon\right)$ は $n\to\infty$ のときに 0 に行く

$\dfrac{X_1+\cdots+X_n}{n}$ がこの範囲　または　この範囲の値をとる確率

$p-\varepsilon$　p　$p+\varepsilon$

図 9.5　$P\left(\left|\dfrac{X_1+\cdots+X_n}{n}-p\right|>\varepsilon\right)$ の挙動

9.2 大数の弱法則から中心極限定理へ

前節の議論は，チェビシェフの不等式を用いると，より一般的な場合について成り立つことがわかります．

定理 9.1（大数の弱法則）

$X_1, X_2, \cdots$ を独立な確率変数とし，

$$\boldsymbol{E}[X_1] = \boldsymbol{E}[X_2] = \cdots = \mu, \quad \boldsymbol{Var}[X_1] = \boldsymbol{Var}[X_2] = \cdots = \sigma^2$$

であるとします．このとき，どのような $\varepsilon > 0$ に対しても次のことが成立します．

$$\lim_{n\to\infty} \boldsymbol{P}\left(\left|\frac{X_1 + \cdots + X_n}{n} - \mu\right| > \varepsilon\right) = 0$$

例 9.1　$X_1, X_2, \cdots$ を独立であるとし，同一の密度関数

$$f(x) = \begin{cases} \lambda e^{-\lambda x} & (x \geq 0) \\ 0 & (x < 0) \end{cases}$$

を持つとします．8 章の 8.4.2 節 (2) で述べられているように $X_1 + \cdots + X_n$ の密度関数は

$$f_{X_1+\cdots+X_n}(x) = \frac{(\lambda x)^{n-1}}{(n-1)!} e^{-\lambda x} \lambda$$

であり，また

$$\boldsymbol{E}[X_1] = \boldsymbol{E}[X_2] = \cdots = \frac{1}{\lambda}, \quad \boldsymbol{Var}[X_1] = \boldsymbol{Var}[X_2] = \cdots = \frac{1}{\lambda^2}$$

であることもすでに示されています．$(X_1 + \cdots + X_n)/n$ の密度関数は，次のように与えられます（7 章の問題 2 (2) を参照してください）．

$$f_{\frac{X_1+\cdots+X_n}{n}}(x) = \frac{(\lambda n x)^{n-1}}{(n-1)!} e^{-\lambda n x} \lambda n$$

$\lambda = 1$ としたとき，$n = 2, 10, 100, 200$ のそれぞれの場合の密度関数は次の図 9.6 のようになります．それぞれの形をよく観察してください．n が大きくなるに従って，密度関数のグラフが $1/\lambda = 1$ を中心として鋭く立ち上がっていくことがわかります．

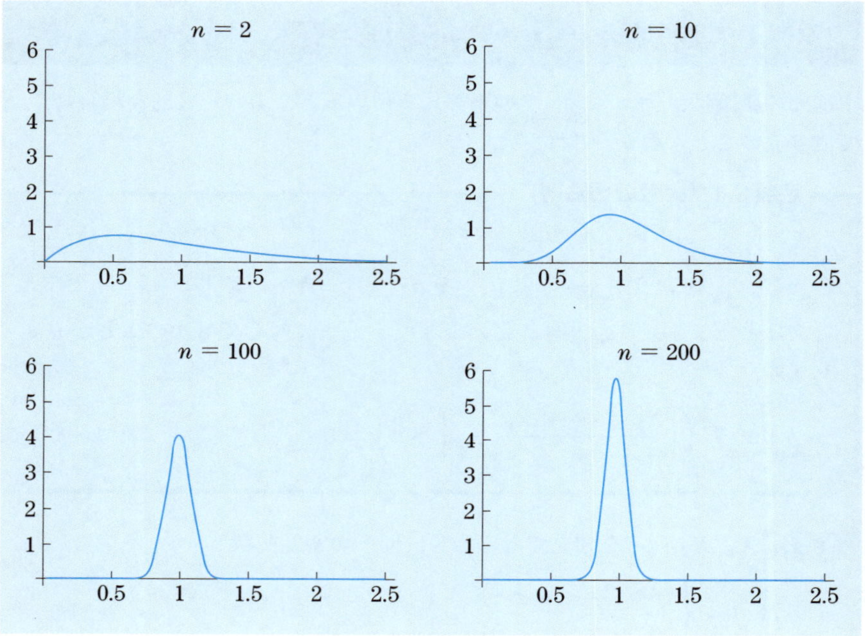

図 9.6

ここであらためて $1/\lambda$ からのズレを考えてみます．そのために標準偏差（分散の 1/2 乗）で規格化しておきます．$X_1, X_2, \cdots$ が独立であることから分散は

$$\boldsymbol{Var}\left[\frac{X_1+\cdots+X_n}{n}\right]=\frac{1}{n}\frac{1}{\lambda^2}$$

ですから

$$\frac{\dfrac{X_1+\cdots+X_n}{n}-\dfrac{1}{\lambda}}{\sqrt{\dfrac{1}{n}\dfrac{1}{\lambda^2}}}$$

のように期待値 $1/\lambda$ からのズレ（分子）を標準偏差で規格化（標準偏差を 1 単位とする）して得られるものの密度関数を考えます．この密度関数 $g_n(x)$ は次のように求まります（7 章の問題 2 (1)，(2) を参照してください）．

$$g_n(x) = \sqrt{n}\frac{\{\sqrt{n}(x+\sqrt{n})\}^{n-1}}{(n-1)!}e^{-\sqrt{n}(x+\sqrt{n})}$$

$n = 2, 10, 100, 1000$ それぞれの場合の $g_n(x)$ のグラフを標準正規分布の密度関数と重ね合わせて描いたものが次の図 9.7 から 9.10 に与えられています．n が大になるほど標準正規分布によりよく一致していくことがわかります．$n = 1000$ ではほとんど一致しています．　□

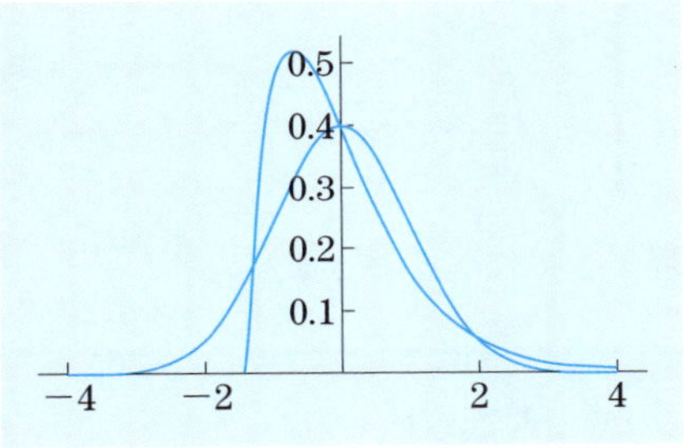

図 9.7　$n = 2$ の場合

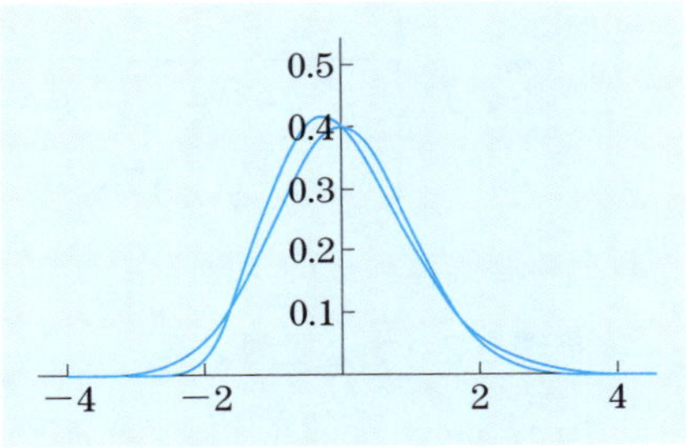

図 9.8　$n = 10$ の場合

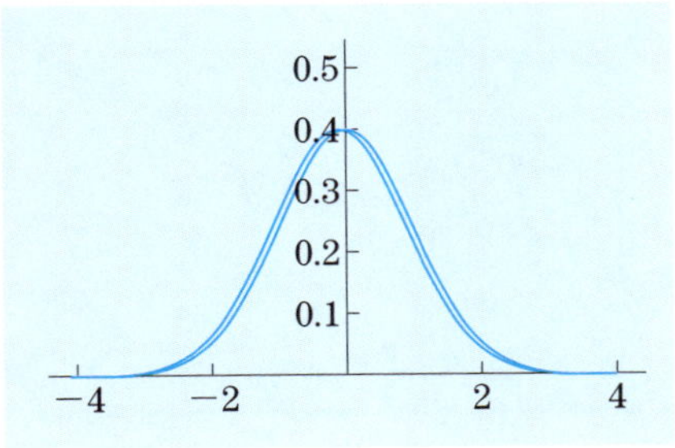

図 9.9　$n = 100$ の場合

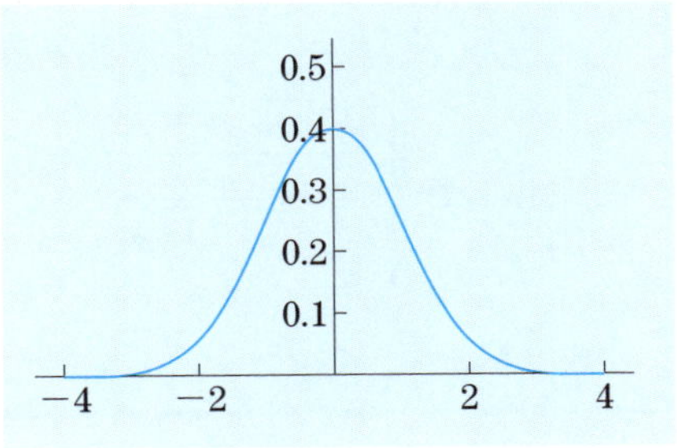

図 9.10　$n = 1000$ の場合

このことから確率に関して次の近似が成立することが予想できます.

$$\boldsymbol{P}\left\{\frac{\dfrac{X_1+\cdots+X_n}{n}-\dfrac{1}{\lambda}}{\sqrt{\dfrac{1}{n}\dfrac{1}{\lambda^2}}}\leq x\right\}\approx\int_{-\infty}^{x}\frac{1}{\sqrt{2\pi}}e^{-\frac{u^2}{2}}du$$

右辺の被積分関数が標準正規密度関数であることに注意してください. この近似式は, より正確に次のように書けます.

$$\lim_{n\to\infty}\boldsymbol{P}\left\{\frac{\dfrac{X_1+\cdots+X_n}{n}-\dfrac{1}{\lambda}}{\sqrt{\dfrac{1}{n}\dfrac{1}{\lambda^2}}}\leq x\right\}=\int_{-\infty}^{x}\frac{1}{\sqrt{2\pi}}e^{-\frac{u^2}{2}}du$$

以上の議論は一般的に成立します. 定理として述べておきます.

定理 9.2（中心極限定理）

$X_1, X_2, \cdots$ を独立な確率変数で同一の密度関数を持つとし,

$$\boldsymbol{E}[X_1]=\boldsymbol{E}[X_2]=\cdots=\mu$$

$$\boldsymbol{Var}[X_1]=\boldsymbol{Var}[X_2]=\cdots=\sigma^2$$

とします. このとき, どのような x に対しても

$$\lim_{n\to\infty}\boldsymbol{P}\left\{\frac{\dfrac{X_1+\cdots+X_n}{n}-\mu}{\sqrt{\dfrac{1}{n}\sigma^2}}\leq x\right\}=\int_{-\infty}^{x}\frac{1}{\sqrt{2\pi}}e^{-\frac{u^2}{2}}du$$

が成立します.

証明は省略します. 興味のある方は参考文献 [10] を参照してください.

大数の弱法則, 中心極限定理は連続的とか離散的であるとかに関係なく成立します. 前節のベルヌーイ分布に従う確率変数について中心極限定理が成立することを数値的に確かめてみてください.

9.3 大数の強法則

さて，最後に独立な確率変数 $X_1, X_2, \cdots$ について $n \to \infty$ としたときの $(X_1 + \cdots + X_n)/n$ の極限的な振る舞いについて大数の弱法則よりもより強い主張である大数の強法則を紹介しておきます．

まず，確率変数が標本空間 Ω から $\boldsymbol{R}$ への写像であったことを思い起こしてください．それぞれの $\omega \in \Omega$ に対して $X_i(\omega)$ $(i = 1, 2, \cdots)$ は $\boldsymbol{R}$ の要素で，つまり実数値ですから，実数値の系列

$$X_1(\omega),\ X_2(\omega),\ \cdots,\ X_n(\omega),\ \cdots$$

が得られることになります．$n \to \infty$ としたとき ω によって，$(X_1(\omega) + \cdots + X_n(\omega))/n$ が収束する場合としない場合があります．そこで標本空間 Ω を大きく 2 つに分け，$(X_1(\omega) + \cdots + X_n(\omega))/n$ が収束するような ω の集まりを C，収束しないような ω の集まりを D とします．図 9.11 を参照してください．

大数の強法則は次のような定理です．

定理 9.3（大数の強法則）

確率空間 $(\Omega, \mathcal{F}, \boldsymbol{P})$ 上の確率変数 $X_1, X_2, \cdots$ を独立で同一の分布関数を持つとし，

$$\boldsymbol{E}[X_1] = \boldsymbol{E}[X_2] \cdots = \mu, \quad \boldsymbol{Var}[X_1] = \boldsymbol{Var}[X_2] = \cdots = \sigma^2$$

であるとします．

$$C_\mu = \left\{ \omega \,\middle|\, \lim_{n \to \infty} \frac{X_1(\omega) + \cdots + X_n(\omega)}{n} = \mu \right\}$$

の事象の確率は，$\boldsymbol{P}(C_\mu) = 1$ となります．

C_μ は，$n \to \infty$ のとき，$(X_1(\omega) + \cdots + X_n(\omega))/n$ が μ に収束するような ω 全体の集合を表します．

図 9.11 の C は $(X_1(\omega) + \cdots + X_n(\omega))/n$ が収束するような ω の集まりとして定義されていて，その極限値については何も指示されていません．C_μ は C の中で特に $\boldsymbol{E}[X_i] = \mu$ に収束するような ω だけを集めたものです．図 9.12 を参照してください．

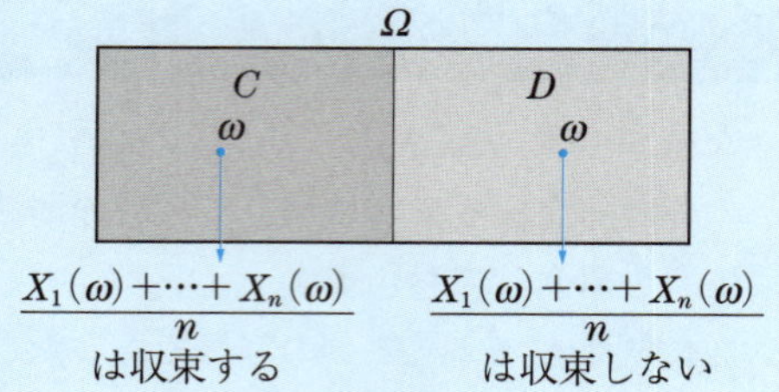

図 9.11

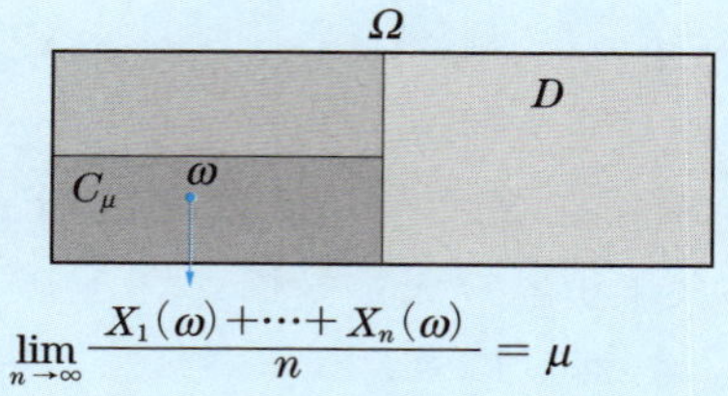

図 9.12

大数の強法則はこの C_μ の確率が 1 であることを主張しています．確率の値が 1 であることは，そのことが必ず生じることを意味します．つまり確率空間 $(\Omega, \mathcal{F}, \boldsymbol{P})$ 上で $X_1, X_2, \cdots$ のアクションを取れば，サンプル平均 $(X_1 + \cdots + X_n)/n$ の値は，$n \to \infty$ としたとき必ず μ に収束することになります．

例 9.2　$X_1, X_2, \cdots$ を独立で同一のベルヌーイ分布に従う確率変数であるとし，

$$\boldsymbol{P}(X_i = 0) = q, \quad \boldsymbol{P}(X_i = 1) = p \quad (i = 1, 2, \cdots)$$

とします．確率変数 X_i は，9.1 節で述べたようにコインを無限回投げる試行において i 回目に出現する結果を表します．大数の強法則は，このようなコインの無限回投げにおいて，表が出現する相対頻度が p に収束することを理論的に保証しています．□

大数の強法則の証明は文献 [10] を参照してください．

10 正規分布から導かれる分布

11 章以後で解説する統計的推測において必要とされる密度関数とその性質をまとめておきます．これらの密度関数は，全て正規分布から導き出されますが，その導出の過程において複数個の確率変数の 2 乗和の密度関数，確率変数の比の密度関数，独立な確率変数の和の密度関数などいままでに学んだことが用いられます．これらの計算は煩雑であるため，計算の細部は演習問題とし，本論ではあらすじと結果を述べるにとどめます．

正規分布についてはいままで何回か触れてきましたが，これについても改めて述べておくことにします．

キーワード

正規分布
χ^2 分布
F 分布
t 分布，自由度
ガンマ関数，ベータ関数

10.1 正規分布

(1) 正規分布 $N(\mu,\sigma^2)$ の密度関数 $n_{\mu,\sigma^2}(x)$ は次のようでした.

$$n_{\mu,\sigma^2}(x)=\frac{1}{\sqrt{2\pi\sigma^2}}\exp\left\{-\frac{(x-\mu)^2}{2\sigma^2}\right\}\quad(-\infty<x<\infty)$$

図 10.1 に見られるように，$x=\mu$ を中心とした左右対称性から任意の $\alpha>0$ に対して，

$$\int_{-\infty}^{\mu-\alpha}n_{\mu,\sigma^2}(x)dx=\int_{\mu+\alpha}^{\infty}n_{\mu,\sigma^2}(x)dx$$

であることがわかります．図 10.1 を参照してください.

確率変数 T が正規分布 $N(\mu,\sigma^2)$ に従うことを $T\sim N(\mu,\sigma^2)$ と書きます.

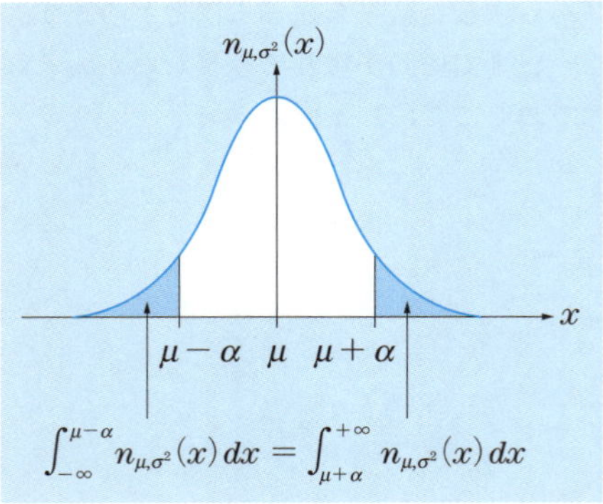

図 10.1　正規分布の左右対称性, $\alpha>0$

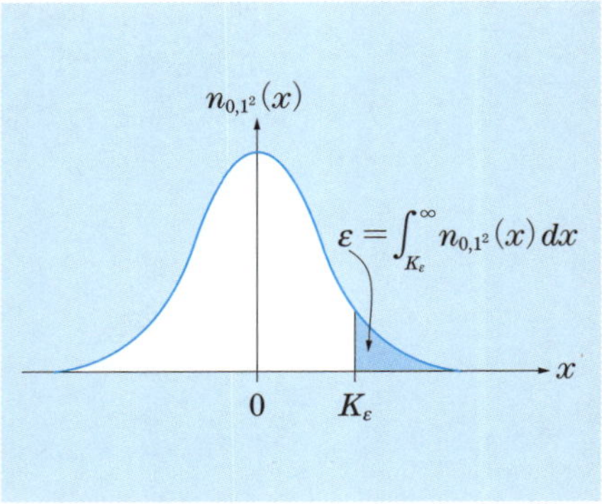

図 10.2　標準正規分布における ε と K_ε との関係

特に $\mu=0,\ \sigma^2=1^2$ の標準正規分布については,

$$\int_{K_\epsilon}^{\infty}n_{0,1^2}(x)dx=\varepsilon$$

の関係を満たす確率 ε と横軸上の値 K_ε との関係が数値的に与えられています（図 10.2）．付表の正規分布表（1），（2）を参照してください.

特に $\varepsilon=0.025,\ 0.005,\ 0.05$ に対する K_ε の値は，以下の通り定められています.

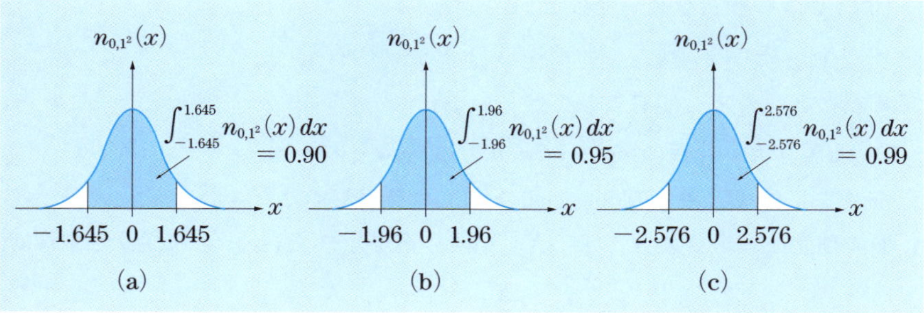

図 10.3 標準正規分布の (a) 90% 点，(b) 95%点，(c) 99%点

$$K_{0.05} = 1.645, \quad K_{0.025} = 1.96, \quad K_{0.005} = 2.576$$

(2) $X \sim N(\mu, \sigma^2)$ のとき，$\dfrac{X-\mu}{\sigma} \sim N(0, 1^2)$ であることが簡単な計算により確かめられます．つまり，

$$\int_{-\infty}^{x} n_{\mu,\sigma^2}(u)du = \boldsymbol{P}\{X \leq x\} = \boldsymbol{P}\left\{\frac{X-\mu}{\sigma} \leq \frac{x-\mu}{\sigma}\right\}$$
$$= \int_{-\infty}^{\frac{x-\mu}{\sigma}} n_{0,1^2}(u)du$$

したがって，図 10.4 の色が塗られている 2 つの領域の面積（確率）は等しくなります．

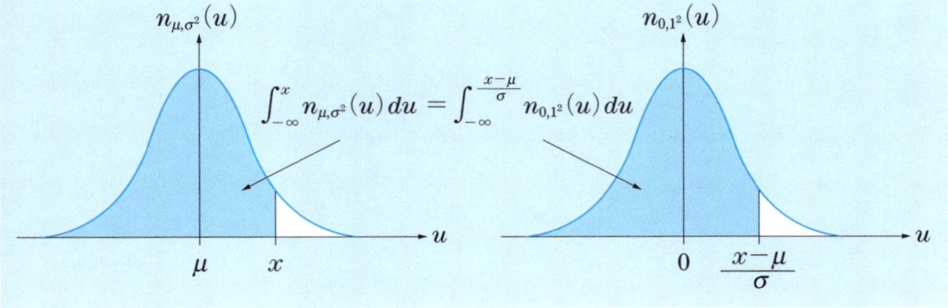

図 10.4 分布 $N(\mu, \sigma^2)$ と $N(0, 1^2)$ との関係

(3)　2 つの独立な確率変数 X, Y について，

$$X \sim N(\mu_X, {\sigma_X}^2)\ ,\quad Y \sim N(\mu_Y, {\sigma_Y}^2)$$

であるとき，a, b を定数として，

$$aX + bY \sim N(a\mu_X + b\mu_Y, a^2{\sigma_X}^2 + b^2{\sigma_Y}^2)$$

となりました（第 8 章の 8.4.2 節の (1) を参照してください）．このことから n 個の独立な確率変数 $X_1, \cdots, X_n$ が同じ正規分布 $N(\mu, \sigma^2)$ に従うとすれば，

$$\overline{X} = \frac{1}{n}\sum_{i=1}^{n} X_i \ \sim\ N\left(\mu, \frac{\sigma^2}{n}\right)$$

となり，したがって

$$\frac{\overline{X} - \mu}{\sqrt{\dfrac{\sigma^2}{n}}} \ \sim\ N(0, 1) \tag{10.1}$$

よって，(1) で述べたことから，例えば次のことが成立します．

$$\boldsymbol{P}\left\{-1.96 \leq \frac{\overline{X} - \mu}{\sqrt{\dfrac{\sigma^2}{n}}} \leq 1.96\right\} = 0.95 \tag{10.2}$$

10.2 χ^2 分 布

(1) n 個の確率変数 $X_1, \cdots, X_n$ が独立で標準正規分布に従うとき，$X_1^2 + \cdots + X_n^2$ の密度関数は，次のように与えられます．

$$\chi_n^2(x) = \begin{cases} \dfrac{1}{2^{\frac{n}{2}}\Gamma\left(\dfrac{n}{2}\right)} x^{\frac{n-2}{2}} e^{-\frac{x}{2}} & (x > 0) \\ 0 & (x \leq 0) \end{cases} \tag{10.3}$$

ここで，$\Gamma(x)$ は特殊関数の一種でガンマ関数と呼ばれます（10.5 節を参照してください）．(10.3) 式は n に関する帰納法で証明でき，$\chi_n^2(x)$ を**自由度 n の χ^2**（カイ 2 乗）**分布**と呼びます．

確率変数 T が自由度 n の χ^2 分布に従うことを $T \sim \chi^2(n)$ と書きます．χ^2 分布表が付表 5 に与えられています．そこでは，

$$\int_{\chi^2(n,P)}^{\infty} \chi_n^2(x)dx = P$$

の関係を満たす P と $\chi^2(n,P)$ の数値が自由度 n ごとに与えられています．

(2) (1) と 10.1 (2) で述べたことから，同じ正規分布 $N(\mu, \sigma^2)$ に従う n 個の独立な確率変数 $X_1, \cdots, X_n$ に対して

$$\sum_{i=1}^{n} \left(\frac{X_i - \mu}{\sigma}\right)^2 = \frac{1}{\sigma^2} \sum_{i=1}^{n} (X_i - \mu)^2 \ \sim \ \chi^2(n)$$

さらに μ の代わりに $\overline{X}$ を用いると，

$$\frac{(n-1)V}{\sigma^2} = \frac{1}{\sigma^2} \sum_{i=1}^{n} \left(X_i - \overline{X}\right)^2 \ \sim \ \chi^2(n-1) \tag{10.4}$$

自由度が $n-1$ であることに注意してください．

(3) 独立な 2 つの確率変数 S と T がそれぞれ自由度 m と n の χ^2 分布に従うとします．このとき，$S + T$ は自由度 $m + n$ の χ^2 分布に従います．

このことは，$\chi_m^2(x)$ と $\chi_n^2(x)$ のたたみこみを直接計算して示すことができま

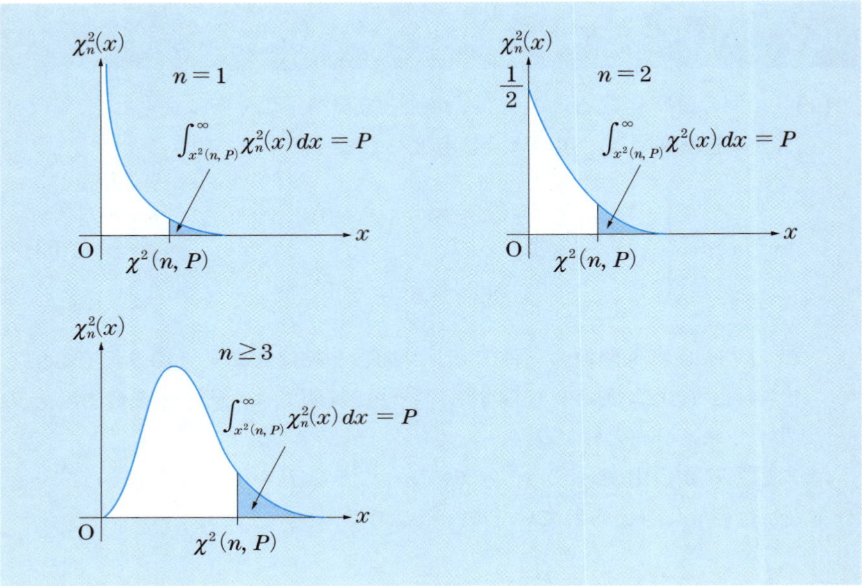

図 10.5 自由度 n の χ^2 分布での P と $\chi^2(n,P)$ との関係

すが，χ^2 分布の定義に従って次のように直感的に考えることができます．

S は，標準正規分布に従う独立な m 個の確率変数 $X_1, \cdots, X_m$ によって

$$S = X_1^2 + \cdots + X_m^2$$

同様に T は，標準正規分布に従う独立な n 個の確率変数 $Y_1, \cdots, Y_n$ によって

$$T = Y_1^2 + \cdots + Y_n^2$$

と表せ，S と T が独立であることから $X_1, \cdots, X_m, Y_1, \cdots, Y_n$ は独立であるとします．$S+T$ は，これらの $m+n$ 個の標準正規分布に従う確率変数を使って，

$$S + T = X_1^2 + \cdots + X_m^2 + Y_1^2 + \cdots + Y_n^2$$

となり，χ^2 分布の定義から $S + T$ は自由度 $m + n$ の χ^2 分布に従います．

10.3　F　分　布

(1)　W_1, W_2 は互いに独立でそれぞれが自由度 n_1, n_2 の χ^2 分布に従うとします．このとき，

$$W = \frac{W_1/n_1}{W_2/n_2}$$

の密度関数は，

$$f_{n_1,n_2}(x) = \begin{cases} \dfrac{n_1^{n_1/2} n_2^{n_2/2} x^{(n_1-2)/2}}{B(n_1/2, n_2/2)(n_1 x + n_2)^{(n_1+n_2)/2}} & (x > 0) \\ 0 & (x \leq 0) \end{cases}$$

となります．$B(n_1/2, n_2/2)$ は特殊関数の一種でベータ関数と呼ばれています（10.5 節を参照してください）．この密度関数 $f_{n_1,n_2}(x)$ を**自由度 $(\boldsymbol{n_1}, \boldsymbol{n_2})$ の $\boldsymbol{F}$ 分布**と呼びます．

確率変数 T が自由度 (n_1, n_2) の F 分布に従うことを，$T \sim f(n_1, n_2)$ と書くことにします．

F 分布表が付表 3, 4 に与えられています．そこでは

$$\int_{f(n_1,n_2,P)}^{\infty} f_{n_1,n_2}(x)dx = P$$

の関係を満たす $f(n_1, n_2, P)$ の値が，いくつかの P の値に対して，(n_1, n_2) の様々な組合せにおいて与えられています．図 10.6 を参照してください．F 分布のグラフの概形は χ^2 分布によく似ています．$n_1 \geq 3$ のとき，非対称な一山の形になっています．

F 分布表には，例えば $P = 0.975$ に対応する $f(n_1, n_2, 0.975)$ の値が掲載されていません．これは次の (10.5) 式より $f(n_2, n_1, 1 - 0.975) = f(n_2, n_1, 0.025)$ の逆数として定まるからです（(10.5) 式で自由度の順番が (n_1, n_2) から (n_2, n_1) に入れ替わっていることに注意してください）．

$$f(n_2, n_1, 1 - P) = \frac{1}{f(n_1, n_2, P)} \tag{10.5}$$

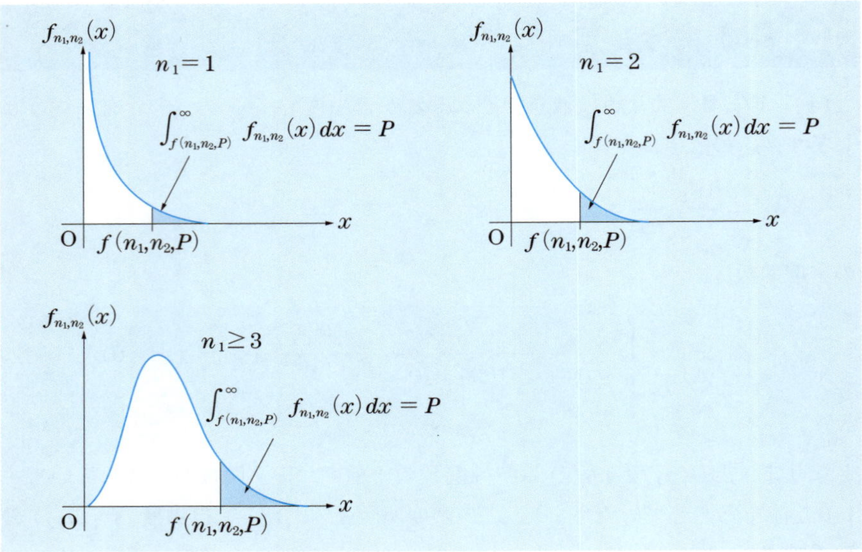

図 10.6　自由度 (n_1, n_2) の F 分布での P と $f(n_1, n_2, P)$ との関係

(10.5) 式は次のようにして示されます．F 分布の定義より，$f(n_1, n_2, P)$ は，$W_1 \sim \chi^2(n_1)$, $W_2 \sim \chi^2(n_2)$ として，

$$\boldsymbol{P}\left\{\frac{W_1/n_1}{W_2/n_2} > f(n_1, n_2, P)\right\} = \int_{f(n_1,n_2,P)}^{\infty} f_{n_1,n_2}(x)dx = P$$

により定められていました．ここから出発して少し計算を行います．

$$\begin{aligned} P &= \boldsymbol{P}\left\{\frac{W_1/n_1}{W_2/n_2} > f(n_1, n_2, P)\right\} \\ &= \boldsymbol{P}\left\{\frac{1}{f(n_1, n_2, P)} > \frac{W_2/n_2}{W_1/n_1}\right\} \\ &= 1 - \boldsymbol{P}\left\{\frac{1}{f(n_1, n_2, P)} \leq \frac{W_2/n_2}{W_1/n_1}\right\} \end{aligned}$$

ゆえに

$$\boldsymbol{P}\left\{\frac{W_2/n_2}{W_1/n_1} \geq \frac{1}{f(n_1, n_2, P)}\right\} = 1 - P$$

一方，$f(n_2, n_1, 1-P)$ の定義より

$$\boldsymbol{P}\left\{\frac{W_2/n_2}{W_1/n_1} \geq f(n_2, n_1, 1-P)\right\} = 1-P$$

以上より，(10.5) 式が成立することがわかります．

(2) $X_1, \cdots, X_{n_1}, Y_1, \cdots, Y_{n_2}$ を独立な確率変数とし，

$X_1, \cdots, X_{n_1}$ は同一の正規分布 $N(\mu_1, \sigma_1^2)$ に従い，

$Y_1, \cdots, Y_{n_2}$ は同一の正規分布 $N(\mu_2, \sigma_2^2)$ に従う

とします．さらに

$$\overline{X} = \frac{1}{n_1}\sum_{i=1}^{n_1} X_i\ , \quad V_1 = \frac{1}{n_1 - 1}\sum_{i=1}^{n_1}(X_i - \overline{X})^2$$

$$\overline{Y} = \frac{1}{n_2}\sum_{i=1}^{n_2} X_i\ , \quad V_2 = \frac{1}{n_2 - 1}\sum_{i=1}^{n_2}(Y_i - \overline{Y})^2$$

とおくと，10.2 節 (2) より次のようになります．

$$\frac{(n_1-1)V_1}{{\sigma_1}^2} \sim \chi^2(n_1-1)\ , \quad \frac{(n_2-1)V_2}{{\sigma_2}^2} \sim \chi^2(n_2-1)$$

したがって，F 分布の定義より，

$$\frac{{\sigma_2}^2 V_1}{{\sigma_1}^2 V_2} \sim f(n_1-1, n_2-1) \tag{10.6}$$

また，10.2 節の (3) で述べた χ^2 分布の性質より，

$$\frac{(n_1-1)V_1}{{\sigma_1}^2} + \frac{(n_2-1)V_2}{{\sigma_2}^2} \sim \chi^2(n_1+n_2-2) \tag{10.7}$$

10.4　t 分布

(1)　2 つの独立な確率変数 X と Y について，X は標準正規分布に，Y は自由度 ϕ の χ^2 分布に従うとします．このとき，

$$\frac{X}{\sqrt{\dfrac{Y}{\phi}}}$$

の密度関数は

$$t_\phi(x) = \frac{1}{\sqrt{\phi}B\left(\dfrac{1}{2}, \dfrac{\phi}{2}\right)}\left(1+\frac{x^2}{\phi}\right)^{-\frac{\phi+1}{2}} \qquad (-\infty < x < \infty) \qquad (10.8)$$

となります．この密度関数は**自由度 ϕ の t 分布**またはスチューデントの分布と呼ばれています．標準正規分布と同様に原点を中心として左右対称ですが，高さが低くなっています．

確率変数 T が自由度 ϕ の t 分布に従うことを $T \sim t(\phi)$ と書きます．

t 分布表が付表 6 に与えられています．そこでは，

$$\int_{-t(\phi,P)}^{t(\phi,P)} t_\phi(x)dx = 1 - P$$

の関係を満たす P と $t(\phi, P)$ の数値が各自由度 ϕ ごとに与えられています．図 10.7 を参照してください．

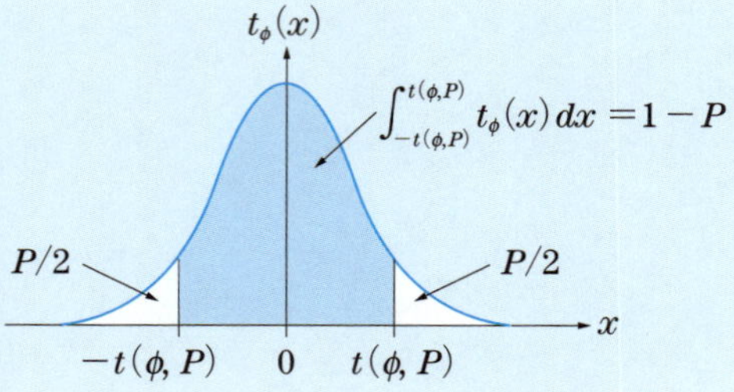

図 10.7　自由度 ϕ の t 分布での P と $t(\phi, P)$ との関係

(2)　$X_1, \cdots, X_n$ を独立で同一の正規分布 $N(\mu, \sigma^2)$ に従う確率変数とします．10.1 節の (3) と 10.2 節の (2) で述べたことを合わせると，t 分布の定義より

$$\frac{\overline{X}-\mu}{\sqrt{\dfrac{V}{n}}} \sim t(n-1) \tag{10.9}$$

t 分布の定義を適用するためには，$\overline{X}$ と V との確率的な独立性が保証されなければなりません．いずれも同じ $X_1, \cdots, X_n$ から構成され，一見して独立でないように思えます．少し煩雑な計算を行うことで独立性が証明できますが，本書では省略します．

(3)　10.3 節の (2) と同様に $X_1, \cdots, X_{n_1}, Y_1, \cdots, Y_{n_2}$ を独立な確率変数とし，

$X_1, \cdots, X_{n_1}$　は同一の正規分布 $N(\mu_1, \sigma_1^2)$ に従い，

$Y_1, \cdots, Y_{n_2}$　は同一の正規分布 $N(\mu_2, \sigma_2^2)$ に従う

とし，さらに

$$\overline{X} = \frac{1}{n_1}\sum_{i=1}^{n_1} X_i, \quad V_1 = \frac{1}{n_1-1}\sum_{i=1}^{n_1}(X_i-\overline{X})^2$$

$$\overline{Y} = \frac{1}{n_2}\sum_{i=1}^{n_2} X_i, \quad V_2 = \frac{1}{n_2-1}\sum_{i=1}^{n_2}(Y_i-\overline{Y})^2$$

とおきます．10.1 節 (3) より

$$\overline{X} \sim N\left(\mu_1, \frac{{\sigma_1}^2}{n_1}\right), \quad \overline{Y} \sim N\left(\mu_2, \frac{{\sigma_2}^2}{n_2}\right)$$

さらに 10.1 節 (3) を用いて，

$$\frac{\overline{X}-\overline{Y}-(\mu_1-\mu_2)}{\sqrt{\dfrac{{\sigma_1}^2}{n_1}+\dfrac{{\sigma_2}^2}{n_2}}} \sim N(0, 1^2)$$

このことと (10.7), (10.9) 式を用いると，t 分布の定義より

$$\frac{\overline{X}-\overline{Y}-(\mu_1-\mu_2)}{\sqrt{\dfrac{{\sigma_1}^2}{n_1}+\dfrac{{\sigma_2}^2}{n_2}}\ \sqrt{\dfrac{1}{n_1+n_2-2}\left\{\dfrac{(n_1-1)V_1}{{\sigma_1}^2}+\dfrac{(n_2-1)V_2}{{\sigma_2}^2}\right\}}} \sim t(n_1+n_2-2) \tag{10.10}$$

もし，${\sigma_1}^2={\sigma_2}^2$ ならば

$$\frac{\sqrt{n_1+n_2-2}\ \left(\overline{X}-\overline{Y}-(\mu_1-\mu_2)\right)}{\sqrt{\dfrac{1}{n_1}+\dfrac{1}{n_2}}\ \sqrt{(n_1-1)V_1+(n_2-1)V_2}} \sim t(n_1+n_2-2) \tag{10.11}$$

10.5 ガンマ関数とベータ関数

(1) 次のようにして定義される $\Gamma(\alpha)$ を**ガンマ関数**と呼びます.

$$\Gamma(\alpha) = \int_0^{\infty} y^{\alpha-1} e^{-y} dy$$

ガンマ関数の性質を示すために $\Gamma(\alpha+1)$ を調べてみます. 部分積分を行うことで, 次のような漸化式が得られます.

$$\Gamma(\alpha+1) = \alpha \int_0^{\infty} y^{\alpha-1} e^{-y} dy = \alpha\Gamma(\alpha) \tag{10.12}$$

α が正の整数であれば, この漸化式を用いて次のようになります.

$$\Gamma(\alpha+1) = \alpha \cdot (\alpha-1) \cdots 2 \cdot 1 \cdot \Gamma(1) = \alpha!$$

$\Gamma(\alpha+1)$ の α は正の整数である必要はなく, ガンマ関数は正の整数以外のものの階乗を定義してくれることがわります. α が正の整数か 1/2 の倍数である場合が統計ではよく用いられます. 例えば, (10.12) の漸化式を用いると

$$\Gamma\left(4+\frac{1}{2}\right) = \left(3+\frac{1}{2}\right)\left(2+\frac{1}{2}\right)\left(1+\frac{1}{2}\right)\left(\frac{1}{2}\right)\Gamma\left(\frac{1}{2}\right)$$

となります. したがって, $\Gamma(1/2)$ の値を決めておけば, 統計での使用には十分です.

$$\Gamma\left(\frac{1}{2}\right) = \int_0^{\infty} y^{-\frac{1}{2}} e^{-y} dy = 2\sqrt{\pi} \int_0^{\infty} \frac{1}{\sqrt{2\pi}} e^{-\frac{x^2}{2}} dx = \sqrt{\pi} \tag{10.13}$$

(2) 次のように定義される 2 変数 (α, β) の関数を**ベータ関数**と呼びます.

$$B(\alpha, \beta) = \int_0^1 x^{\alpha-1}(1-x)^{\beta-1} dx$$

簡単な変数変換により次の関係が得られます.

$$B(\alpha+1, \beta+1) = \frac{\alpha!\beta!}{(\alpha+\beta+1)!} = \frac{\Gamma(\alpha+1)\Gamma(\beta+1)}{\Gamma(\alpha+\beta+2)} \tag{10.14}$$

10 章の問題

1 $X \sim N(0,1)$ とします．次のそれぞれの確率を求めなさい．

(1) $\boldsymbol{P}(X \leq 1.645)$

(2) $\boldsymbol{P}(X \leq 1.96)$

(3) $\boldsymbol{P}(X \leq 2.576)$

(4) $\boldsymbol{P}(-2.576 \leq X \leq 1.96)$

(5) $\boldsymbol{P}(-1.645 \leq X \leq 1.96)$

2 $X \sim N(2,1^2)$ のとき，$\boldsymbol{P}(X \leq 3.96)$ の確率を求めなさい．

3 $X_1, \cdots, X_{10}$ は独立で同一の正規分布 $N(\mu, 2^2)$ に従うとします．(10.4) 式を用いて $\boldsymbol{P}\{V \leq \alpha\} = 0.95$ となる α の値を χ^2 分布表から定めなさい．

4 $X_1, \cdots, X_{10} \sim N(\mu_X, 2^2)$, $Y_1, \cdots, Y_8 \sim N(\mu_Y, 2^2)$ とし，これらの確率変数は互いに独立であるとします．

(1) 10.3 節 (2) の V_1, V_2 に対して $\boldsymbol{P}\left\{\dfrac{V_1}{V_2} \leq \alpha\right\} = 0.95$ となる α の値を F 分布表から求めなさい．

(2) $\boldsymbol{P}\left\{\dfrac{9V_1}{2^2} + \dfrac{7V_2}{2^2} \leq 6.91\right\}$ の確率を χ^2 分布表から求めなさい．

5 10.2 節の (10.3) 式にある χ^2 分布を n に関する帰納法で証明しなさい．

6 10.3 節 (1) にある F 分布を求めなさい．

7 10.4 節の (10.8) 式にある t 分布を求めなさい．

8 10.5 節の (10.14) 式の関係を証明しなさい．

11 統計的推測

本章では統計的推測である推定と仮説検定の考え方を正規母集団に限定して述べます．正規分布が2つのパラメータ（母数と呼ばれます）μ と σ^2 を持つことを思い起こしてください．正規母集団に限定することで，これらの2つの未知の母数が推測の対象になります．推測には点推定，区間推定，仮説検定，適合度検定等があります．点推定はこれらの未知母数の値を1つに決めること，区間推定は，未知母数が存在する範囲を定めること，検定の問題はこれらの母数の値を想定する値としてよいかどうかをチェックすることを意味します．適合度検定については本書では触れません．

いずれも母集団から収集されたデータを整理して得られる値（データの代表値）を用いて行われるのですが，この得られた値自体の良し悪しを未知の母数との比較で判定することができないため，よい値が得られると期待できるようなデータの収集方法とまとめ方が問われます．そのため，統計的推測方法についての基本的な議論には，推測方法自体の確率変数による定式化が必要になります．大数の強法則，確率変数間の独立性，確率変数の関数，期待値，分散などこれまでに学んだことが多用されます．

本章では，統計的な推測方法の背景をなす考え方について述べることにし，実際の問題への応用や詳細な数理的な議論については参考文献 [6][7][8][9] にゆだねることにします．

キーワード

点推定，不偏推定，一致推定，区間推定，信頼度，信頼区間，仮説検定，帰無仮説，対立仮説，有意水準，第1種の誤り，第2種の誤り

11.1 統計的推測

たくさんのボールを想像してください．ボールといわれたとき，テニスボール，バスケットボール，ゴルフボール，野球ボールなど日頃よく眼にするボールを思い浮かべるかもしれませんが，ここでのポイントは，同様であると見なされるものがたくさんあって，それぞれが値を持っているという点にあります．

例 11.1 (1) ある工場で製造されている品物をボールであると見なせば，その値としては良品，不良品を意味するものを考えることができます．例えば，1 を良品に，0 を不良品に対応させることができます．

(2) ある工場で作られている容器をボールであるとすれば，容器の高さ，底面積，体積，重さなどをボールが持つ値とすることができます．

(3) 1 冊の本のそれぞれのページをボールに対応させ，1 ページ中の誤植の個数をそのボールの持つ値とすることができます．

(4) ボールが 20 才以上の人であれば，ボールの値として，その人の年収，身長，体重，男女の区別を意味する値などを考えることができます．

(5) ボールが工場で作られている化学合成物質であれば，その中の特定成分の含有率をボールの値とすることができます．

(6) 円柱の鋼材が作られているとします．ボールはそれぞれの鋼材に，ボールの値はその鋼材の長さ，体積，直径，引っ張り強さなどに対応させられます．

(7) ボールをある容器中の粒子であるとすれば，ボールの値は粒子の速さ，位置，運動量などに対応させることができます． □

これらの例からわかるように，同様であると見なされるものであってもその値には多様性があり，様々な値を持つボールが混在しています．このようなボールで象徴できるものの集まりを**母集団**と呼びます．

我々にとっては，例えば 10.5 以上の値を持つボールが占める割合，ボールが持つ値の平均値，ボールが持つ値の散らばり具合などの母集団の様子は未知であり，この未知のものについて推測を行おうとします．

ボールの持つ値が整数値のみであるときは分布 $\{p_i\}_{i\in \boldsymbol{Z}}$ が，整数値とは限らず小数点付きの値であるときは密度関数 $f(x)$ が，母集団の割合の様子を定めると考えます．別の言い方をすると，長さ，面積，重さ，密度，速さなどの単位を持つ**計量値**を値として持つ場合には密度関数が，個数などの数え上げることで定まるような**計数値**を値として持つ場合には分布が母集団の確率的特性を定めると考えます．

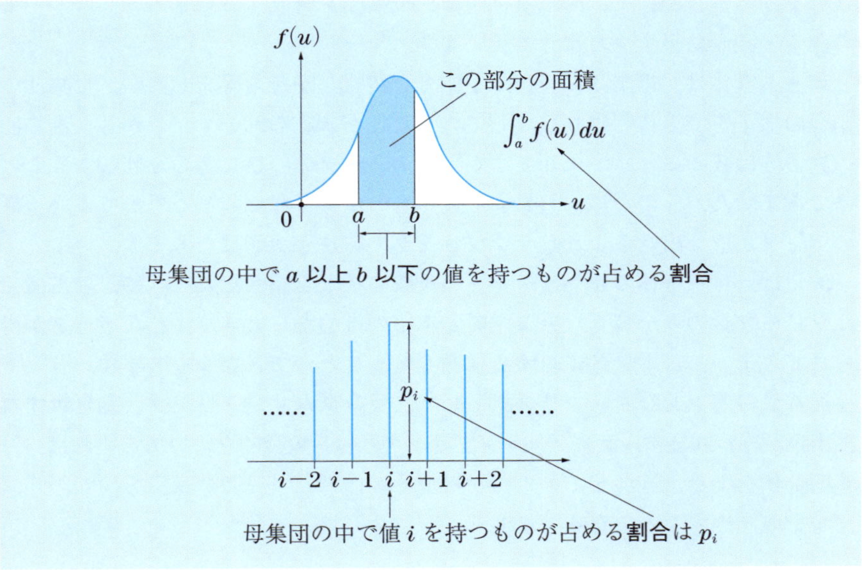

図 11.1

母集団の確率的特性が未知であることは，このような密度関数や分布が未知であることを意味し，したがって，これらのものが推測の対象になります．

基本的には母集団を構成する全ての要素を完全に調べ上げることができれば，母集団の割合の様子は完全にわかります．しかし，母集団を構成する要素の個数は通常は膨大な数にのぼり，時間的，経済的，物理的制約から全てを調べることは現実的でなく，できる限りこのようなリソースの使用を押さえながら，効率よく有効な意志決定が行えるような推測方法が求められます．

このため推測は，母集団から取り出したいくつかのサンプルに対する測定・観測によって得られるサンプルデータを整理することによってなされます．サンプルを取り出すことを**サンプリング**，サンプルの個数を**サンプルの大きさ**といいます．

11.2 ランダムサンプリングとデータの整理

11.2.1 ランダムサンプリング

母集団の割合の様子に関する推測は，母集団を構成する要素の一部についての測定・観測結果をもとにして行います．

データ全体は，母集団について不完全な情報しか持ち得ませんが，母集団の割合の様子をでき得る限り反映していることが求められます．しかし，母集団の真の姿は我々にとって未知ですから，データ自体の良し悪しを判断することはできません．そのため，おおよそ良いものが得られていると思ってよい一群のデータが取り出せるようなサンプリングの方法が大切になります．

例えば，日本全体のサラリーマンの年収の状況を調べたいときに，名古屋のサラリーマンのみを調査対象にすると本来の目的から大きくずれたデータが得られてしまい，日本全体に対する推測を行うことができなくなります．

通常最も基本的なサンプリングとして，**ランダムサンプリング**（**完全無作為抽出**）が行われます．ランダムサンプリングとは，象徴的な言い方をすれば，母集団全体をよくかき混ぜてその中から全く無作為に（一切の意図を捨て）サンプルを取り出すことを意味します．

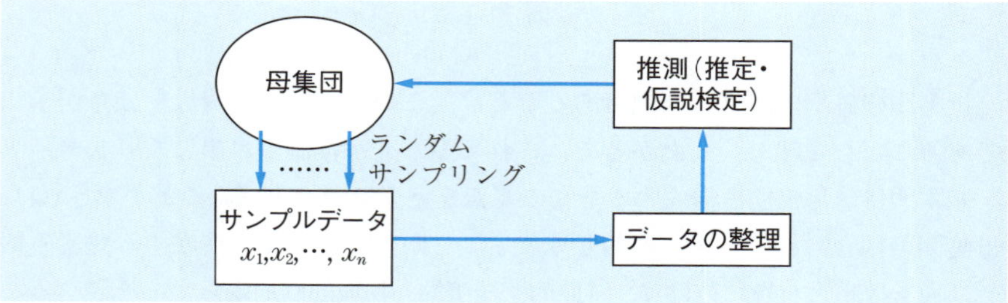

図 11.2 母集団に対する統計的推測

例 11.2 (1) 箱の中に 0 と書かれているボールが全体の 1/100，1 と書かれているボールが 99/100 の割合だけ占めているとします．このような箱からランダムサンプリングによって 1 個ずつ全部で 100 個のボールを取り出すとします．母集団を構成するボールは多くあり，ボールを 1 個取り出したとしても，残りのボール全体における割合の様子は変わらないと考えます．この大きさ 100 のサンプル中 0 と書かれているボールはおおよそ 1/100 に近い割合を占め，1 と書かれているボールはおおよそ 99/100 に近い割合を占めると思えます．つまり，サンプルは，母集団の割合の様子を反映していると考えてよいでしょう．

(2) 母集団の割合の様子が図 11.3 の密度関数 $f(x)$ で与えられているとし，このような母集団からランダムサンプリングによってデータを取り出すとします．データの中で値が -1.96 から 1.96 までのものが占める割合は，おおよそ 0.95 であると思ってよいでしょう． □

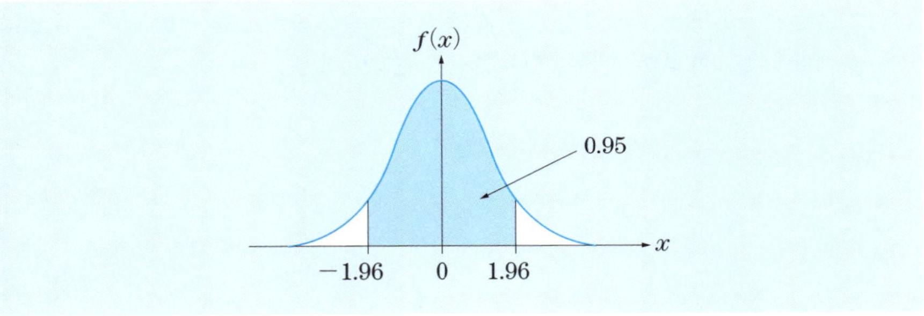

図 11.3

このようにランダムサンプリングによって得られる一群のデータは母集団の確率的特性（割合の様子）を反映することになり，このことを前提にして母集団の密度関数や分布に対する推測を行います．

11.2.2 データの整理

2 章の 2.1 節で与えられている一群の数値がサンプルデータであるとします．すでに述べたようにこれらのデータをただ眺めるだけでは的確な情報を得るのは難しいでしょう．データが得られたとき，統計的推測はまずこれらを整理することから始まります．データの整理には**絵による整理**と，**代表値による整理**とがあります．前者の代表的なものとして 2 章で述べた**ヒストグラムによる整理**があります．もしランダムサンプリングが行われているのであれば，描かれたヒストグラムは母集団の密度関数や分布の様子を反映したものになり，母集団の様子を一目で掴むのに適したものであるといえます．

2 章では密度関数との対応をつけるために，ヒストグラム中のそれぞれの棒の長さを，棒の面積が相対頻度になるようにして定めましたが，割合の傾向を見るだけであれば，特にこれにこだわる必要はなく，棒の高さ自体を相対頻度にしてかまいません．実際多くの統計に関する教科書ではそのようにされています．

一方，絵による整理は，数値的な処理に適しないという欠点があります．このため，いくつかの代表値によって，ヒストグラムの傾向を捉えようとします．よく用いられる代表値として，11.4 節の点推定のところで述べられる**サンプル平均**と**サンプル分散**があり，これらを駆使することで統計的な意志決定が行われることになります．サンプル平均はデータ全体の中心を，サンプル分散はデータのサンプル平均からの拡がり具合を意味します．

11.3　正規母集団に対する推測

以降では正規分布が母集団の割合の傾向を定めるとします．このような母集団を**正規母集団**といいますが，統計的推測手法を議論する際の1つの基本的な前提になっています．

正規分布 $N(\mu,\sigma^2)$ の密度関数 $n_{\mu,\sigma^2}(x)$ は，2章 **例 2.1** に与えられています．パラメータ μ と σ^2 は次のようにして定まりました．

$$\mu = \int_{-\infty}^{\infty} x n_{\mu,\sigma^2}(x)dx, \quad \sigma^2 = \int_{-\infty}^{\infty} (x-\mu)^2 n_{\mu,\sigma^2}(x)dx$$

つまり，μ は母集団の平均であり構成要素が持つ様々な値の全体的な中心傾向を表します．また，σ^2 は μ からの拡がり具合で母集団の分散を意味します．それぞれを**母平均**，**母分散**と呼び，合わせて**母数**と総称されます．

母平均 μ と母分散 σ^2 の値が定まると，母集団の割合の様子は完全に定まることになります．つまり，**正規母集団に対する推測は，未知であるこれらの母平均と母分散に対する推測を意味する**ことになります．

このような母数に対する推測は次のように分類されます．

- 推測
  - 推定
    - 点推定
    - 区間推定
  - 仮説検定
    - 両側検定
    - 片側検定

点推定は母数の値を定めること，**区間推定**は母数が存在し得る範囲を定めること，さらに**仮説検定**は母数が想定される値でないかどうかを判定することを意味します．

統計的推測にはさらに**適合度検定**があります．本章では，母集団の密度関数は正規密度関数であるとしていますが，本来はこれ自体を検定する必要があります．このような検定を適合度検定と呼び，データから構成されるヒストグラムと想定される分布とのズレが許容範囲内であるかどうかを判定します．2章のデータに対して $n_{12,5^2}(x)$ の正規分布が当てはまるとしましたが，これは適合度検定の問題でもあります．本書では適合度検定については触れません．

11.4 点推定

ランダムサンプルによって n 個のデータ $x_1, \cdots, x_n$ が取り出されたとします．このようなデータから μ と σ^2 の点推定値として，それぞれ以下のように定められる**サンプル平均** $\overline{x}$ と**サンプル分散** v を採用します．

μ と σ^2 の点推定値

$$\overline{x} = \frac{1}{n}\sum_{i=1}^{n} x_i, \quad v = \frac{1}{n-1}\sum_{i=1}^{n}(x_i - \overline{x})^2 \tag{11.1}$$

例題 11.1

2 章にあるデータの最初の 20 個を用いてサンプル平均とサンプル分散を求めなさい．

【解答】 (11.1) 式に従って計算を行うことで

$$\overline{x} = 12.691, \quad v = 34.843$$

と求まります． ■

我々は，(11.1) のサンプル平均とサンプル分散の値がそれぞれ μ と σ^2 の値に近いことを願いますが，未知であるために判断のしようがありません．しかし，直感的に $\overline{x}$ が μ から大きくずれているとは思えません．$\overline{x}$ をよしとする根拠はどこにあるのでしょうか．また σ^2 の推定値として，式 (11.1) のように $n-1$ で割ったものを用い，なぜ n で割らないのでしょうか．

参考 これらの問題は，統計的推測の基本的問題の 1 つであり，確率論的な議論によって答えられます．次の節では，その議論の一端を紹介します．確率変数を用いて定式化される推測方法自体の望ましい性質として不偏性，一致性などがあり，(11.1) の点推定値が，これらの観点から正当化されることを示します．

11.5 確率的な定式化

正規分布 $n_{\mu,\sigma^2}(x)$ を持つ正規母集団からランダムサンプリングによってボールを取り出すとき，その値が x 以下である度合い（確率）は，母集団の中で x 以下の値を持つものの割合 $\int_{-\infty}^{x} n_{\mu,\sigma^2}(x)dx$ であるとしてよいでしょう．

ランダムサンプリングでは，母集団の中で占める割合が高い値を持つボールは取り出されやすく，割合の低いものは取り出されにくいでしょう．このような取り出されやすさや取り出されにくさは，母集団の割合の様子を規定している密度関数によって定まると考えることができます．

ランダムサンプリングによって母集団から 1 つのボールを取り出すというアクション自体を X と書くと，上記の確率は次のように書けます．

$$\boldsymbol{P}\{X \leq x\} = \int_{-\infty}^{x} n_{\mu,\sigma^2}(x)dx$$

X は密度関数 $n_{\mu,\sigma^2}(x)$ を持つ確率変数にほかなりません．したがって，$\boldsymbol{E}[X] = \mu$, $\boldsymbol{Var}[X] = \sigma^2$ となります．ランダムサンプリングの結果として，様々な値が出現し得ますが，その中心傾向が μ であり，μ からの拡がり具合が σ^2 で与えられることを意味します．

母集団の割合の様子が，ランダムサンプリングというアクションの中に反映され，このことがランダムサンプリングの結果出現し得る値の確率的な傾向を規定することになります．

n 個のデータをランダムサンプリングによって取り出すことは，同一の正規分布 $N(\mu, \sigma^2)$ に従う n 個の確率変数を考えることになります．

$$X_1, X_2, \cdots, X_n$$

これらの n 個の確率変数は確率的に独立であると仮定します．これは，n 個のデータの取り出し方が，互いに関係しないことを意味します．

n 個のデータをランダムサンプリングによって取り出し，サンプル平均を求めるというアクション $\overline{X}$ は，$X_1, X_2, \cdots, X_n$ を用いて，

$$\overline{X} = \frac{X_1 + \cdots + X_n}{n} = \frac{1}{n}\sum_{i=1}^{n} X_i$$

と書き表せます（4 章の 4.3 節の 例 4.6 を参照してください）．同様にサンプル分散をとるというアクション V は，次のように表せます．

$$V = \frac{(X_1 - \overline{X})^2 + \cdots + (X_n - \overline{X})^2}{n-1} = \frac{1}{n-1}\sum_{i=1}^{n}(X_i - \overline{X})^2$$

期待値の性質より

$$\boldsymbol{E}[\overline{X}] = \frac{1}{n}\sum_{i=1}^{n}\boldsymbol{E}[X_i] = \mu$$

となることはすでに 8 章で述べました．このことはサンプル平均の値の中心的傾向が μ であり，μ を中心とした値になることを意味します．このような性質を**不偏性**と呼びます．さらに大数の強法則により $n \to \infty$ のとき $\overline{X} \to \mu$ であることも保証され，サンプルの大きさが大であるほどサンプル平均の値は μ に近くなり，$n \to \infty$ で μ に収束することがわかります．このような性質を**一致性**と呼びます．有限個のサンプルからなるサンプル平均の値は μ に一致するとは限りませんが，サンプルの大きさが十分に大であれば，μ からさほど大きくズレないことがわかります．

サンプル分散についてはどうでしょうか．簡単な計算により

$$\boldsymbol{E}[V] = \boldsymbol{E}\left[\frac{1}{n-1}\sum_{i=1}^{n}(X_i - \overline{X})^2\right] = \sigma^2$$

となることがわかります．よって V は不偏性を持ち，サンプル分散は σ^2 を中心とした値で，良い推定値であると考えられます．章末問題 3 を参照してください．

今後，アルファベットの**大文字と小文字の区別**をはっきりと意識してください．大文字は確率変数を，小文字は実現値を意味します．推定や検定はこの実現値を用いて行いますが，その方法は確率変数の確率的な特性を用いて構築されます．

11.6　μ の区間推定

μ の点推定値としてサンプル平均を用いましたが，これらが一致しているとは通常期待できません．また，相互にどのような位置関係にあるのかも不明です．この節では，μ が存在し得る範囲をサンプル平均を用いて構成します．

11.6.1　σ^2 が既知の場合

10 章の式 (10.2) をその意味とともに再度あげます．

$$\boldsymbol{P}\left\{-1.96 \leq \frac{\overline{X}-\mu}{\sqrt{\dfrac{\sigma^2}{n}}} \leq 1.96\right\} = 0.95 \tag{11.2}$$

この式は，サンプル平均から μ を引いてさらに $\sqrt{\sigma^2/n}$ で割ったときに得られる値が，-1.96 と 1.96 の間にある確率が 0.95 であることを意味しています．

確率 0.95 は，このような一連の作業を，例えば 100 回行って得られる 100 個の値のうち約 95% が -1.96 と 1.96 の間にあることを意味します．

この確率の値 0.95 を「ほぼ確実」なものであるとして受け入れることができれば，サンプル平均に対して

$$-1.96 \leq \frac{\overline{x}-\mu}{\sqrt{\dfrac{\sigma^2}{n}}} \leq 1.96$$

が「ほぼ確実」に成立することになります．この不等号関係は，μ が存在する範囲を意味しています．この範囲を μ の**信頼度 0.95 の信頼区間**と呼び，閉区間の形で書き表します．信頼度 0.95 は，確率 0.95 を「ほぼ確実」であるとして受け入れたことを意味しています．

μ の信頼区間（信頼度：0.95，σ^2：既知）

$$\left[\overline{x}-1.96\sqrt{\frac{\sigma^2}{n}},\ \overline{x}+1.96\sqrt{\frac{\sigma^2}{n}}\right]$$

もし 0.95 ではなく，0.99 を「ほぼ確実」であるとして受け入れるのであれば，(11.2) 式にかわって

$$P\left\{-2.576 \leq \frac{\overline{X}-\mu}{\sqrt{\dfrac{\sigma^2}{n}}} \leq 2.576\right\} = 0.99$$

より，信頼度 0.99 の信頼区間が $[\ \overline{x} - 2.576\sqrt{\sigma^2/n},\ \overline{x} + 2.576\sqrt{\sigma^2/n}\ ]$ と定められます．

これらの信頼区間を具体的な数値とともに定めるためには，$\overline{x}, n, \sigma^2$ の値が必要になります．n と $\overline{x}$ はそれぞれサンプルの大きさとサンプル平均ですから，サンプリングを実行すれば得られます．σ^2 については何らかの形で値がわかっているかもしくはわかっているとする必要があります．実際の場面ではこのようなことは少ないのですが，仮説検定法の考え方を示すためにもあえて紹介します．σ^2 が未知の場合は，その代わりになる別の量が必要になります．

例題 11.2

2 章のデータの最初の 20 個を用いて μ の信頼区間を定めなさい．母分散は既知で $\sigma^2 = 5^2$ とします．

【解答】 サンプル平均は例題 11.1 で $\overline{x} = 12.691$ と求められています．$n = 20$, $\sigma^2 = 5^2$ ですから，信頼度 0.95 の信頼区間は次のようになります．

$$\left[\ 12.691 - 1.96 \cdot \sqrt{\frac{5^2}{20}},\ 12.691 + 1.96 \cdot \sqrt{\frac{5^2}{20}}\ \right] = [\ 10.500,\ 14.882\ ]$$

■

11.6.2　σ^2 が未知の場合

σ^2 が既知の場合 $(\overline{x} - \mu)/\sqrt{\sigma^2/n}$ を用いて μ に対する信頼区間を構成しましたが，σ^2 が未知の場合，σ^2 の代わりに (11.1) 式の不偏推定値 v を用いて $(\overline{x} - \mu)/\sqrt{v/n}$ による信頼区間の構成が思いつきます．このとき，σ^2 が既知の場合に用いた値 1.96 に対応する値を定めるためには，10 章の (10.9) 式に述べた

$$\frac{\overline{X}-\mu}{\sqrt{\dfrac{V}{n}}} \sim t(n-1)$$

のように自由度 $n-1$ の t 分布に従うことを用います．

確率 0.95 を「ほぼ確実」であるとして受け入れるのであれば,

$$\boldsymbol{P}\left\{-t(n-1,0.05) \leq \frac{\overline{X}-\mu}{\sqrt{\dfrac{V}{n}}} \leq t(n-1,0.05)\right\} = 0.95 \qquad (11.3)$$

より, μ の信頼度 0.95 の信頼区間は, 次のようになります.

μ の信頼区間（信頼度：0.95, σ^2：未知）

$$\left[\,\overline{x}-t(n-1,0.05)\sqrt{\frac{v}{n}},\ \overline{x}+t(n-1,0.05)\sqrt{\frac{v}{n}}\,\right]$$

信頼度 0.99 の μ の信頼区間は, $t(n-1,0.01)$ を用いて構成されます.

例題 11.3

2 章のデータの最初の 20 個を用いて μ の信頼区間を求めなさい. 母分散 σ^2 は未知であるとします.

【解答】 サンプル平均とサンプル分散は例題 11.1 で $\overline{x}=12.691$, $v=34.8428$ と求められています. $n=20$ ですから, t 分布表より, $t(19,0.05)=2.093$ を用いて, 信頼度 0.95 信頼区間は次のようになります.

$$\left[\,12.691-2.093\cdot\sqrt{\frac{34.8428}{20}},\ 12.691+2.093\cdot\sqrt{\frac{34.8428}{20}}\,\right]$$
$$=[\,9.928,\ 15.454\,]$$

■

11.7 σ^2 に対する区間推定

母分散 σ^2 の点推定値としてはサンプル分散 v を用いました．これを利用して σ^2 の区間推定を構成します．10 章の (10.4) 式より

$$\boldsymbol{P}\left\{\chi^2(n-1,1-P) \le \frac{(n-1)V}{\sigma^2} \le \chi^2(n-1,P)\right\} = 1-2P$$

であることから σ^2 に対する区間推定は次のように構成されます．

$\boldsymbol{\sigma^2}$ の信頼区間（信頼度：0.95）

$$\left[\frac{(n-1)v}{\chi^2(n-1,0.025)},\ \frac{(n-1)v}{\chi^2(n-1,0.975)}\right]$$

信頼度 0.99 の信頼区間は $\chi^2(n-1,0.005)$ と $\chi^2(n-1,0.995)$ を用いて構築されます．

例題 11.4

2 章のデータの最初の 20 個を用いて σ^2 の信頼区間を求めなさい．もちろん，母分散 σ^2 は未知です．

【解答】 サンプル分散は例題 11.1 で $v = 34.8428$ と求められています．$n = 20$ ですから，χ^2 分布表（付表 5）から

$$\chi^2(19, 0.975) = 8.91$$

$$\chi^2(19, 0.025) = 32.85$$

を用いて，信頼の 0.95 の信頼区間は次のようになります．

$$\left[\frac{19\cdot 34.8428}{32.85},\ \frac{19\cdot 34.8428}{8.91}\right] = [\ 20.15,\ 74.30\ ]$$

■

11.8　μ に対する仮説検定

母平均 μ がある特定の値 μ_0 であるかどうかを判定する仮説検定法を考えます．$\mu = \mu_0$ を**帰無仮説**と呼びます．

仮説検定では，帰無仮説が棄却されたときに採択される**対立仮説**が設定されます．対立仮説が $\mu > \mu_0$ または $\mu < \mu_0$ であるときを**片側検定**，$\mu \neq \mu_0$ であるときを**両側検定**といい，それぞれを次のように書きます．

$$\begin{cases} H_0 : \mu = \mu_0 \\ H_1 : \mu > \mu_0 \end{cases} \qquad \begin{cases} H_0 : \mu = \mu_0 \\ H_1 : \mu < \mu_0 \end{cases} \qquad \begin{cases} H_0 : \mu = \mu_0 \\ H_1 : \mu \neq \mu_0 \end{cases}$$

両側検定であるか片側検定であるかによって，帰無仮説を棄却する際の判定基準が異なります．

11.8.1　μ の両側検定—σ^2 が既知の場合

$$\begin{cases} H_0 : \mu = \mu_0 \\ H_1 : \mu \neq \mu_0 \end{cases}$$

の検定を考えます．仮説検定の基本的な考え方は次の通りです．

$\mu = \mu_0$ が正しいと想定します．このように想定された正規母集団からランダムサンプリングにより n 個のデータを取り出すとします．このとき，10 章の (10.2) 式に示されているように

$$\boldsymbol{P}\left\{-1.96 \leq \frac{\overline{X} - \mu_0}{\sqrt{\dfrac{\sigma^2}{n}}} \leq 1.96\right\} = 0.95$$

でした．確率 0.95 を「ほぼ確実」であると考えると，$x_1, \cdots, x_n$ のデータに対して，

$$-1.96 \leq \frac{\overline{x} - \mu_0}{\sqrt{\dfrac{\sigma^2}{n}}} \leq 1.96$$

が「ほぼ確実」に成立することになります．ここで，

$$\frac{\overline{x}-\mu_0}{\sqrt{\frac{\sigma^2}{n}}} < -1.96 \quad \text{または} \quad 1.96 < \frac{\overline{x}-\mu_0}{\sqrt{\frac{\sigma^2}{n}}}$$

となったとします．このことは，母平均が μ_0 であれば「ほぼ確実」に起きることが起こらなかったことを意味します．別の言い方をすれば，ほとんど起きないことが起きたことになります．このとき我々は，母平均は μ_0 でないと判断します．両側検定の方式は次のようにまとめられます．

μ の両側検定（有意水準：0.05，σ^2：既知）

$$-1.96 \leq \frac{\overline{x}-\mu_0}{\sqrt{\frac{\sigma^2}{n}}} \leq 1.96$$

➡ $\mu \neq \mu_0$ とはいえない　帰無仮説 H_0 を採択

$$\frac{\overline{x}-\mu_0}{\sqrt{\frac{\sigma^2}{n}}} < -1.96 \quad \text{または} \quad 1.96 < \frac{\overline{x}-\mu_0}{\sqrt{\frac{\sigma^2}{n}}}$$

➡ $\mu \neq \mu_0$ である　対立仮説 H_1 を採択

帰無仮説 H_0 を採択すると判定する際の領域は**採択域**，対立仮説 H_1 を採択し帰無仮説を棄却すると判定するときの領域は**棄却域**といわれます．

母分散が既知の場合，有意水準 0.05 の μ の両側検定の棄却域と採択域は，次の図 11.4 に示されているとおりです．

ほぼ確実とした確率 0.95 に応じて 0.05 を有意水準または危険率と呼びます．帰無仮説 $H_0 : \mu = \mu_0$ が正しいとき，サンプル平均の値が -1.96 より小または

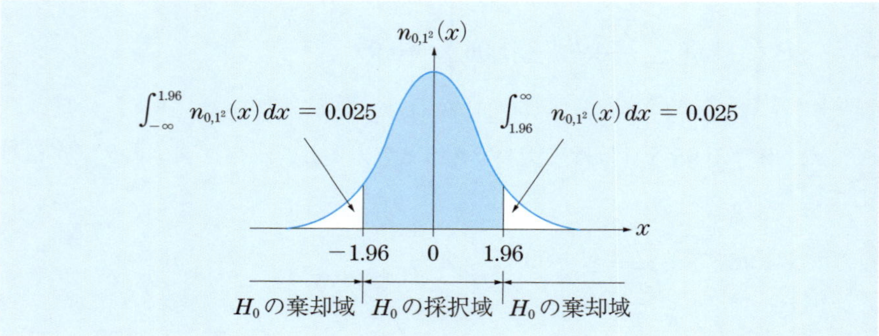

図 11.4 母分散既知の場合，有意水準 0.05 での両側検定における帰無仮説 H_0 の採択域と棄却域

1.96 より大になる可能性は存在し，その確率 0.05 が**有意水準**または**危険率**と呼ばれています．つまり，帰無仮説が正しいにもかかわらずこれを棄却してしまう確率を意味しており，このような誤りを**第 1 種の誤り**と呼びます．逆に対立仮説が正しいにもかかわらず帰無仮説を採択してしまう誤りを**第 2 種の誤り**と呼びます．

	H_0 が真	H_1 が真
H_0 を採択	正しい判断	第 2 種の誤り
H_0 を棄却	第 1 種の誤り	正しい判断

もし確率 0.99 を「ほぼ確実」であるとするならば，有意水準 0.01 で両側検定を行うことになり，その方式は，有意水準 0.05 の場合の 1.96 の代わりに 2.576 を用いればいいことは容易に理解できるでしょう．

例題 11.5

2 章の最初の 20 個のデーターを用いて

$$\begin{cases} H_0: & \mu = 12 \\ H_1: & \mu \neq 12 \end{cases}$$

の仮説検定を行いなさい．$\sigma^2 = 5^2$ とします．

【解答】　サンプル平均は $\overline{x} = 12.691$ でした．よって

$$\frac{\overline{x} - \mu_0}{\sqrt{\frac{\sigma^2}{n}}} = \frac{12.691 - 12}{\sqrt{\frac{5^2}{20}}} = 0.618$$

となり有意水準 0.05, 0.01 のいずれにおいても対立仮説 H_1 が棄却され H_0 が採択されることになり，母平均は 12 ではないとはいえません．■

例 11.3　2 章の最初の 20 個のデータを用いて次の両側検定を行ってみます．

$$\begin{cases} H_0: & \mu = 13 \\ H_1: & \mu \neq 13 \end{cases}$$

$\sigma^2 = 5^2$ とします．サンプル平均は $\overline{x} = 12.691$ でした．よって

$$\frac{\overline{x} - \mu_0}{\sqrt{\frac{\sigma^2}{n}}} = \frac{12.691 - 13}{\sqrt{\frac{5^2}{20}}} = -0.276$$

となり，有意水準 0.05, 0.01 のいずれにおいても対立仮説 H_1 が棄却され H_0 が採択されることになり，母平均は 13 ではないとはいえません．□

2 章のデータから作製したヒストグラムに対して，正規分布 $N(12, 5^2)$ がよく適合するとされました．実は，これらのデータは正規分布 $N(12, 5^2)$ に従う疑似乱数として作製されたものであり，母平均が 12 である正規母集団からのデータであると考えることができます．例 11.3 は，このようなデータに対して $H_0 = 13$ の帰無仮説が棄却されない場合があり得ることを示しています．帰無仮説が棄却されないとしても，それは帰無仮説の積極的な受け入れを意味しません．

一般的に，仮説検定で帰無仮説が棄却されるときには，危険率（第 1 種の誤り確率）がありますが，積極的に棄却することができます．一方棄却できないときには，積極的に採択されるわけではなく，「母平均は 13 でないとはいえない」といった二重否定での表現になります．仮説検定では，帰無仮説が棄却されることに意味があります．

11.8.2　μ の両側検定—σ^2 が未知の場合

σ^2 が未知の場合の区間推定と同様にして，(11.3) 式から出発します．考え方は，σ^2 が既知の場合の仮説検定と全く同じです．0.95 を「ほぼ確実」であるとすると，

$$\begin{cases} H_0 : \mu = \mu_0 \\ H_1 : \mu \neq \mu_0 \end{cases}$$

の有意水準 0.05 での両側検定は次のような形式になります．

μ の両側検定（有意水準：0.05，σ^2：未知）

$$-t(n-1, 0.05) \leq \frac{\overline{x} - \mu_0}{\sqrt{\dfrac{v}{n}}} \leq t(n-1, 0.05)$$

$$\Rightarrow \begin{cases} \mu \neq \mu_0 \text{ とはいえない} \\ \text{帰無仮説 } H_0 \text{ を採択} \end{cases}$$

$$\frac{\overline{x} - \mu_0}{\sqrt{\dfrac{v}{n}}} < -t(n-1, 0.05) \quad \text{または} \quad t(n-1, 0.05) < \frac{\overline{x} - \mu_0}{\sqrt{\dfrac{v}{n}}}$$

$$\Rightarrow \begin{cases} \mu \neq \mu_0 \text{ である} \\ \text{対立仮説 } H_1 \text{ を採択} \end{cases}$$

有意水準が 0.01 の場合は，$t(n-1, 0.05)$ のかわりに $t(n-1, 0.01)$ を用いればよいことは明らかでしょう．

例題 11.6

第 2 章のデータで最初の 20 個を用いて

$$\begin{cases} H_0: & \mu = 12 \\ H_1: & \mu \neq 12 \end{cases}$$

の仮説検定を行いなさい．母分散は未知，有意水準は 0.05 とします．

【解答】　サンプルの個数は $n=20$，サンプル平均とサンプル分散はそれぞれ $\overline{x} = 12.691, v = 34.8428$．さらに t 分布表から $t(19, 0.05) = 2.093$ です．

$$\frac{\overline{x}-\mu_0}{\sqrt{\dfrac{v}{n}}} = \frac{12.691-12}{\sqrt{\dfrac{34.8428}{20}}} = 0.5235$$

したがって，H_0 が採択され，母平均は 12 でないとはいえません．■

11.8.3　μ の片側検定—σ^2 が既知の場合

対立仮説が $\mu < \mu_0$ である場合は同様に考えればよいので，ここでは

$$\begin{cases} H_0: \mu = \mu_0 \\ H_1: \mu > \mu_0 \end{cases} \tag{11.4}$$

の片側検定を考えます．

10 年前の成人男性の平均身長は μ_0 であったが，現在は μ_0 より伸びたと思える．このことを検定したい，といったような場合に片側検定が行われます．大きくなったかどうかにのみ関心があります．

σ^2 が既知の場合，有意水準を 0.05 とすると，

$$\boldsymbol{P}\left\{\frac{\overline{X}-\mu_0}{\sqrt{\dfrac{\sigma^2}{n}}} > 1.645\right\} = 0.05$$

より，棄却域を $(1.645, \infty)$ に取ります．

検定方式は次の通りです．

μ の片側検定（有意水準：0.05，σ^2：既知）

$$\frac{\overline{x}-\mu_0}{\sqrt{\dfrac{\sigma^2}{n}}} \leqq 1.645 \longrightarrow \begin{cases} \mu > \mu_0 \text{ とはいえない} \\ \text{帰無仮説 } H_0 \text{ を採択} \end{cases}$$

$$\frac{\overline{x}-\mu_0}{\sqrt{\dfrac{\sigma^2}{n}}} > 1.645 \longrightarrow \begin{cases} \mu > \mu_0 \text{ である} \\ \text{対立仮説 } H_1 \text{ を採択} \end{cases}$$

有意水準 0.01 に対しては，正規分布表 (2)（付表 2）から読み取れる 2.326 を用います.

11.8.4　μ の片側検定—σ^2 が未知の場合

σ^2 が未知の場合は，t 分布を用いて

$$\boldsymbol{P}\left\{\frac{\overline{X}-\mu_0}{\sqrt{\dfrac{V}{n}}} > t(n-1,\ 0.1)\right\} = 0.05$$

より，有意水準 0.05 での (11.4) の片側検定は次のようになります.

μ の片側検定（有為水準：0.05，σ^2：未知）

$$\frac{\overline{x}-\mu_0}{\sqrt{\dfrac{\sigma^2}{n}}} \leqq t(n-1,\ 0.1) \longrightarrow \begin{cases} \mu > \mu_0 \text{ とはいえない} \\ \text{帰無仮説 } H_0 \text{ を採択} \end{cases}$$

$$\frac{\overline{x}-\mu_0}{\sqrt{\dfrac{\sigma^2}{n}}} > t(n-1,\ 0.1) \longrightarrow \begin{cases} \mu > \mu_0 \text{ である} \\ \text{対立仮説 } H_1 \text{ を採択} \end{cases}$$

有意水準 0.01 の場合には $t(n-1, 0.02)$ を用います.

11.9　σ^2 の検定

母分散 σ^2 に対する

$$\begin{cases} H_0 : \sigma^2 = {\sigma_0}^2 \\ H_1 : \sigma^2 \neq {\sigma_0}^2 \end{cases}$$

の両側検定は，(10.4) 式を用いて

$$\boldsymbol{P}\left\{\chi^2(n-1, 0.975) \leq \frac{(n-1)V}{{\sigma_0}^2} \leq \chi^2(n-1, 0.025)\right\} = 0.95$$

より，次のようになります．

σ^2 の両側検定（有為水準：0.05）

$$\chi^2(n-1, 0.975) \leq \frac{(n-1)v}{{\sigma_0}^2} \leq \chi^2(n-1, 0.025)$$

が $\begin{cases} \text{成立するとき　：} \sigma^2 \neq {\sigma_0}^2 \text{ とはいえない．帰無仮説 } H_0 \text{ を採択} \\ \text{成立しないとき：} \sigma^2 = {\sigma_0}^2 \text{ である．　　対立仮説 } H_1 \text{ を採択} \end{cases}$

有意水準が 0.01 の場合は章末問題としておきます．

例題 11.7

2 章のデータで最初の 20 個を用いて

$$\begin{cases} H_0 : \quad \sigma^2 = 5^2 \\ H_1 : \quad \sigma^2 \neq 5^2 \end{cases}$$

の仮説検定を有意水準 0.05 で行いなさい．

【解答】　付表 (5) より

$$\chi^2(19, 0.975) = 8.91,\ \chi^2(19, 0.025) = 32.85$$

さらに

$$\frac{(n-1)v}{{\sigma_0}^2} = \frac{19 \cdot 34.8428}{5^2} = 26.4805$$

ですから，対立仮説は棄却され，帰無仮説が採択されます．　■

11.10　2 つの母集団の比較

ここまでは 1 つの母集団について考えてきました．この節では 2 つの母集団の比較を考えます．例えば，

(1)　工場で 2 台の機械を使って同一の仕様でものが作られているとき，実際に作り出されたものに 2 台の機械の違いが見られるかどうかを判定したい．

(2)　A 社と B 社の 2 社から同一の品物が納入されているはずだが，実際に同一であるとしてよいかどうかを判定したい．

(3)　アメリカのビジネスマンと日本のビジネスマンの間で年間の平均収入に違いがあるのかどうかを判定したい．

このように 2 つの集団の間に違いがあるとしてよいかどうかをチェックする際に，本節で述べられるような検定方法が用いられます．

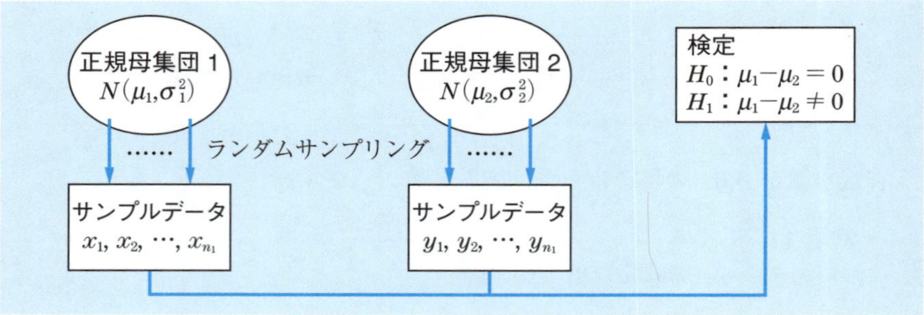

図 11.5　2 つの母集団の比較

2 つの母集団は図 11.5 にあるように正規母集団であるとします．母集団の間に差があるかどうかは，$\mu_1 - \mu_2 = 0$ を帰無仮説として，両側検定を行うことになります．このとき，母分散 ${\sigma_1}^2$ と ${\sigma_2}^2$ についてわかっていることによって検定方法が異なります．以下順次これらについて紹介しますが，10 章で述べたことが基本になります．

サンプルの個数は，図 11.5 にあるように正規母集団 1 からの n_1 個と，正規母集団 2 からの n_2 個のサンプルデータをそれぞれ

$$x_1, \cdots, x_{n_1}, \quad y_1, \cdots, y_{n_2}$$

とし，それぞれのサンプル平均とサンプル分散を次のようにおきます．

$$\overline{x} = \frac{1}{n_1}\sum_{i=1}^{n_1} x_i, \quad v_1 = \frac{1}{n_1 - 1}\sum_{i=1}^{n_1}(x_i - \overline{x})^2$$

$$\overline{y} = \frac{1}{n_2}\sum_{i=1}^{n_2} y_i, \quad v_2 = \frac{1}{n_2 - 1}\sum_{i=1}^{n_2}(y_i - \overline{y})^2$$

ランダムサンプリングで正規母集団1から n_1 個のサンプルデータを取り出すことを確率変数 $X_1, \cdots, X_{n_1}$ で，正規母集団2に対しては $Y_1, \cdots, Y_{n_2}$ で表します．サンプル平均，サンプル分散を取ることは次のように書き表せます．

$$\overline{X} = \frac{1}{n_1}\sum_{i=1}^{n_1} X_i, \quad V_1 = \frac{1}{n_1 - 1}\sum_{i=1}^{n_1}(X_i - \overline{X})^2$$

$$\overline{Y} = \frac{1}{n_2}\sum_{i=1}^{n_2} Y_i, \quad V_2 = \frac{1}{n_2 - 1}\sum_{i=1}^{n_2}(Y_i - \overline{Y})^2$$

11.10.1　2つの正規母集団の分散の比に関する検定

有意水準 0.05 で次の等分散の検定を考えます．

$$\begin{cases} H_0: & {\sigma_1}^2 = {\sigma_2}^2 \\ H_1: & {\sigma_1}^2 \neq {\sigma_2}^2 \end{cases}$$

${\sigma_1}^2 = {\sigma_2}^2$ であるとき，10章の (10.6) 式より，

$$\boldsymbol{P}\left\{ f(n_1 - 1, n_2 - 1, 0.975) \leq \frac{V_1}{V_2} \leq f(n_1 - 1, n_2 - 1, 0.025) \right\} = 0.95$$

したがって，検定の方式は次のようになります．

等分散の検定（有為水準：0.05）

$$f(n_1 - 1, n_2 - 1, 0.975) \leq \frac{v_1}{v_2} \leq f(n_1 - 1, n_2 - 1, 0.025)$$

が $\begin{cases} \text{成立するとき　：帰無仮説 } H_0 \text{ を採択} \\ \text{成立しないとき：対立仮説 } H_1 \text{ を採択} \end{cases}$

例題 11.8

正規母集団 1 と 2 から以下のようにサンプルデータが得られたとします．等分散の検定を有意水準 0.05 で行いなさい．

母集団 1 からのサンプルデータ： 17.3079, 8.94031, 11.7549, 0.782524, 12.5233, 7.71639, 9.78142, 19.076, 12.8788, 19.9289

母集団 2 からのサンプルデータ： 5.32758, 4.32607, 7.91065, 13.1922, 12.4147, 12.341, 8.95331, −2.49621, 14.7723

【解答】 以下の計算にみられるように，等分散性は棄却されません．

$$n_1 = 10,\ \overline{x} = 12.0690,\ v_1 = 33.4038$$

$$n_2 = 9,\ \ \overline{y} = 8.52684,\ v_2 = 30.0482$$

$$\frac{v_1}{v_2} = \frac{33.4038}{30.0482} = 1.1117$$

$$f(9,8,0.975) = \frac{1}{f(8,9,0.025)} = \frac{1}{4.10} = 0.24,\ \ f(9,8,0.025) = 4.36$$ ■

11.10.2　2 つの正規母集団の平均の差に関する検定

本節では，次の両側検定の方法を紹介します．

$$\begin{cases} H_0: & \mu_1 - \mu_2 = 0 \\ H_1: & \mu_1 - \mu_2 \neq 0 \end{cases}$$

この際，母分散がわかっているかどうか，未知であるとき等分散であるかどうかによって検定方法が異なります．未知であるときの等分散性は 11.10.1 節で述べた等分散の検定によって調べられます．

(1)　母分散が既知の場合

有意水準 0.05 での検定を考えます．10 章の (10.10) 式より，$\mu_1 - \mu_2 = 0$ のとき，

$$\boldsymbol{P}\left\{ \begin{array}{l} -t(n_1 + n_2 - 2,\ 0.05) \leq \\ \dfrac{\overline{X} - \overline{Y}}{\sqrt{\dfrac{{\sigma_1}^2}{n_1} + \dfrac{{\sigma_2}^2}{n_2}}\sqrt{\dfrac{1}{n_1 + n_2 - 2}\left\{\dfrac{(n_1 - 1)V_1}{{\sigma_1}^2} + \dfrac{(n_2 - 1)V_2}{{\sigma_2}^2}\right\}}} \\ \hfill \leq t(n_1 + n_2 - 2,\ 0.05) \end{array} \right\}$$
$$= 0.95$$

したがって，検定方式は次のようになります．

$\boldsymbol{\mu_1 - \mu_2 = 0}$ の検定（母分散：既知，有意水準：0.05）

$$-t(n_1+n_2-2,\ 0.05) \le \frac{\overline{x}-\overline{y}}{\sqrt{\dfrac{{\sigma_1}^2}{n_1}+\dfrac{{\sigma_2}^2}{n_2}}\ \sqrt{\dfrac{1}{n_1+n_2-2}\left\{\dfrac{(n_1-1)v_1}{{\sigma_1}^2}+\dfrac{(n_2-1)v_2}{{\sigma_2}^2}\right\}}} \le t(n_1+n_2-2,\ 0.05)$$

が
- 成立するとき　：帰無仮説 H_0 を採択
- 成立しないとき：対立仮説 H_1 を採択

例題 11.9

$\mu_1 - \mu_2 = 0$ の検定を行いなさい．母分散の値は，${\sigma_1}^2 = 5^2$，${\sigma_2}^2 = 2^2$ とします．

母集団 1 からのサンプルデータ： 17.3079, 8.94031, 11.7549, 0.782524, 12.5233, 7.71639, 9.78142, 19.076, 12.8788, 19.9289

母集団 2 からのサンプルデータ： 14.2912, 11.352, 9.20654, 8.64919, 10.8147, 12.2855, 9.73203, 9.14219, 14.6665, 11.9694

【解答】 下記の計算結果から母平均は異なるとはいえません．

$$n_1 = 10,\ \overline{x} = 12.0690,\ v_1 = 33.4038$$

$$n_2 = 10,\ \overline{y} = 11.2109,\ v_2 = 4.48695$$

$$\frac{\overline{x}-\overline{y}}{\sqrt{\dfrac{{\sigma_1}^2}{n_1}+\dfrac{{\sigma_2}^2}{n_2}}\ \sqrt{\dfrac{1}{n_1+n_2-2}\left\{\dfrac{(n_1-1)v_1}{{\sigma_1}^2}+\dfrac{(n_2-1)v_2}{{\sigma_2}^2}\right\}}}$$

$$= \frac{12.0690-11.2109}{\sqrt{\dfrac{5^2}{10}+\dfrac{2^2}{10}}\ \sqrt{\dfrac{1}{18}\left\{\dfrac{9\cdot 33.4038}{5^2}+\dfrac{9\cdot 4.48695}{2^2}\right\}}} = 0.4545$$

$$t(n_1+n_2-2,\ 0.05) = t(18,\ 0.05) = 2.101$$

■

(2) 母分散が未知であるが等しい場合

11.10.1 節で述べた検定方法によって等分散の検定を行い，等しくないとする対立仮説が棄却されたことが前提になります．つまり，この節で紹介される検定は，等分散の検定後に行われるものであることに留意してください．

有意水準を 0.05 とします．10 章の (10.11) 式より，${\sigma_1}^2 = {\sigma_2}^2$ のとき，$\mu_1 - \mu_2 = 0$ ならば，

$$\boldsymbol{P}\left\{\begin{array}{l} -t(n_1+n_2-2,\ 0.05) \leq \\ \dfrac{\sqrt{n_1+n_2-2}\,(\overline{X}-\overline{Y})}{\sqrt{\dfrac{1}{n_1}+\dfrac{1}{n_2}}\sqrt{(n_1-1)V_1+(n_2-1)V_2}} \\ \hfill \leq t(n_1+n_2-2,\ 0.05) \end{array}\right\} = 0.95$$

したがって，検定方式は次のようになります．

$\boldsymbol{\mu_1 - \mu_2 = 0}$ の検定（母分散：未知，等分散，有意水準：0.05）

$$-t(n_1+n_2-2,\ 0.05) \leq \frac{\sqrt{n_1+n_2-2}\ (\overline{x}-\overline{y})}{\sqrt{\dfrac{1}{n_1}+\dfrac{1}{n_2}}\ \sqrt{(n_1-1)v_1+(n_2-1)v_2}} \leq t(n_1+n_2-2,\ 0.05)$$

が $\left\{\begin{array}{l}\text{成立するとき　：帰無仮説 } H_0 \text{ を採択} \\ \text{成立しないとき：対立仮説 } H_1 \text{ を採択}\end{array}\right.$

例題 11.10

母平均の差が 0 であるかどうかを検定しなさい．等分散性の検定はすでに行われ，棄却されないとの結果が得られているとします．

母集団 1 からのサンプルデータ：12.6059, 11.4824, 12.1498, 11.1321, 14.713, 12.1143, 13.6667, 11.5775, 12.9494, 16.2024

母集団 2 からのサンプルデータ：8.99428, 10.7006, 7.16912, 7.29521, 7.14634, 10.1741, 9.59821, 11.3489, 10.8886, 8.15553

【解答】 以下のように帰無仮説は棄却され，母平均は等しくないといえます．

$$n_1 = 10,\ \overline{x} = 12.8593,\ v_1 = 2.54637$$

$$n_2 = 10,\ \overline{y} = 9.14709,\ v_2 = 2.65599$$

$$\frac{\sqrt{n_1+n_2-2}\ (\overline{x}-\overline{y})}{\sqrt{\dfrac{1}{n_1}+\dfrac{1}{n_2}}\sqrt{(n_1-1)v_1+(n_2-1)v_2}} = \frac{\sqrt{2}\,(12.8593-9.14709)}{\sqrt{\dfrac{2.54637+2.65599}{5}}} = 5.14674$$

$$t(n_1+n_2-2,\ 0.05) = t(18,\ 0.05) = 2.101$$

■

母分散が未知でさらに等分散性が検定で棄却された場合には，Welch の検定法と呼ばれる近似的な手法を用います．これについては本書では述べません．参考書 [7] を参照してください．

11 章の問題

1 正規母集団からランダムサンプルにより n 個のデータ $x_1, \cdots, x_n$ が得られたとします．このデータを用いて，母平均 μ と母分散 σ^2 を次のような考え方で推定する方法を**最尤推定法**と呼び，この方法で定められた推定値を**最尤推定値**と呼びます．x_i における密度関数の値 $n_{\mu,\sigma^2}(x_i)$ は，その値が出現するもっともらしさの度合いを表します（確率ではないことに注意してください）．したがって，ランダムサンプルでデータが収集されたとすれば，n 個のデータが出現するもっともらしさは，

$$\prod_{i=1}^{n} n_{\mu,\sigma^2}(x_i) = \left(\frac{1}{\sqrt{2\pi\sigma^2}}\right)^n \exp\left\{-\sum_{i=1}^{n} \frac{(x_i-\mu)^2}{2\sigma^2}\right\}$$

となります．これを**尤度関数**と呼びます．データ $x_1, \cdots, x_n$ は，“出現しやすかったから出現した” と考えます．よって，未知母数を，これらのデータの出現のもっともらしさを最大にするように定めます．つまり，尤度関数を最大にするような μ と σ^2 を推定値とします．このような推定値を**最尤推定値**と呼びます．同じことですが，尤度関数の対数を取った**対数尤度関数**を最大にするものを求めます．

$$\begin{aligned} L(x_1, \cdots, x_n, \mu, \sigma^2) &= \log\left(\prod_{i=1}^{n} n_{\mu,\sigma^2}(x_i)\right) \\ &= -\frac{n}{2}\{\log(2\pi) + \log\sigma^2\} - \sum_{i=1}^{n} \frac{(x_i-\mu)^2}{2\sigma^2} \end{aligned}$$

したがって，

$$\frac{\partial}{\partial\mu} L(x_1, \cdots, x_n, \mu, \sigma^2) = 0, \quad \frac{\partial}{\partial\sigma^2} L(x_1, \cdots, x_n, \mu, \sigma^2) = 0$$

を満たすような μ, σ^2 を求めることになります．この偏微分を実行し，母平均と母分散の最尤推定値を求めなさい．

2 母集団の密度関数がパラメータ λ の指数分布であるとします．

$$f(x) = \begin{cases} \lambda e^{-\lambda x} & (x \geq 0) \\ 0 & (x < 0) \end{cases}$$

この母集団からランダムサンプルによって n 個のデータ $x_1, \cdots, x_n$ が取り出されたとし，問題 1 の考え方に従って，λ の最尤推定値を定めなさい．

3 11.5 節のサンプル分散について $\boldsymbol{E}\left[\frac{1}{n-1}\sum_{i=1}^{n}\left(X_i - \overline{X}\right)^2\right] = \sigma^2$ となること

を期待値の線形性を用いて証明しなさい.

4 母分散が未知であるときの母平均 μ の両側検定における採択域と棄却域を有意水準 0.05 と 0.01 の両方の場合について図示しなさい.

5 母平均 μ についての片側検定の方式を，母分散が既知と未知のそれぞれの場合において，有意水準 0.05 と 0.01 の両方に対して述べなさい.

6 2章のデータで最初の 20 個を用いて

$$\begin{cases} H_0: & \mu = 12 \\ H_1: & \mu > 12 \end{cases}$$

の仮説検定を行いなさい．母分散は既知で $\sigma^2 = 5^2$ とします.

7 2章のデータで最初の 20 個を用いて

$$\begin{cases} H_0: & \mu = 12 \\ H_1: & \mu > 12 \end{cases}$$

の仮説検定を行ないなさい．母分散は未知であるとします.

8 母分散の検定について，有意水準 0.01 での両側検定，有意水準 0.05 と 0.01 での片側検定の方式について述べなさい.

9 有意水準 0.01 での等分散の検定方式を述べなさい.

10 例題 11.10 のデータに対して，等分散性の検定を実際に行いなさい.

11 (1) ある工場で製造されている合成物質に含まれる特定の化学物質の含有量を調べるために 12 月に 11 個のサンプルを取り出し，含有量のサンプル平均が 11 mg，サンプル分散が 0.5 $(\mathrm{mg})^2$ と得られました．含有量が 10 mg であるとしてよいかどうかを検定しなさい.

(2) 同じ工場から 1 月に 10 個のサンプルを取り出し，含有量のサンプル平均が 10.5 mg，サンプル分散が 0.3 $(\mathrm{mg})^2$ と得られました．12 月と 1 月で含有量に差があるかどうかの検定を行いなさい.

12 80 分録音できるとされているミニディスクを 10 枚購入し，実際に録音できる時間を測定したところ，次のようなデータが得られました.

81.2, 80.1, 83.4, 80.5, 81.7, 82.3, 82.3, 81.1, 80.3, 79.8

(1) 80 分より長く録音できるとしてよいかどうかを検定しなさい.

(2)　録音時間の区間推定を行い，信頼度 0.95 の信頼区間を求めなさい．

13　ガラスコップを製造している工程があります．この工程が保全のため一時停止させられ，点検・保守が行われました．この保全作業の前後で工程に変化があったかどうかを検定するために保全作業の前後にデータが取られました．保全前には 10 個のサンプルを取りガラスコップの厚さを測定した結果，サンプル平均が 1.1 mm，サンプル分散が $0.1\,(\mathrm{mm})^2$ でした．保全後には 9 個のサンプルを取り同様の測定を行ったところ，サンプル平均が 1.3 mm，サンプル分散が $0.2\,(\mathrm{mm})^2$ でした．工程に変化があったといえるでしょうか．

14　(1)　問題 13 で，保全前の工程について，次の両側検定を行いなさい．

$$\begin{cases} H_0: & \mu = 1.0 \\ H_1: & \mu \neq 1.0 \end{cases}$$

(2)　問題 13 で，保全後の工程について，次の両側検定を行いなさい．

$$\begin{cases} H_0: & \mu = 1.0 \\ H_1: & \mu \neq 1.0 \end{cases}$$

12 相関と回帰

11 章ではボールが持つ 1 つの特性量に注目し，その特性量が母集団においてなす傾向をサンプルデータから推測する方法について述べました．

一般にボールがただ 1 つの特性量のみを持つということはなく，多数の特性量を持つことが常態であるといえます．例えば，身長と体重，質量と体積，温度と圧力，強度と直径，ガラスコップにおける重量と肉厚，化合物における 2 種類の成分の量など枚挙にいとまがないでしょう．このような場合，これまでに述べてきた手法によってそれぞれの特性量を単独に解析するだけでは不十分であり，母集団の全体像を浮かび上がらせるためには複数個の特性量を総体として，特に相互の関係を解析するための手法が必要となります．このような解析を多変量解析と呼びますが，本章ではボールが持つ 2 つの特性量間の相関と回帰について入門的な部分を紹介します．

キーワード

相関，回帰，2 変量正規分布，母相関係数
サンプル相関係数，条件付き密度関数
条件付き平均値，散布図
母相関係数の推定・検定・区間推定，直線回帰
回帰直線，回帰係数，最小 2 乗法，Z 変換
回帰係数の推定・検定・区間推定

12.1 相関と回帰

ボールが2つの特性量によって特徴づけられる場合，それぞれの特性量が母集団において示す統計的傾向（母平均，母分散など）だけでなく，これらの2つの特性量がどのような依存関係にあるかが大きな問題になります．

この依存性については，その問題意識から次の2つの側面があります．

(1) 2つの量の間の依存の程度はどれほどか．

(2) 1つの特性量から他の特性量がどのような形と精度で決定できるか．

(1) は，**相関**の問題になります．身長が高いほど体重が重くなる傾向が強ければ，身長を知ることによって体重の日安がつきやすくなります．逆もまた同様です．依存の程度が強いほど，2つの量が相互に代替できることになります．

(2) は**回帰**の問題になります．相互に依存関係があるとされてもそれらの間の関係が定められる必要があります．例えば，身長と体重の間に

$$\text{体重} = \alpha + \beta \times \text{身長}$$

の直線的な関係があるとされても，α と β の値を定める必要があります．このような関係を**直線回帰**（または**線形回帰**）と呼びます．本章ではこの一部について述べます．

直線回帰は，例えば2つの量の間の直線的な関係式を実験データから定めようとする際によく用いられます．この関係式によって，1つの量から他の量を定めることが可能になります．

もちろん一般的には2つの量が直線的な関係にあるとは限らず，もっと複雑な関係にある可能性があります．このような場合でも，考える領域を限定することによって，部分的に直線的であるとしてよい場合が多くあります．また，直線的でない場合を直接取り扱う手法も多く提案されています．回帰分析については参考文献 [9] を参照してください．

ボールが持つ1つの特性量に注目する際には1変量の分布を考え，これが母集団においてその特性量がなす割合の様子を規定するとしました．2種類の特性量に注目する際には，2変量の分布を考えます．本章では，**2変量正規分布**に従う母集団に対する統計的な推測方法について述べることとし，ボールが持つ2つの特性量を C_x, C_y と記すことにします．

12.2　2 変量正規分布

2 変量正規分布の密度関数は次のように与えられました.

$$f(x,y)=\frac{1}{2\pi\sigma_x\sigma_y\sqrt{1-\rho^2}}\exp\left\{-\frac{1}{2(1-\rho^2)}\left[\left(\frac{x-\mu_x}{\sigma_x}\right)^2 -\frac{2\rho(x-\mu_x)(y-\mu_y)}{\sigma_x\sigma_y}+\left(\frac{y-\mu_y}{\sigma_y}\right)^2\right]\right\}$$

$$(-\infty<\mu_x<\infty,\ -\infty<\mu_y<\infty,\ \sigma_x>0,\ \sigma_y>0,\ -1<\rho<1)$$

例 12.1　いくつかの ρ の値に対する $f(x,y)$ のグラフが次ページの図 12.1, 12.2, 12.3 に, 等高線とともに描かれています. $\mu_x=0, \mu_y=0$ とされています. ρ の値によってグラフの形状が変化し, ρ が 1 に近ければ特性量 C_x の値が大きいほど C_y の値も大きくなる傾向があることがわかります. 逆に, ρ が -1 に近ければ逆の傾向があることがわかります. $\rho=0$ のときは特に関係は見られず, これらの特性量は互いに独立であることがわかります. つまり, ρ は母集団において 2 つの特性量が持つ依存の程度を表すものであることがわかります. □

ρ は, 8 章 **例 8.2** で ρ を求めた際の計算と全く同様にして, $f(x,y)$ から次のように定まります.

$$\rho=\frac{\displaystyle\int_{-\infty}^{\infty}\int_{-\infty}^{\infty}(x-\mu_x)(y-\mu_y)f(x,y)dxdy}{\sigma_x\sigma_y}$$

ρ を**母相関係数**と呼びます.

特性量 C_x と C_y それぞれの割合の様子は $f(x,y)$ の周辺密度関数で与えられます. それぞれの周辺密度関数は次のような正規分布 $N(\mu_x,{\sigma_x}^2)$ と $N(\mu_y,{\sigma_y}^2)$ になることが 2 章 **例 2.8** で示されています.

$$n_{\mu_x,{\sigma_x}^2}(x)=\int_{-\infty}^{\infty}f(x,y)dy=\frac{1}{\sqrt{2\pi{\sigma_x}^2}}\exp\left\{-\frac{(x-\mu_x)^2}{2{\sigma_x}^2}\right\}$$

$$n_{\mu_y,{\sigma_y}^2}(y)=\int_{-\infty}^{\infty}f(x,y)dx=\frac{1}{\sqrt{2\pi{\sigma_y}^2}}\exp\left\{-\frac{(y-\mu_y)^2}{2{\sigma_y}^2}\right\}$$

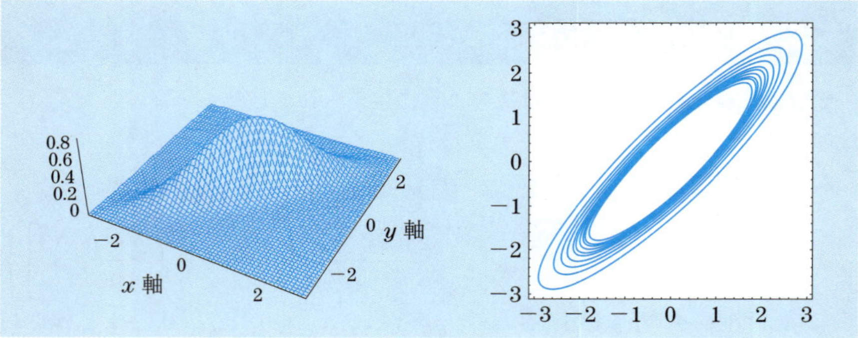

図 12.1　$\rho = 0.9,\ \mu_x = 0,\ \mu_y = 0$

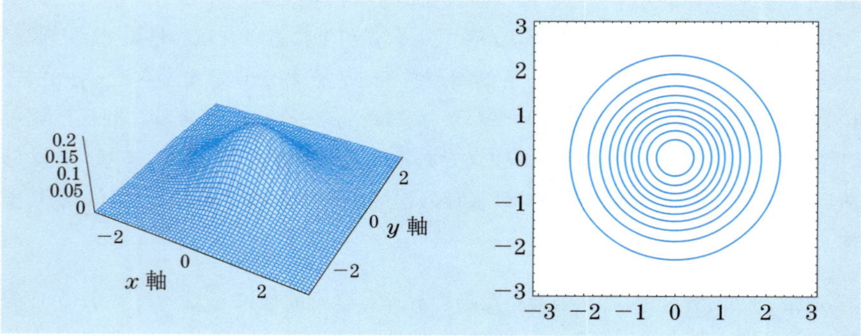

図 12.2　$\rho = 0,\ \mu_x = 0,\ \mu_y = 0$

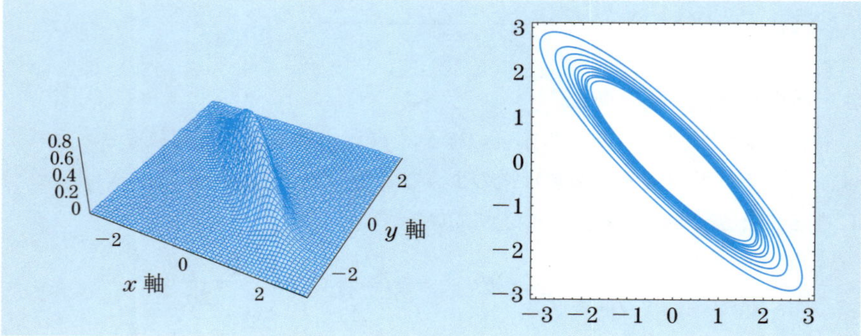

図 12.3　$\rho = -0.9,\ \mu_x = 0,\ \mu_y = 0$

μ_x と ${\sigma_x}^2$ は特性量 C_x の母集団における平均と分散を意味し，μ_y と ${\sigma_y}^2$ は特性量 C_y の平均と分散を意味します．これらの母数に対する推測には，11 章で述べられている正規母集団に対する推測方法が用いられます．

母集団の分布が 2 変量正規分布 $f(x,y)$ であるときの統計的な推測の対象は，5 つのパラメータ $\mu_x, {\sigma_x}^2, \mu_y, {\sigma_y}^2, \rho$ ですが，特に新しく問題になるのは ρ に対する推測であり，このことは **例 12.1** で述べられていることからわかるように，2 つの特性量 C_x と C_y との依存関係に関する推測の意味を持ちます．

8 章の **例 8.2 の続き (1)** に書かれていることを参照すれば，

$$f(y\,|\,x) = \frac{f(x,y)}{n_{\mu_x,{\sigma_x}^2}(x)}$$

$$= \frac{1}{\sqrt{2\pi(1-\rho^2){\sigma_y}^2}} \exp\left\{-\frac{1}{2(1-\rho^2){\sigma_y}^2}\left(y-\mu_y-\frac{\rho\sigma_y(x-\mu_x)}{\sigma_x}\right)^2\right\}$$

$$\int_{-\infty}^{\infty} y\cdot f(y\,|\,x)dy = \mu_y + \rho\frac{\sigma_y}{\sigma_x}(x-\mu_x)$$

$f(y\,|\,x)$ は 1 変数の密度関数になりますが，母集団の中で特性量 C_x の値が x であるときの特性量 C_y が従う**条件付きの密度関数**を表し，正規分布であることがわかります．また，$\displaystyle\int_{-\infty}^{\infty} yf(y\,|\,x)dy$ は特性量 C_x の値が x であるときの特性量 C_y の**条件付き平均値**を表し，x について直線的であることがわかります．特性量 C_x の値が正確に設定される際に C_y がどのように分布するかについての完全な情報が，条件付き密度関数 $f(y\,|\,x)$ に含まれます．

12.3 相　関

割合の様子が 2 変量正規分布 $f(x,y)$ で与えられる母集団からランダムサンプリングによって 1 個のボールを取り出し，2 つの特性量 C_x, C_y のそれぞれを測定することを X, Y で表すとします．11 章のサンプリングのところで述べたことと同様に考えて

$$\boldsymbol{P}\{X \leq x,\ Y \leq y\} = \int_{-\infty}^{x} \left\{ \int_{-\infty}^{y} f(u,v)dv \right\} du$$

であり，X, Y は同時分布が $f(x,y)$ の確率変数であると考えることができます．組にして (X, Y) と書くことにします．

(X, Y) によって我々は 1 組の実数値の組 (x, y) を手にすることができ，これが特性量 C_x, C_y に対する 1 組のデータになります．ランダムサンプルによって n 組のデータを取ることは

$$(X_1, Y_1),\ \cdots,\ (X_n, Y_n)$$

の同一の 2 変量正規分布 $f(x,y)$ に従う確率変数の互いに独立な組を n 組考えることになります．これらによって得られる n 組のデータ

$$(x_1, y_1),\ \cdots,\ (x_n, y_n)$$

から母数 μ_x, ${\sigma_x}^2$, μ_y, ${\sigma_y}^2$, ρ の推測を行いますが，特に ρ に対する推測に焦点が当てられます．

12.3.1　散布図

n 組のデータ $(x_1, y_1), \cdots, (x_n, y_n)$ を 2 次元平面上にプロットしたものを**散布図**と呼びます．データが適切にランダムサンプルにより取り出されていれば，この散布図は母集団上の分布を反映したものになり，母集団のおおよその傾向が見て取れます．もちろん 2 つの量の間の依存関係についても推察できます．

例 12.2　散布図が図 12.4 のように得られた場合，2 つの特性量の間には特に依存関係があるとは思えません．図 12.5 および 12.6 の場合は，強い直線的な関係があると想像できます．図 12.7 では直線的ではなく放物線的な関係があるように想像できますので，直線回帰の手法で取り扱うことはできません．□

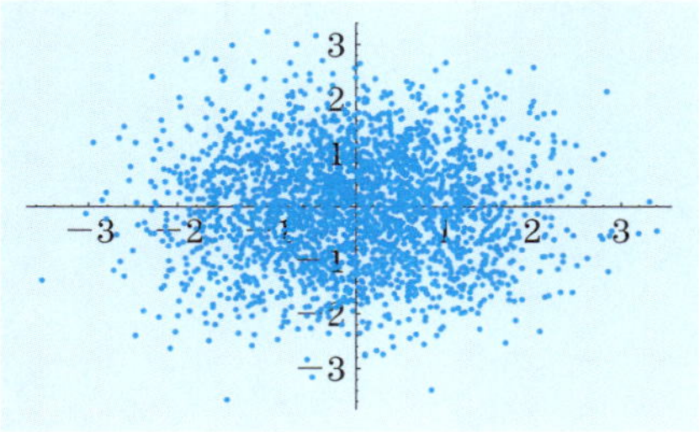

図 12.4

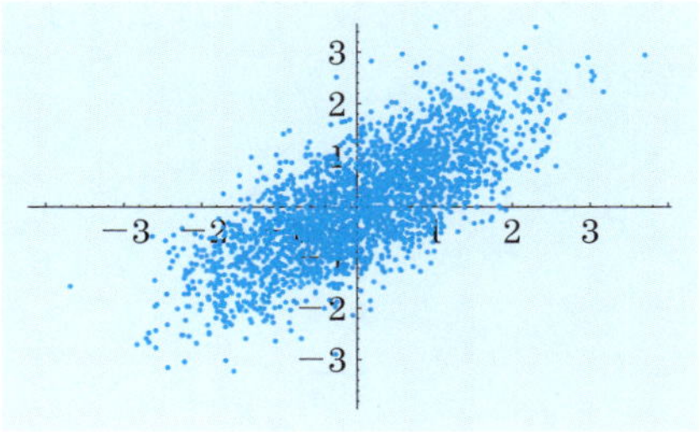

図 12.5

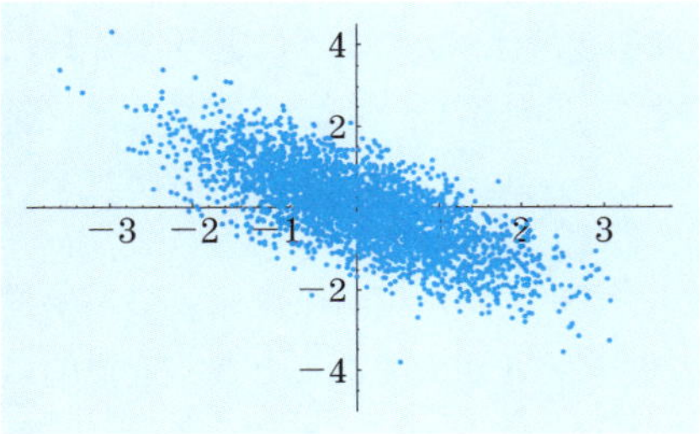

図 12.6

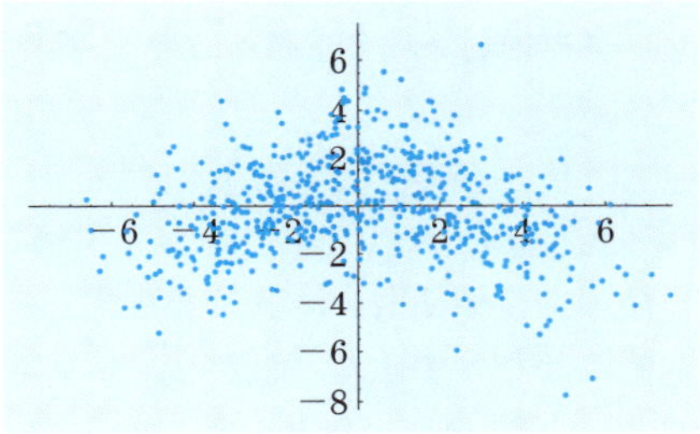

図 12.7

12.3.2　ρ の点推定

$$s_{xx}=\sum_{i=1}^{n}(x_i-\overline{x})^2,\quad \overline{x}=\frac{1}{n}\sum_{i=1}^{n}x_i$$

$$s_{yy}=\sum_{i=1}^{n}(y_i-\overline{y})^2,\quad \overline{y}=\frac{1}{n}\sum_{i=1}^{n}y_i$$

$$s_{xy}=\sum_{i=1}^{n}(x_i-\overline{x})(y_i-\overline{y})$$

とおきます．ρ の点推定値としては通常，次の**サンプル相関係数**が用いられます．

ρ の点推定値（サンプル相関係数）

$$r=\frac{s_{xy}}{\sqrt{s_{xx}s_{yy}}}$$

サンプル相関係数を構成する分母分子の各要素に応じて，次のように確率変数を構成します．

$$S(X,X)=\sum_{i=1}^{n}(X_i-\overline{X})^2$$
$$S(Y,Y)=\sum_{i=1}^{n}(Y_i-\overline{Y})^2$$
$$S(X,Y)=\sum_{i=1}^{n}(X_i-\overline{X})(Y_i-\overline{Y})$$

サンプル相関係数を求めることを意味する確率変数は，次のように定められます．

$$R=\frac{S(X,Y)}{\sqrt{S(X,X)S(Y,Y)}}$$

R の期待値 $\boldsymbol{E}[R]$ は ρ にならず，したがってサンプル相関係数は ρ の不偏推定値にはなりません．しかし，サンプルの大きさ n が大であるとき，近似的に $\boldsymbol{E}[R]\approx\rho$ となり，また $\lim_{n\to\infty}\boldsymbol{Var}[R]=0$ となることが示されています．したがって大きな n に対して，サンプル相関係数 r は母相関係数 ρ の近似的な不偏推定値であり，よい推定値であるといえます．

12.3.3 ρ に関する検定と区間推定

以下に述べられる仮説検定と区間推定の構成で必要になる R に関する分布をあげておきます．

(i) 次のことは無相関の検定に用いられます．

$$\rho=0\ \text{であるとき,}\ R\sqrt{\frac{n-2}{1-R^2}}\ \sim\ t(n-2) \tag{12.1}$$

つまり自由度 $n-2$ の t 分布に従います．

(ii) ρ が必ずしも 0 でない場合，R の分布は容易に定まりません．通常は次のような $\boldsymbol{Z}$ **変換**によって正規分布で近似します．

$$\eta = \frac{1}{2}\log\frac{1+\rho}{1-\rho} = \tanh^{-1}\rho$$

$$Z = \frac{1}{2}\log\frac{1+R}{1-R} = \tanh^{-1}R$$

とすると，n が大であれば近似的に $Z \sim N\left(\eta,\ \dfrac{1}{n-3}\right)$ となり，したがって，10.1 節の (2) より次のようになります．

$$\frac{Z-\eta}{\sqrt{\dfrac{1}{n-3}}} \sim N(0,1^2) \qquad (12.2)$$

(1)　無相関の検定

無相関の検定は，2 つの特性量 C_x と C_y との間に依存関係があるかどうかを調べるものであり，次の両側検定を意味します．

$$\begin{cases} H_0: & \rho = 0 \\ H_1: & \rho \neq 0 \end{cases}$$

有意水準 0.05 でのこの両側検定は，$\rho = 0$ であるときの (12.1) を用いて，次のようになります．サンプル相関係数 r について

$$-t(n-2, 0.05) \ \le\ r\sqrt{\frac{n-2}{1-r^2}} \ \le\ t(n-2, 0.05)$$

が成立するときは帰無仮説 H_0 を採用し，成立しないときは対立仮説 H_1 を採用します．この不等号関係と同等の関係を用いることで，無相関の検定は次のようにまとめられます．

無相関 ($\rho = 0$) の検定（有意水準：0.05）

$$-\frac{t(n-2, 0.05)}{\sqrt{t^2(n-2, 0.05) + (n-2)}} \ \le\ r \ \le\ \frac{t(n-2, 0.05)}{\sqrt{t^2(n-2, 0.05) + (n-2)}}$$

が $\begin{cases} \text{成立するとき　：帰無仮説 } H_0 \text{ を採択} \\ \text{成立しないとき：対立仮説 } H_1 \text{ を採択} \end{cases}$

(2)　ρ に関する検定

サンプル相関係数 r を用いた次の検定について紹介します.

$$\begin{cases} H_0: & \rho = \rho_0 \\ H_1: & \rho \neq \rho_0 \end{cases}$$

工程の変更, 新しい機械の導入, 新しい製造方法の導入などにより, 従来 ρ_0 であるとされてきた母相関係数に変化が生じたかどうかを調べる際に, このような検定が行われます.

サンプル相関係数 r を $z = \tanh^{-1} r$ と変換し, $\eta_0 = \tanh^{-1} \rho_0$ とおくと, (12.2) より, 有意水準 0.05 での仮説検定方法は次のように与えられます.

ρ に関する仮説検定（有意水準：0.05）

$$-1.96 \leq \frac{z - \eta_0}{\sqrt{\dfrac{1}{n-3}}} \leq 1.96$$

が $\begin{cases} \text{成立するとき　：帰無仮説 } H_0 \text{ を採択} \\ \text{成立しないとき：対立仮説 } H_1 \text{ を採択} \end{cases}$

(3)　ρ の区間推定

ρ の信頼度 0.05 の信頼区間は次のようにして定まります. $z = \tanh^{-1} r$ として, (12.2) より $\eta = \tanh^{-1} \rho$ の信頼区間は,

$$\left[z - 1.96\sqrt{\frac{1}{n-3}},\ z + 1.96\sqrt{\frac{1}{n-3}} \right]$$

となります. したがって, ρ_1 と ρ_2 を

$$\tanh^{-1} \rho_1 = z - 1.96\sqrt{\frac{1}{n-3}}, \quad \tanh^{-1} \rho_2 = z + 1.96\sqrt{\frac{1}{n-3}}$$

となるものとすれば, ρ に対する信頼区間は次のように得られます.

ρ の区間推定（信頼度：0.95）

$[\ \rho_1,\ \rho_2\ ]$

12.4 回　　帰

特性量 C_x と C_y との相関が強いことがわかったとしても，相互の量的な関係が明確にならなければ，一方の量から他方の量を予測するといったことができません．

特性量 C_x と C_y の 2 つの値を組にしたとき，この組全体が示す割合の様子は 2 変量正規分布 $f(x,y)$ で規定されるとします．12.2 節ですでに述べたように，特性量 C_x の値が x であるとしたとき，特性量 C_y の値は一意に定まらず，条件付き密度関数 $f(y\,|\,x)$ に従って分布します．そのときの C_y の平均，つまり条件付き平均を $\boldsymbol{E}[C_y\,|\,x]$ と書くと，

$$\boldsymbol{E}[C_y\,|\,x] = \mu_y + \rho\frac{\sigma_y}{\sigma_x}(x-\mu_x) \tag{12.3}$$

で与えられ，x に対して直線の関係にあります．**直線回帰の問題**では，いくつかの設定された C_x の値のもとで特性量 C_y の値を測定し，得られたデータから (12.3) の関係自体を推測することが問題になります．

12.4.1　回帰のモデル

特性量 C_x の設定値 x において，C_y を測定することを Y_x とします．すでに述べたように，Y_x は分布 $f(y\,|\,x)$ に従う確率変数で，$f(y\,|\,x)$ は，

平均が　$\mu_x + \rho\,\dfrac{\sigma_y}{\sigma_x}\,(x-\mu_x) = \mu_x\left(1-\rho\dfrac{\sigma_y}{\sigma_x}\right) + \rho\,\dfrac{\sigma_y}{\sigma_x}\,x$

分散が　$\left(1-\rho^2\right)\sigma_y^2$

の正規分布でした．ここで改めて

$$\alpha = \mu_x\left(1-\rho\frac{\sigma_y}{\sigma_x}\right),\quad \beta = \rho\,\frac{\sigma_y}{\sigma_x},\quad \sigma^2 = \left(1-\rho^2\right){\sigma_y}^2$$

と書き換えると，$Y_x \sim N(\alpha+\beta x, \sigma^2)$ となります．

E を正規分布 $N(0,\sigma^2)$ に従う確率変数であるとすると，

$$\alpha + \beta x + E \sim N(\alpha+\beta x, \sigma^2)$$

となります．したがって確率変数 Y_x は

$$Y_x = \alpha + \beta x + E$$

のように構成されると考えることができます（正確には分布が等しいという意味での等号です）．つまり，x のもとで C_y を測定すると，正規分布 $N(0, \sigma^2)$ に従う確率変数の実現値を $\alpha + \beta x$ に加えたものが測定値として得られることになります．測定値は，中心線である直線 $\boldsymbol{E}[C_y \,|\, x] = \alpha + \beta x$ からズレたものになりますが，このズレの量が正規分布 $N(0, \sigma^2)$ に従います．この直線を**回帰直線**，α, β を**回帰係数**と呼びます．

特性量 C_x に対して n 個の値 $x_1, \cdots, x_n$ が設定され，それぞれのもとでの C_y の測定値を $y_1, \cdots, y_n$，ズレを $\varepsilon_1, \cdots, \varepsilon_n$ とすれば，上で述べたことから，測定値自体が次のような構造を持つことになります．

$$y_i = \alpha + \beta x_i + \varepsilon_i \quad (i = 1, \cdots, n) \tag{12.4}$$

また，x_i のもとでの測定を Y_i，ズレの量を E_i とすれば，

$$Y_i = \alpha + \beta x_i + E_i \quad (i = 1, \cdots, n) \tag{12.5}$$

となります．ここで，確率変数 $E_1, \cdots, E_n$ は互いに独立で同一の正規分布 $N(0, \sigma^2)$ に従うとします．ε_i は E_i の実現値を意味します $(i = 1, \cdots, n)$．

回帰における推測の問題は，設定されたそれぞれの x_i のもとでの測定値 y_i が得られたとき，(12.5) 式の構造を前提としながら，これらのデータを用いて α, β, σ^2 を推測する問題です．これについてまず点推定から順次紹介していくことにします．

12.4.2　最小2乗法

我々が手にしている x_i と y_i $(i = 1, \cdots, n)$ から α と β の値を推定することを考えます．α と β を定めることは，(x_i, y_i) $(i = 1, \cdots, n)$ がプロットされた平面上に1本の直線を引くことを意味します．したがって，いかにしてこの直線を引くかが問題になります．

直線の方程式を $y = a + bx$ としたとき，プロットされた点全体からのズレを

$$Q(a, b) = \sum_{i=1}^{n} \{y_i - (a + bx_i)\}^2$$

で定義し，これを最小にする a, b をそれぞれ α, β の推定値とします．したがって，

$$\frac{\partial Q(a, b)}{\partial a} = \sum_{i=1}^{n} 2(y_i - a - bx_i)(-1) = 0$$

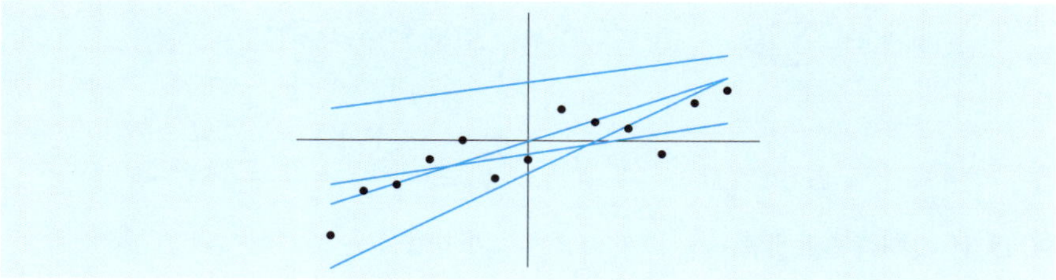

図 12.8　よりよい直線はどれだろう

$$\frac{\partial Q(a,b)}{\partial b} = \sum_{i=1}^{n} 2(y_i - a - bx_i)(-x_i) = 0$$

を a, b に関して解くことで推定値が得られます．これらは不偏推定値になります．さらに，σ^2 の推定値は，E_i の期待値が 0 であることから，

$$\sum_{i}^{n} \varepsilon_i^2 = \sum_{i=1}^{n} \{(y_i - (a + bx_i)\}^2$$

を $n-2$ で割ることで不変推定値が得られます．

$$s_{xx} = \sum_{i=1}^{n}(x_i - \overline{x})^2,\ s_{yy} = \sum_{i=1}^{n}(y_i - \overline{y})^2,\ s_{xy} = \sum_{i=1}^{n}(y_i - \overline{y})(x_i - \overline{x})$$

として，以上をまとめておきます．

α, β, σ^2 の不偏推定値

α の点推定値　$a = \overline{y} - b\overline{x}$

β の点推定値　$b = \dfrac{s_{xy}}{s_{xx}}$

σ^2 の点推定値　$v = \dfrac{s_{yy} - \dfrac{s_{xy}^2}{s_{xx}}}{n-2}$

上記の推定値が不変推定値であることは，以下のような確率変数を考えることで示されます．まず，回帰の問題では，x_i は測定を行う者によってコントロールされる値であり，確率変数の実現値であるとは考えないことに注意します．確率変数 $S(x,Y), S(Y,Y), A, B, V$ を (12.5) にある Y_i と E_i を用いて次のように定義します．

$$S(x,Y)=\sum_{i=1}^{n}(x_i-\overline{x})(Y_i-\overline{Y}),\quad S(Y,Y)=\sum_{i=1}^{n}(Y_i-\overline{Y})^2$$

$$A=\overline{Y}-B\,\overline{x},\quad B=\frac{S(x,Y)}{s_{xx}},\quad V=\frac{S(Y,Y)-\dfrac{S(x,Y)^2}{s_{xx}}}{n-2}$$

A, B, V の期待値と分散は，以下のようになります．

$$\boldsymbol{E}[A]=\alpha,\quad \boldsymbol{Var}[A]=\left(\frac{1}{n}+\frac{\overline{x}^2}{s_{xx}}\right)\sigma^2$$

$$\boldsymbol{E}[B]=\beta,\quad \boldsymbol{Var}[B]=\frac{\sigma^2}{s_{xx}}$$

$$\boldsymbol{E}[V]=\sigma^2,\quad \boldsymbol{Var}[V]=\frac{2\sigma^4}{n-2}$$

回帰の問題において重要なことは回帰があるかどうかを知ることであり，それは直線の傾きである β が 0 であるかどうかの問題になります．そのため，β の推定が精度よく行われる必要があります．その精度は $\boldsymbol{Var}[B]$ で示され，s_{xx} によって規定されていることがわかります．つまり，特性量 C_x の値の設定が重要であり，s_{xx} がある程度大きくなるように取る必要があります．s_{xx} は設定値全体の拡がり具合を意味します．したがって，n 個の $x_1,\cdots,x_n$ をなるべく拡げておくことが大切になります．

後述する検定と区間推定のために，A, B, V に関する分布をあげておきます．

$$A=\overline{Y}-B\,\overline{x}\ \sim\ N\left(\alpha,\ \left(\frac{1}{n}+\frac{\overline{x}^2}{s_{xx}}\right)\sigma^2\right)$$

$$B=\frac{S(x,Y)}{s_{xx}}\ \sim\ N\left(\beta,\ \frac{\sigma^2}{s_{xx}}\right)$$

$$\frac{(n-2)V}{\sigma^2}\ \sim\ \chi^2(n-2)$$

したがって

$$\frac{B-\beta}{\sqrt{\dfrac{V}{s_{xx}}}}\ \sim\ t(n-2),\quad \frac{A-\alpha}{\sqrt{\left(\dfrac{1}{n}+\dfrac{\overline{x}^2}{s_{xx}}\right)V}}\ \sim\ t(n-2) \qquad (12.6)$$

12.4.3　回帰係数の検定と区間推定

(12.6) 式より，β および α に関する仮説検定と区間推定は容易に構成できます．

(1) 回帰係数の検定

回帰があるかどうかの検定は，$\beta = 0$ を検定することになりますが，一般的には次の両側検定の問題になります．

$$\begin{cases} H_0: & \beta = \beta_0 \\ H_1: & \beta \neq \beta_0 \end{cases}$$

検定方法は (12.6) 式より，次のように定まります．

β の両側検定（有意水準：0.05）

$$-t(n-2, 0.05) \ \leq \ \frac{b - \beta_0}{\sqrt{\dfrac{v}{s_{xx}}}} \ \leq \ t(n-2, 0.05)$$

が $\begin{cases} \text{成立するとき：　帰無仮説 } H_0 \text{ を採用} \\ \text{成立しないとき：対立仮説 } H_1 \text{ を採用} \end{cases}$

α に関する次の両側検定は，同様に (12.6) 式より定まります．

$$\begin{cases} H_0: & \alpha = \alpha_0 \\ H_1: & \alpha \neq \alpha_0 \end{cases}$$

α の両側検定（有意水準：0.05）

$$-t(n-2, 0.05) \ \leq \ \frac{a - \alpha_0}{\sqrt{\left(\dfrac{1}{n} + \dfrac{\overline{x}^2}{s_{xx}}\right) v}} \leq t(n-2, 0.05)$$

が $\begin{cases} \text{成立するとき：　帰無仮説 } H_0 \text{ を採用} \\ \text{成立しないとき：対立仮説 } H_1 \text{ を採用} \end{cases}$

(2) 回帰係数の区間推定

β に関する区間推定は (12.6) 式より次のように与えられます．

β の信頼区間（信頼度：0.95）

$$\left[\, b - t(n-2, 0.05)\sqrt{\frac{v}{s_{xx}}},\ b + t(n-2, 0.05)\sqrt{\frac{v}{s_{xx}}}\, \right]$$

12 章の問題

1　2 つの特性量の間に相関があるかどうかを調べるために，以下のように 20 組のデータを得ました．

$(3.58, -2.22)$，$(5.68, -7.09)$，$(0.92, -1.29)$，$(3.72, -1.50)$，$(-3.31, 4.40)$，
$(-0.61, -0.86)$，$(0.68, 1.64)$，$(0.01, 0.17)$，$(2.46, 2.33)$，$(1.53, -1.86)$，
$(2.38, -5.96)$，$(0.63, 2.42)$，$(3.69, -0.15)$，$(-2.81, 2.49)$，$(0.08, 1.78)$，
$(5.09, -3.90)$，$(2.35, 1.86)$，$(4.98, -0.88)$，$(4.22, -1.18)$，$(-0.41, 4.88)$

(1)　相関があるかどうかの検定を行ってください．
(2)　母相関係数の区間推定を行ってください．
(3)　$\rho = -0.5$ であるかどうかの検定を行ってください．

2　2 つの特性量の間の回帰を調べるために，以下のように 21 組のデータを得ました．データ (x, y) の x は設定された値を，y は測定された値を表します．

$(2.0, 4.66)$，$(2.2, 5.52)$，$(2.4, 5.62)$，$(2.6, 6.21)$，$(2.8, 4.98)$，$(3.0, 5.10)$，
$(3.2, 6.66)$，$(3.4, 8.08)$，$(3.6, 9.52)$，$(3.8, 9.87)$，$(4.0, 10.64)$，$(4.2, 8.50)$，
$(4.4, 8.47)$，$(4.6, 9.03)$，$(4.8, 8.62)$，$(5.0, 9.81)$，$(5.2, 11.48)$，$(5.4, 11.50)$，
$(5.6, 11.34)$，$(5.8, 11.51)$，$(6.0, 12.10)$

(1)　回帰があるかどうかの検定を行ってください．
(2)　β の区間推定を行ってください．
(3)　$\beta = 2$ の検定を行ってください．
(4)　回帰直線を定めてください．

付　　　表

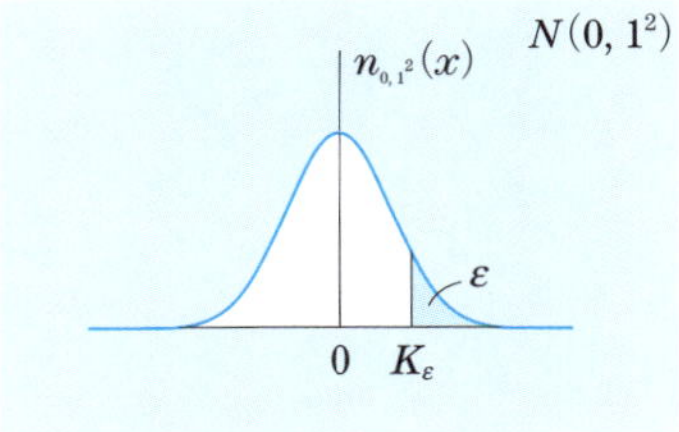

付表 1　正規分布表（1）　K_ε から ε を求める

K_ε	0.00	0.01	0.02	0.03	0.04	0.05	0.06	0.07	0.08	0.09
0.0	.5000	.4960	.4920	.4880	.4840	.4801	.4761	.4721	.4681	.4641
0.1	.4602	.4562	.4522	.4483	.4443	.4404	.4364	.4325	.4286	.4247
0.2	.4207	.4168	.4129	.4090	.4052	.4013	.3974	.3936	.3897	.3859
0.3	.3821	.3783	.3745	.3707	.3669	.3632	.3594	.3557	.3520	.3483
0.4	.3446	.3409	.3372	.3336	.3300	.3264	.3228	.3192	.3156	.3121
0.5	.3085	.3050	.3015	.2981	.2946	.2912	.2877	.2843	.2810	.2776
0.6	.2743	.2709	.2676	.2643	.2611	.2578	.2546	.2514	.2483	.2451
0.7	.2420	.2389	.2358	.2327	.2296	.2266	.2236	.2206	.2177	.2148
0.8	.2119	.2090	.2061	.2033	.2005	.1977	.1949	.1922	.1894	.1867
0.9	.1841	.1814	.1788	.1762	.1736	.1711	.1685	.1660	.1635	.1611
1.0	.1587	.1562	.1539	.1515	.1492	.1469	.1446	.1423	.1401	.1379
1.1	.1357	.1335	.1314	.1292	.1271	.1251	.1230	.1210	.1190	.1170
1.2	.1151	.1131	.1112	.1093	.1075	.1056	.1038	.1020	.1003	.0985
1.3	.0968	.0951	.0934	.0918	.0901	.0885	.0869	.0853	.0838	.0823
1.4	.0808	.0793	.0778	.0764	.0749	.0735	.0721	.0708	.0694	.0681
1.5	.0668	.0655	.0643	.0630	.0618	.0606	.0594	.0582	.0571	.0559
1.6	.0548	.0537	.0526	.0516	.0505	.0495	.0485	.0475	.0465	.0455
1.7	.0446	.0436	.0427	.0418	.0409	.0401	.0392	.0384	.0375	.0367
1.8	.0359	.0351	.0344	.0336	.0329	.0322	.0314	.0307	.0301	.0294
1.9	.0287	.0281	.0274	.0268	.0262	.0256	.0250	.0244	.0239	.0233
2.0	.0228	.0222	.0217	.0212	.0207	.0202	.0197	.0192	.0188	.0183
2.1	.0179	.0174	.0170	.0166	.0162	.0158	.0154	.0150	.0146	.0143
2.2	.0139	.0136	.0132	.0129	.0125	.0122	.0119	.0116	.0113	.0110
2.3	.0107	.0104	.0102	.0099	.0096	.0094	.0091	.0089	.0087	.0084
2.4	.0082	.0080	.0078	.0075	.0073	.0071	.0069	.0068	.0066	.0064
2.5	.0062	.0060	.0059	.0057	.0055	.0054	.0052	.0051	.0049	.0048
2.6	.0047	.0045	.0044	.0043	.0041	.0040	.0039	.0038	.0037	.0036
2.7	.0035	.0034	.0033	.0032	.0031	.0030	.0029	.0028	.0027	.0026
2.8	.0026	.0025	.0024	.0023	.0023	.0022	.0021	.0021	.0020	.0019
2.9	.0019	.0018	.0018	.0017	.0016	.0016	.0015	.0015	.0014	.0014
3.0	.0013	.0013	.0013	.0012	.0012	.0011	.0011	.0011	.0010	.0010

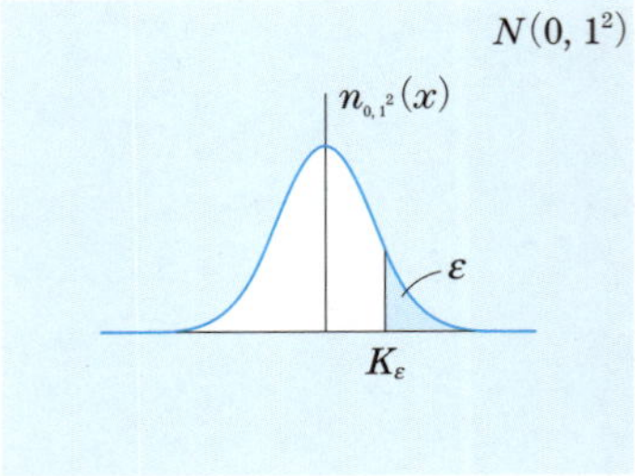

付表 2 正規分布表 (2) ε から K_ε を求める

ε	.000	.001	.002	.003	.004	.005	.006	.007	.008	.009
.00	∞	3.090	2.878	2.748	2.652	2.576	2.512	2.457	2.409	2.366
.01	2.326	2.290	2.257	2.226	2.197	2.170	2.144	2.120	2.097	2.075
.02	2.054	2.034	2.014	1.995	1.977	1.960	1.943	1.927	1.911	1.896
.03	1.881	1.866	1.852	1.838	1.825	1.812	1.799	1.787	1.774	1.762
.04	1.751	1.739	1.728	1.717	1.706	1.695	1.685	1.675	1.665	1.655
.05	1.645	1.635	1.626	1.616	1.607	1.598	1.589	1.580	1.572	1.563
.06	1.555	1.546	1.538	1.530	1.522	1.514	1.506	1.499	1.491	1.483
.07	1.476	1.468	1.461	1.454	1.447	1.440	1.433	1.426	1.419	1.412
.08	1.405	1.398	1.392	1.385	1.379	1.372	1.366	1.359	1.353	1.347
.09	1.341	1.335	1.329	1.323	1.317	1.311	1.305	1.299	1.293	1.287
.10	1.282	1.276	1.270	1.265	1.259	1.254	1.248	1.243	1.237	1.232
.11	1.227	1.221	1.216	1.211	1.206	1.200	1.195	1.190	1.185	1.180
.12	1.175	1.170	1.165	1.160	1.155	1.150	1.146	1.141	1.136	1.131
.13	1.126	1.122	1.117	1.112	1.108	1.103	1.098	1.094	1.089	1.085
.14	1.080	1.076	1.071	1.067	1.063	1.058	1.054	1.049	1.045	1.041
.15	1.036	1.032	1.028	1.024	1.019	1.015	1.011	1.007	1.003	.999
.16	.994	.990	.986	.982	.978	.974	.970	.966	.962	.958
.17	.954	.950	.946	.942	.938	.935	.931	.927	.923	.919
.18	.915	.912	.908	.904	.900	.896	.893	.889	.885	.882
.19	.878	.874	.871	.867	.863	.860	.856	.852	.849	.845
.20	.842	.838	.835	.831	.827	.824	.820	.817	.813	.810
.21	.806	.803	.800	.796	.793	.789	.786	.782	.779	.776
.22	.772	.769	.765	.762	.759	.755	.752	.749	.745	.742
.23	.739	.736	.732	.729	.726	.722	.719	.716	.713	.710
.24	.706	.703	.700	.697	.693	.690	.687	.684	.681	.678
.25	.674	.671	.668	.665	.662	.659	.656	.653	.650	.646
.26	.643	.640	.637	.634	.631	.628	.625	.622	.619	.616
.27	.613	.610	.607	.604	.601	.598	.595	.592	.589	.586
.28	.583	.580	.577	.574	.571	.568	.565	.562	.559	.556
.29	.553	.550	.548	.545	.542	.539	.536	.533	.530	.527
.30	.524	.522	.519	.516	.513	.510	.507	.504	.502	.499
.31	.496	.493	.490	.487	.485	.482	.479	.476	.473	.471
.32	.468	.465	.462	.459	.457	.454	.451	.448	.445	.443
.33	.440	.437	.434	.432	.429	.426	.423	.421	.418	.415
.34	.412	.410	.407	.404	.402	.399	.396	.393	.391	.388
.35	.385	.383	.380	.377	.375	.372	.369	.366	.364	.361
.36	.358	.356	.353	.350	.348	.345	.342	.340	.337	.335
.37	.332	.329	.327	.324	.321	.319	.316	.313	.311	.308
.38	.305	.303	.300	.298	.295	.292	.290	.287	.285	.282
.39	.279	.277	.274	.272	.269	.266	.264	.261	.259	.256
.40	.253	.251	.248	.246	.243	.240	.238	.235	.233	.230
.41	.228	.225	.222	.220	.217	.215	.212	.210	.207	.204
.42	.202	.199	.197	.194	.192	.189	.187	.184	.181	.179
.43	.176	.174	.171	.169	.166	.164	.161	.159	.156	.154
.44	.151	.148	.146	.143	.141	.138	.136	.133	.131	.128
.45	.126	.123	.121	.118	.116	.113	.111	.108	.105	.103
.46	.100	.098	.095	.093	.090	.088	.085	.083	.080	.078
.47	.075	.073	.070	.068	.065	.063	.060	.058	.055	.053
.48	.050	.048	.045	.043	.040	.038	.035	.033	.030	.028
.49	.025	.023	.020	.018	.015	.013	.010	.008	.005	.003

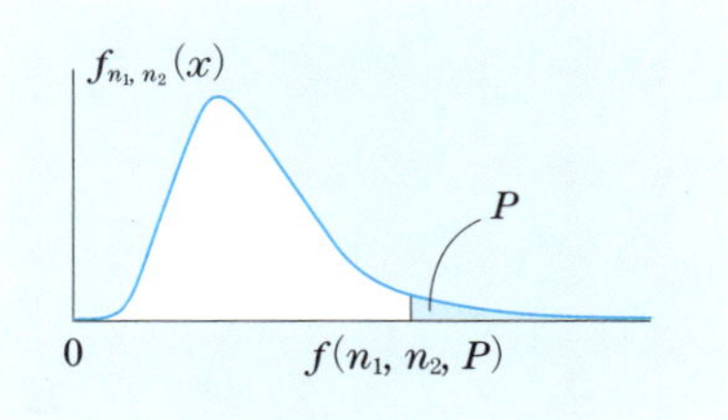

付表 3　F 分布表（1）$\begin{cases} \text{上段：} P = 0.025 \\ \text{下段：} P = 0.005 \end{cases}$ のときの $f(n_1, n_2, P)$ の値

n_2 \ n_1	1	2	3	4	5	6	7	8	9	10	15	20	30
1	647.79	799.50	864.16	899.58	921.85	937.11	948.22	956.66	963.28	968.63	984.87	993.10	1001.4
	16211	20000	21615	22500	23056	23437	23715	23925	24091	24224	24630	24836	25044
2	38.506	39.000	39.165	39.248	39.298	39.331	39.355	39.373	39.387	39.398	39.431	39.448	39.465
	198.50	199.00	199.17	199.25	199.30	199.33	199.36	199.37	199.39	199.40	199.43	199.45	199.47
3	17.443	16.044	15.439	15.101	14.885	14.735	14.624	14.540	14.473	14.419	14.253	14.167	14.081
	55.552	49.799	47.467	46.195	45.392	44.838	44.434	44.126	43.882	43.686	43.085	42.778	42.466
4	12.218	10.649	9.9792	9.6045	9.3645	9.1973	9.0741	8.9796	8.9047	8.8439	8.6565	8.5599	8.4613
	31.333	26.284	24.259	23.155	22.456	21.975	21.622	21.352	21.139	20.967	20.438	20.167	19.892
5	10.007	8.4336	7.7636	7.3879	7.1464	6.9777	6.8531	6.7572	6.6811	6.6192	6.4277	6.3286	6.2269
	22.785	18.314	16.530	15.556	14.940	14.513	14.200	13.961	13.772	13.618	13.146	12.903	12.656
6	8.8131	7.2599	6.5988	6.2272	5.9876	5.8198	5.6955	5.5996	5.5234	5.4613	5.2687	5.1684	5.0652
	18.635	14.544	12.917	12.028	11.464	11.073	10.786	10.566	10.391	10.250	9.8140	9.5888	9.3582
7	8.0727	6.5415	5.8898	5.5226	5.2852	5.1186	4.9949	4.8993	4.8232	4.7611	4.5678	4.4667	4.3624
	16.236	12.404	10.882	10.050	9.5221	9.1553	8.8854	8.6781	8.5138	8.3803	7.9678	7.7540	7.5345
8	7.5709	6.0595	5.4160	5.0526	4.8173	4.6517	4.5286	4.4333	4.3572	4.2951	4.1012	3.9995	3.8940
	14.688	11.042	9.5965	8.8051	8.3018	7.9520	7.6941	7.4959	7.3386	7.2106	6.8143	6.6082	6.3961
9	7.2093	5.7147	5.0781	4.7181	4.4844	4.3197	4.1970	4.1020	4.0260	3.9639	3.7694	3.6669	3.5604
	13.614	10.107	8.7171	7.9559	7.4712	7.1339	6.8849	6.6933	6.5411	6.4172	6.0325	5.8318	5.6248
10	6.9367	5.4564	4.8256	4.4683	4.2361	4.0721	3.9498	3.8549	3.7790	3.7168	3.5217	3.4185	3.3110
	12.826	9.4270	8.0807	7.3428	6.8724	6.5446	6.3025	6.1159	5.9676	5.8467	5.4707	5.2740	5.0706
12	6.5538	5.0959	4.4742	4.1212	3.8911	3.7283	3.6065	3.5118	3.4358	3.3736	3.1772	3.0728	2.9633
	11.754	8.5096	7.2258	6.5211	6.0711	5.7570	5.5245	5.3451	5.2021	5.0855	4.7213	4.5299	4.3309
14	6.2979	4.8567	4.2417	3.8919	3.6634	3.5014	3.3799	3.2853	3.2093	3.1469	2.9493	2.8437	2.7324
	11.060	7.9216	6.6804	5.9984	5.5623	5.2574	5.0313	4.8566	4.7173	4.6034	4.2468	4.0585	3.8619
16	6.1151	4.6867	4.0768	3.7294	3.5021	3.3406	3.2194	3.1248	3.0488	2.9862	2.7875	2.6808	2.5678
	10.575	7.5138	6.3034	5.6378	5.2117	4.9134	4.6920	4.5207	4.3838	4.2719	3.9205	3.7342	3.5389
18	5.9781	4.5597	3.9539	3.6083	3.3820	3.2209	3.0999	3.0053	2.9291	2.8664	2.6667	2.5590	2.4445
	10.218	7.2148	6.0278	5.3746	4.9560	4.6627	4.4448	4.2759	4.1410	4.0305	3.6827	3.4977	3.3030
20	5.8715	4.4613	3.8587	3.5147	3.2891	3.1283	3.0074	2.9128	2.8365	2.7737	2.5731	2.4645	2.3486
	9.9439	6.9865	5.8177	5.1743	4.7616	4.4721	4.2569	4.0900	3.9564	3.8470	3.5020	3.3178	3.1234
25	5.6864	4.2909	3.6943	3.3530	3.1287	2.9685	2.8478	2.7531	2.6766	2.6135	2.4110	2.3005	2.1816
	9.4753	6.5982	5.4615	4.8351	4.4327	4.1500	3.9394	3.7758	3.6447	3.5370	3.1963	3.0133	2.8187
30	5.5675	4.1821	3.5894	3.2499	3.0265	2.8667	2.7460	2.6513	2.5746	2.5112	2.3072	2.1952	2.0739
	9.1797	6.3547	5.2388	4.6234	4.2276	3.9492	3.7416	3.5801	3.4505	3.3440	3.0057	2.8230	2.6278
40	5.4239	4.0510	3.4633	3.1261	2.9037	2.7444	2.6238	2.5289	2.4519	2.3882	2.1819	2.0677	1.9429
	8.8279	6.0664	4.9758	4.3738	3.9860	3.7129	3.5088	3.3498	3.2220	3.1167	2.7811	2.5984	2.4015
60	5.2856	3.9253	3.3425	3.0077	2.7863	2.6274	2.5068	2.4117	2.3344	2.2702	2.0613	1.9445	1.8152
	8.4946	5.7950	4.7290	4.1399	3.7599	3.4918	3.2911	3.1344	3.0083	2.9042	2.5705	2.3872	2.1874
120	5.1523	3.8046	3.2269	2.8943	2.6740	2.5154	2.3948	2.2994	2.2217	2.1570	1.9450	1.8249	1.6899
	8.1788	5.5393	4.4972	3.9207	3.5482	3.2849	3.0874	2.9330	2.8083	2.7052	2.3727	2.1881	1.9840
∞	5.0239	3.6889	3.1161	2.7858	2.5665	2.4082	2.2875	2.1918	2.1136	2.0483	1.8326	1.7085	1.5660
	7.8794	5.2983	4.2794	3.7151	3.3499	3.0913	2.8968	2.7444	2.6210	2.5188	2.1868	1.9998	1.7891

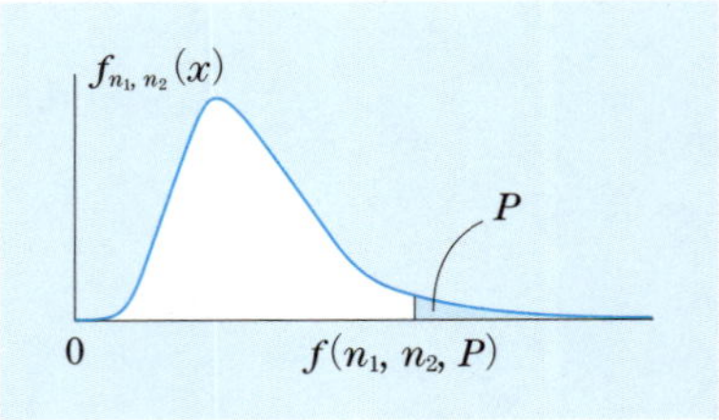

付表 4　F 分布表 (2) $\begin{cases} 上段：P = 0.05 \\ 下段：P = 0.01 \end{cases}$ のときの $f(m_1, m_2, P$ の値$)$

n_2 \ n_1	1	2	3	4	5	6	7	8	9	10	15	20	30
1	161. 4052.	200. 5000.	216. 5403.	225. 5625.	230. 5764.	234. 5859.	237. 5928.	239. 5981.	241. 6022.	242. 6056.	246. 6157.	248. 6209.	250. 6261.
2	18.5 98.5	19.0 99.0	19.2 99.2	19.2 99.2	19.3 99.3	19.3 99.3	19.4 99.4	19.4 99.4	19.4 99.4	19.4 99.4	19.4 99.4	19.4 99.4	19.5 99.5
3	10.1 34.1	9.55 30.8	9.28 29.5	9.12 28.7	9.01 28.2	8.94 27.9	8.89 27.7	8.85 27.5	8.81 27.3	8.79 27.2	8.70 26.9	8.66 26.7	8.62 26.5
4	7.71 21.2	6.94 18.0	6.59 16.7	6.39 16.0	6.26 15.5	6.16 15.2	6.09 15.0	6.04 14.8	6.00 14.7	5.96 14.5	5.86 14.2	5.80 14.0	5.75 13.8
5	6.61 16.3	5.79 13.3	5.41 12.1	5.19 11.4	5.05 11.0	4.95 10.7	4.88 10.5	4.82 10.3	4.77 10.2	4.74 10.1	4.62 9.72	4.56 9.55	4.50 9.38
6	5.99 13.7	5.14 10.9	4.76 9.78	4.53 9.15	4.39 8.75	4.28 8.47	4.21 8.26	4.15 8.10	4.10 7.98	4.06 7.87	3.94 7.56	3.87 7.40	3.81 7.23
7	5.59 12.2	4.74 9.55	4.35 8.45	4.12 7.85	3.97 7.46	3.87 7.19	3.79 6.99	3.73 6.84	3.68 6.72	3.64 6.62	3.51 6.31	3.44 6.16	3.38 5.99
8	5.32 11.3	4.46 8.65	4.07 7.59	3.84 7.01	3.69 6.63	3.58 6.37	3.50 6.18	3.44 6.03	3.39 5.91	3.35 5.81	3.22 5.52	3.15 5.36	3.08 5.20
9	5.12 10.6	4.26 8.02	3.86 6.99	3.63 6.42	3.48 6.06	3.37 5.80	3.29 5.61	3.23 5.47	3.18 5.35	3.14 5.26	3.01 4.96	2.94 4.81	2.86 4.65
10	4.96 10.0	4.10 7.56	3.71 6.55	3.48 5.99	3.33 5.64	3.22 5.39	3.14 5.20	3.07 5.06	3.02 4.94	2.98 4.85	2.85 4.56	2.77 4.41	2.70 4.25
12	4.75 9.33	3.89 6.93	3.49 5.95	3.26 5.41	3.11 5.06	3.00 4.82	2.91 4.64	2.85 4.50	2.80 4.39	2.75 4.30	2.62 4.01	2.54 3.86	2.47 3.70
14	4.60 8.86	3.74 6.51	3.34 5.56	3.11 5.04	2.96 4.69	2.85 4.46	2.76 4.28	2.70 4.14	2.65 4.03	2.60 3.94	2.46 3.66	2.39 3.51	2.31 3.35
16	4.49 8.53	3.63 6.23	3.24 5.29	3.01 4.77	2.85 4.44	2.74 4.20	2.66 4.03	2.59 3.89	2.54 3.78	2.49 3.69	2.35 3.41	2.28 3.26	2.19 3.10
18	4.41 8.29	3.55 6.01	3.16 5.09	2.93 4.58	2.77 4.25	2.66 4.01	2.58 3.84	2.51 3.71	2.46 3.60	2.41 3.51	2.27 3.23	2.19 3.08	2.11 2.92
20	4.35 8.10	3.49 5.85	3.10 4.94	2.87 4.43	2.71 4.10	2.60 3.87	2.51 3.70	2.45 3.56	2.39 3.46	2.35 3.37	2.20 3.09	2.12 2.94	2.04 2.78
25	4.24 7.77	3.39 5.57	2.99 4.68	2.76 4.18	2.60 3.85	2.49 3.63	2.40 3.46	2.34 3.32	2.28 3.22	2.24 3.13	2.09 2.85	2.01 2.70	1.92 2.54
30	4.17 7.56	3.32 5.39	2.92 4.51	2.69 4.02	2.53 3.70	2.42 3.47	2.33 3.30	2.27 3.17	2.21 3.07	2.16 2.98	2.01 2.70	1.93 2.55	1.84 2.39
40	4.08 7.31	3.23 5.18	2.84 4.31	2.61 3.83	2.45 3.51	2.34 3.29	2.25 3.12	2.18 2.99	2.12 2.89	2.08 2.80	1.92 2.52	1.84 2.37	1.74 2.20
60	4.00 7.08	3.15 4.98	2.76 4.13	2.53 3.65	2.37 3.34	2.25 3.12	2.17 2.95	2.10 2.82	2.04 2.72	1.99 2.63	1.84 2.35	1.75 2.20	1.65 2.03
120	3.92 6.85	3.07 4.79	2.68 3.95	2.45 3.48	2.29 3.17	2.18 2.96	2.09 2.79	2.02 2.66	1.96 2.56	1.91 2.47	1.75 2.19	1.66 2.03	1.55 1.86
∞	3.84 6.63	3.00 4.61	2.60 3.78	2.37 3.32	2.21 3.02	2.10 2.08	2.01 2.64	1.94 2.51	1.88 2.41	1.83 2.32	1.67 2.04	1.57 1.88	1.46 1.70

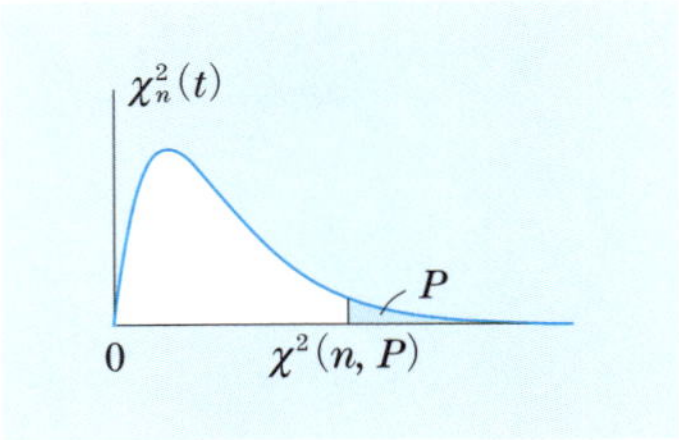

付表 5　χ^2 分布表　n：自由度，P から $\chi^2(n, P)$ を求める

n \ P	.995	.99	.975	.95	.90	.10	.05	.025	.01	.005
1	0.0^4393	0.0^3157	0.0^3982	0.0^2393	0.0158	2.71	3.84	5.02	6.63	7.88
2	0.0100	0.0201	0.0506	0.103	0.211	4.61	5.99	7.38	9.21	10.60
3	0.0717	0.115	0.216	0.352	0.584	6.25	7.81	9.35	11.34	12.84
4	0.207	0.297	0.484	0.711	1.064	7.78	9.49	11.14	13.28	14.86
5	0.412	0.554	0.831	1.145	1.610	9.24	11.07	12.83	15.09	16.75
6	0.676	0.872	1.237	1.635	2.20	10.64	12.59	14.45	16.81	18.55
7	0.989	1.239	1.690	2.17	2.83	12.02	14.07	16.01	18.48	20.3
8	1.344	1.646	2.18	2.73	3.49	13.36	15.51	17.53	20.1	22.0
9	1.735	2.09	2.70	3.33	4.17	14.68	16.92	19.02	21.7	23.6
10	2.16	2.56	3.25	3.94	4.87	15.99	18.31	20.5	23.2	25.2
11	2.60	3.05	3.82	4.57	5.58	17.28	19.68	21.9	24.7	26.8
12	3.07	3.57	4.40	5.23	6.30	18.55	21.0	23.3	26.2	28.3
13	3.57	4.11	5.01	5.89	7.04	19.81	22.4	24.7	27.7	29.8
14	4.07	4.66	5.63	6.57	7.79	21.1	23.7	26.1	29.1	31.3
15	4.60	5.23	6.26	7.26	8.55	22.3	25.0	27.5	30.6	32.8
16	5.14	5.81	6.91	7.96	9.31	23.5	26.3	28.8	32.0	34.3
17	5.70	6.41	7.56	8.67	10.09	24.8	27.6	30.2	33.4	35.7
18	6.26	7.01	8.23	9.39	10.86	26.0	28.9	31.5	34.8	37.2
19	6.84	7.63	8.91	10.12	11.65	27.2	30.1	32.9	36.2	38.6
20	7.43	8.26	9.59	10.85	12.44	28.4	31.4	34.2	37.6	40.0
21	8.03	8.90	10.28	11.59	13.24	29.6	32.7	35.5	38.9	41.4
22	8.64	9.54	10.98	12.34	14.04	30.8	33.9	36.8	40.3	42.8
23	9.26	10.20	11.69	13.09	14.85	32.0	35.2	38.1	41.6	44.2
24	9.89	10.86	12.40	13.85	15.66	33.2	36.4	39.4	43.0	45.6
25	10.52	11.52	13.12	14.61	16.47	34.4	37.7	40.6	44.3	46.9
26	11.16	12.20	13.84	15.38	17.29	35.6	38.9	41.9	45.6	48.3
27	11.81	12.88	14.57	16.15	18.11	36.7	40.1	43.2	47.0	49.6
28	12.46	13.56	15.31	16.93	18.94	37.9	41.3	44.5	48.3	51.0
29	13.12	14.26	16.05	17.71	19.77	39.1	42.6	45.7	49.6	52.3
30	13.79	14.95	16.79	18.49	20.6	40.3	43.8	47.0	50.9	53.7
40	20.7	22.2	24.4	26.5	29.1	51.8	55.8	59.3	63.7	66.8
50	28.0	29.7	32.4	34.8	37.7	63.2	67.5	71.4	76.2	79.5
60	35.5	37.5	40.5	43.2	46.5	74.4	79.1	83.3	88.4	92.0
70	43.3	45.4	48.8	51.7	55.3	85.5	90.5	95.0	100.4	104.2
80	51.2	53.5	57.2	60.4	64.3	96.6	101.9	106.6	112.3	116.3
90	59.2	61.8	65.6	69.1	73.3	107.6	113.1	118.1	124.1	128.3
100	67.3	70.1	74.2	77.9	82.4	118.5	124.3	129.6	135.8	140.2

[注]　0.0^4393 は 0.0000393 を意味します．他も同様．

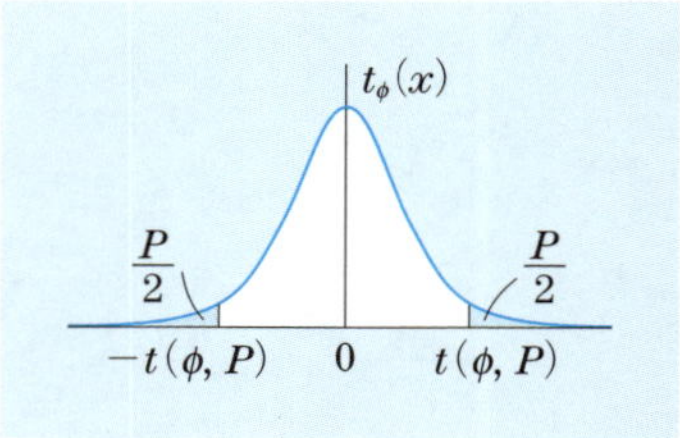

付表 6　t 分布表　ϕ：自由度，P から $t(\phi,P)$ を求める

ϕ \ P	0.20	0.10	0.05	0.02	0.01	0.001
1	3.078	6.314	12.706	31.821	63.657	636.619
2	1.886	2.920	4.303	6.965	9.925	31.598
3	1.638	2.353	3.182	4.541	5.841	12.941
4	1.533	2.132	2.776	3.747	4.604	8.610
5	1.476	2.015	2.571	3.365	4.032	6.859
6	1.440	1.943	2.447	3.143	3.707	5.959
7	1.415	1.895	2.365	2.998	3.499	5.405
8	1.397	1.860	2.306	2.896	3.355	5.041
9	1.383	1.833	2.262	2.821	3.250	4.781
10	1.372	1.812	2.228	2.764	3.169	4.587
11	1.363	1.796	2.201	2.718	3.106	4.437
12	1.356	1.782	2.179	2.681	3.055	4.318
13	1.350	1.771	2.160	2.650	3.012	4.221
14	1.345	1.761	2.145	2.624	2.977	4.140
15	1.341	1.753	2.131	2.602	2.947	4.073
16	1.337	1.746	2.120	2.583	2.921	4.015
17	1.333	1.740	2.110	2.567	2.898	3.965
18	1.330	1.734	2.101	2.552	2.878	3.922
19	1.328	1.729	2.093	2.539	2.861	3.883
20	1.325	1.725	2.086	2.528	2.845	3.850
21	1.323	1.721	2.080	2.518	2.831	3.819
22	1.321	1.717	2.074	2.508	2.819	3.792
23	1.319	1.714	2.069	2.500	2.807	3.767
24	1.318	1.711	2.064	2.492	2.797	3.745
25	1.316	1.708	2.060	2.485	2.787	3.725
26	1.315	1.706	2.056	2.479	2.779	3.707
27	1.314	1.703	2.052	2.473	2.771	3.690
28	1.313	1.701	2.048	2.467	2.763	3.674
29	1.311	1.699	2.045	2.462	2.756	3.659
30	1.310	1.697	2.042	2.457	2.750	3.646
40	1.303	1.684	2.021	2.423	2.704	3.551
60	1.296	1.671	2.000	2.390	2.660	3.460
120	1.289	1.658	1.980	2.358	2.617	3.373
∞	1.282	1.645	1.960	2.326	2.576	3.291

問題略解

第1章

1 (1) $\{5,6\}$　(2) $\{1,2,3\}$　(3) $\{1,3,5\}$　(4) $\{4,6\}$　(5) $\{1,3\}$
(6) $\{2,3,4,5,6\}$　(7) $\{1,2,3,4,5\}$

2 (1) $\boldsymbol{P}\{5,6\}=1/3$, $\boldsymbol{P}\{1,2,3\}=1/2$, $\boldsymbol{P}\{2,3,4,5,6\}=5/6$,
$\boldsymbol{P}\{1,2,3,4,5\}=5/6$　他は省略します．(2) (1) と同じ．
(3) $\boldsymbol{P}\{5,6\}=1/4$,　$\boldsymbol{P}\{1,2,3\}=1/2$,　$\boldsymbol{P}\{1,3,5\}=8/15$,　$\boldsymbol{P}\{4,6\}=5/12$,
$\boldsymbol{P}\{1,3\}=9/20$,　$\boldsymbol{P}\{2,3,4,5,6\}=3/4$,　$\boldsymbol{P}\{1,2,3,4,5\}=5/6$

3 (1) $1-(p_{(1,1)}+p_{(1,3)}+p_{(1,5)}+p_{(3,1)}+p_{(3,3)}+p_{(3,5)}+p_{(5,1)}+p_{(5,3)}+p_{(5,5)})$

$$\left\{\begin{array}{l}(1,2),(1,4),(1,6),(2,1),(2,2),(2,3),(2,4),(2,5),(2,6),\\(3,2),(3,4),(3,6),(4,1),(4,2),(4,3),(4,4),(4,5),(4,6),\\(5,2),(5,4),(5,6),(6,1),(6,2),(6,3),(6,4),(6,5),(6,6)\end{array}\right\}$$

(2)，(3) は省略します．(4) $p_{(1,3)}+p_{(2,2)}+p_{(3,1)}$,　$\{(1,3),(2,2),(3,1)\}$

4 (1) $\{(2,1,4),(2,3,4),(2,5,4),(4,1,4),(4,3,4),(4,5,4),(6,1,4),(6,3,4),$
$(6,5,4)\}$　(2)，(3) は省略します．

5 (1) $3/36+12/18=27/36$

$$\left\{\begin{array}{l}[1,2],[1,4],[1,6],[2,2],[2,3],[2,4],[2,5],[2,6],\\ [3,4],[3,6],[4,4],[4,5],[4,6],[5,6],[6,6]\end{array}\right\}$$

(2)，(3) は省略します．

6 (1) $\Omega=\{(0,0),(0,1),(1,0),(1,1)\}$
(2) $p_{(1,0)}=(p_1)^1(1-p_1)^{1-1}(p_2)^0(1-p_2)^{1-0}=p_1(1-p_2)$
(3) $\{(1,1),(1,0)\}$,　p_1　(4)，(5) は省略します．

7 (1) p,　$\{(1,\omega_2,\cdots,\omega_n)\,|\,\omega_i=0$ または $1\,(i=2,\cdots,n)\}$
(2) $p(1-p)$,　$\{(1,0,\omega_3,\cdots,\omega_n)\,|\,\omega_i=0$ または $1\,(i=3,\cdots,n)\}$

(3), (4), (5) は省略します.

(6) $(1-p)^2p$, $\{(0,0,1,\omega_4,\cdots,\omega_n)\,|\,\omega_i=0$ または $1\,(i=4,\cdots,n)\}$

(7) $(1-p)^{k-1}p$, $\{(0,\cdots,0,1,\omega_{k+1},\cdots,\omega_n)\,|\,\omega_i=0$ または 1
$(i=k+1,\cdots,n)\}$

8 $p_{(\omega_1,\cdots,\omega_n)}$ が $\omega_1+\cdots+\omega_n$ の和にのみ依存していることに注意します. $\displaystyle\sum_{i=1}^{n}\omega_i = k$ であるような $(\omega_1,\cdots,\omega_n)$ は $\binom{n}{k}$ 個あり，よって求める確率は $\binom{n}{k}p^k(1-p)^{n-k}$. $\displaystyle\sum_{k=0}^{n}\binom{n}{k}p^k(1-p)^{n-k}=1$ は，2 項展開より明らかです.

9 (1) e^x の Taylor 展開より $e^{\lambda}=\displaystyle\sum_{i=0}^{\infty}\frac{\lambda^i}{i!}$. したがって，$\displaystyle\sum_{i=0}^{\infty}p_i=e^{-\lambda}e^{\lambda}=1$

(2) $e^{-\lambda}+\lambda e^{-\lambda}+\dfrac{\lambda^2}{2!}e^{-\lambda}=\dfrac{2+2\lambda+\lambda^2}{2}e^{-\lambda}$

10 (1) 等比級数の和の計算を行って，$\displaystyle\sum_{i=1}^{\infty}p(1-p)^{i-1}=p\frac{1}{1-(1-p)}=1$

(2) $A=\{1,2\}$, $\boldsymbol{P}(A)=p+p(1-p)=2p-p^2$

(3) $B=\{3,4,5,\cdots\}$, $\boldsymbol{P}(B)=1-\boldsymbol{P}(A)=1-2p+p^2=(1-p)^2$

第2章

1 (1) $[3,+\infty)$ (2) $[-2,6]$ (3) $(-\infty,-3]\cup[7,+\infty)$ (4) $[-2,3]\cup[8,12]$

2 (1) $\boldsymbol{P}([3,+\infty))=\displaystyle\int_3^{-\infty}\lambda e^{-\lambda x}dx=e^{-3\lambda}$, $\boldsymbol{P}([-2,6])=1-e^{-6\lambda}$,
$\boldsymbol{P}((-\infty,-3]\cup[7,+\infty))=e^{-7\lambda}$, $\boldsymbol{P}([-2,3]\cup[8,12))=1-e^{-3\lambda}+e^{-8\lambda}-e^{-12\lambda}$

(2) $\boldsymbol{P}([0,x])=\displaystyle\int_0^{x}\lambda e^{-\lambda x}dx=1-e^{-\lambda x}$, $\boldsymbol{P}((x,\infty))=\displaystyle\int_x^{\infty}\lambda e^{-\lambda x}dx=e^{-\lambda x}$

3 $\boldsymbol{P}([0.5,2])=\displaystyle\int_{0.5}^{1}1dx=0.5$

4 (1) $\displaystyle\int_{-\infty}^{\infty}f(x)dx=\int_0^9 ax^2dx=a\frac{9^3}{3}=1$, より $a=\dfrac{1}{3\cdot 9^2}=\dfrac{1}{243}$

(2) $\boldsymbol{P}([3,\infty))=\displaystyle\int_3^9 ax^2dx=\frac{26}{27}$, $\boldsymbol{P}([-2,6))=\displaystyle\int_0^6 ax^2dx=\frac{8}{27}$

$\boldsymbol{P}([-\infty,-3]\cup[7,\infty))=\displaystyle\int_7^9 ax^2dx=\frac{386}{729}$

$$\boldsymbol{P}([-2,3]\cup[8,12]) = \int_0^3 ax^2dx + \int_8^9 ax^2dx = \frac{244}{729}$$

5 (1) 指示された変数変換を実行してください.

(2) $\displaystyle\int_{-\infty}^{\infty} e^{-x^2}dx = \frac{\sqrt{\pi}}{2}$ の証明は微分積分学の教科書を参照してください.

6 (1) $\Omega = \boldsymbol{R}^2$ (2) $[150,\infty)\times[60,70]$ (3) $(150,170]\times[65,\infty)$

7 (1) $\displaystyle\int_0^1 axy^2dxdy = a\cdot\frac{1}{2}\cdot\frac{1}{3} = 1$ より, $a=6$

(2) $\displaystyle\int_{-1}^2 \left\{\int_0^3 f(x,y)dy\right\}dx = \int_0^1 \left\{\int_0^1 axy^2dy\right\}dx = 1$

(3) $\displaystyle\int_{0.5}^3 \left\{\int_{-2}^{0.5} f(x,y)dy\right\}dx = \int_{0.5}^1 \left\{\int_0^{0.5} axy^2dy\right\}dx = 0.09375$

(4) $\displaystyle\int_{-\infty}^{\infty} f(x,y)dx = \int_0^1 axy^2dx = 3y^2,\quad \int_{-\infty}^{\infty} f(x,y)dy = \int_0^1 axy^2dy = 2x$

8 (1) $\displaystyle\int_{-\infty}^{\infty} f(x,y)dxdy = \int_0^{\infty}\left\{\int_0^1 ae^{-\lambda x}y^2dy\right\}dx = 1$ より, $a=3\lambda$

(2) $\displaystyle\int_{-\infty}^{\infty} f(x,y)dx = \int_0^{\infty} ae^{-\lambda x}y^2dx = 3y^2,\quad \int_{-\infty}^{\infty} f(x,y)dy = \lambda e^{-\lambda x}$

(3) $\displaystyle\int_{-1}^1 \left\{\int_0^{0.5} f(x,y)dy\right\}dx = \int_0^1 \lambda e^{-\lambda x}dx\int_0^{0.5} 3y^2dy = (1-e^{\lambda})(0.5)^3$

9
$$f(x,y) = \frac{1}{\sqrt{2\pi{\sigma_1}^2}}\exp\left\{-\frac{(x-\mu_1)^2}{2{\sigma_1}^2}\right\} \times \frac{1}{\sqrt{2\pi{\sigma_2}^2(1-\rho^2)}}\exp\left[-\frac{\left\{y-\mu_2-\dfrac{\sigma_2\rho(x-\mu_1)}{\sigma_1}\right\}^2}{2(1-\rho^2){\sigma_2}^2}\right]$$

であることから, $\displaystyle\int_{-\infty}^{\infty} f(x,y)dy = \frac{1}{\sqrt{2\pi{\sigma_1}^2}}\exp\left\{-\frac{(x-\mu_1)^2}{2{\sigma_1}^2}\right\}$

10 (1), (4), (5) は省略します. (2) 「コインとさいころを同時に投げる」,「コインを投げてその後にさいころを投げる」などの試行の標本空間と考えられます.

$$\Omega_1\times\Omega_2 = \left\{\begin{matrix}(0,1),(0,2),(0,3),(0,4),(0,5),(0,6),\\(1,1),(1,2),(1,3),(1,4),(1,5),(1,6)\end{matrix}\right\}$$

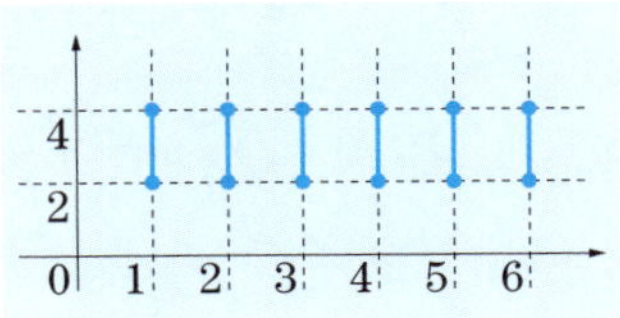

(3) 右上の図の濃い青の部分.

第3章

1 (1) $A_1 \supseteq A_2 \supseteq A_3 \supseteq \cdots$ であることから，$\bigcup_{i=1}^{\infty} A_i = (a-1, b+1)$ となります．
$[a,b] \subseteq A_i$ $(i = 1, 2, 3, \cdots)$ より $[a,b] \subseteq \bigcap_{i=1}^{\infty} A_i$
$x \in \bigcap_{i=1}^{\infty} A_i$ とします．任意の i について $a - \dfrac{1}{i} < x < b + \dfrac{1}{i}$ より，$i \to \infty$ として，$a \leq x \leq b$．よって $x \in [a,b]$ となります．
(2) (1) と同様にして証明できます．

2 一部の解を示しておきます．
(1) 1 章の問題 1 (4)：A を偶数の目，B を 4 以上の目として，$A \cap B$
1 章の問題 1 (6)：A を偶数の目，B を 3 以上の目として，$A \cup B$
(2) 1 章の問題 1 (4)：奇数の目かまたは 5 以上の目
1 章の問題 1 (6)：奇数の目でかつ 2 以下の目

3 (1) A_1：1 回目に表が出る，B_1：1 回目に裏が出る，A_2：2 回目に表が出る，B_2：2 回目に裏が出る，A_3：3 回目に表が出る，B_3：3 回目に裏が出る
(2)，(3)，(4) は省略します．

4，5 省略します．

6 σ-集合体の定義の条件が満たされることを確かめてください．$\{\{0\},\{1\}\}$ が σ-集合体でないことは，$\{1\}^c = \{2,3,4,5,6\}$ がこの集合族に属さないことによります．

7 省略します．

第4章

1 省略します．

2 (1) $(1,1,1)$，$(1,1,2)$，$(1,1,3)$，$(2,4,6)$ など．
(2) X_i：i 回目に出現する目の数を調べる．
(3) さいころを 3 回投げたときの目の数の総和を調べる．
(4) さいころを 3 回投げたときの目の数の平均を取る．

3 (1) $\boldsymbol{P}(A) = \displaystyle\sum_{i=2}^{\infty} p_i = 1 - p_1 = 1 - p$ (2) $\boldsymbol{P}(B) = \displaystyle\sum_{i=1}^{\infty} p_{2i-1} = \frac{1}{2-p}$

(3) $\boldsymbol{P}(C)=\sum_{i=1}^{\infty}p_{2i}=1-\boldsymbol{P}(B)=\dfrac{1}{2-p}$

4 $\boldsymbol{P}(A)=\int_A f(x)dx=\int_1^{\infty}\lambda e^{-\lambda x}dx=e^{-\lambda},\quad \boldsymbol{P}(B)=\int_0^1\lambda e^{-\lambda x}dx=1-e^{-\lambda}$

$\boldsymbol{P}(C)=\int_2^3\lambda e^{-\lambda x}dx+\int_4^{\infty}\lambda e^{-\lambda x}dx=e^{-2\lambda}-e^{-3\lambda}+e^{-4\lambda}$

5 (2) $x\in f^{-1}(A\cup B)\iff f(x)\in A\cup B\iff f(x)\in A$ または $f(x)\in B$

$\iff x\in f^{-1}(A)$ または $x\in f^{-1}(B)\iff x\in f^{-1}(A)\cup f^{-1}(B)$

(3) (2) と同様にして証明できます.

(4) $x\in f^{-1}(A^c)\iff f(x)\in A^c\iff x\in(f^{-1}(A))^c$

2 つ目の同値関係は $f(x)\in A\iff x\in f^{-1}(A)$ であることから成立します.

(5) $x\in f^{-1}\left(\bigcup_{i=1}^{\infty}A_i\right)\iff f(x)\in\bigcup_{i=1}^{\infty}A_i\iff$ ある i に対して $f(x)\in A_i$

$\iff$ ある i に対して $x\in f^{-1}(A_i)\iff x\in\bigcup_{i=1}^{\infty}f^{-1}(A_i)$

(6) (5) と同様にして証明できます.

6 (1) $X^{-1}\{1\}=\{2,4,6\},\ X^{-1}\{-1\}=\{1,3,5\}$

(2) $\boldsymbol{P}(X^{-1}\{1\})=\boldsymbol{P}(X^{-1}\{-1\})=1/2$

7 (1) $X_1^{-1}(\{1\})$ のみをあげます.

$$X_1^{-1}(\{1\})=\left\{\begin{array}{l}(1,1,1),(1,1,2),(1,1,3),(1,1,4),(1,1,5),(1,1,6),\\(1,2,1),(1,2,2),(1,2,3),(1,2,4),(1,2,5),(1,2,6),\\(1,3,1),(1,3,2),(1,3,3),(1,3,4),(1,3,5),(1,3,6),\\(1,4,1),(1,4,2),(1,4,3),(1,4,4),(1,4,5),(1,4,6),\\(1,5,1),(1,5,2),(1,5,3),(1,5,4),(1,5,5),(1,5,6),\\(1,6,1),(1,6,2),(1,6,3),(1,6,4),(1,6,5),(1,6,6)\end{array}\right\}$$

(2) $X_1^{-1}(\{2,3\})=X_1^{-1}(\{2\})\cup X_1^{-1}(\{3\})$ であることから，前問 (1) より，どのような集合になるかは明らかです．$X_2^{-1}(\{1,4\})$，$X_3^{-1}(\{3,5\})$ についても同様です.

(3) $(X_1+X_2+X_3)^{-1}(\{4\})=\{(1,1,2),(1,2,1),(2,1,1)\}$．他は省略します.

(4) $\left(\dfrac{X_1+X_2+X_3}{3}\right)^{-1}(\{1\})=(X_1+X_2+X_3)^{-1}(\{3\})=\{(1,1,1)\}$．他は省略します.

8 1 つだけ示しておきます．他は同様です.

$\boldsymbol{P}\left((X_1+X_2+X_3)^{-1}\{4\}\right)=p_1p_1p_2+p_1p_2p_1+p_2p_1p_1=3p_1p_1p_2=3(5/18)^3$

9 1つだけ示しておきます．他は同様です．
$\boldsymbol{P}\left(X^{-1}\{-1,1\}\right)=\boldsymbol{P}(\{1,2,5,6\})=2\cdot(5/18)+2\cdot(1/18)=2/3$

10 (1) 平面上で，直線 $x+y=a$ の下側の領域になります．直線は含みます．

$$(X+Y)^{-1}((-\infty,a])=\{(x,y)\,|\,x+y\leq a\}$$

(2) a によって場合を分けます．例えば，$0\leq a\leq 1$ のときは，
$\boldsymbol{P}((X+Y)^{-1}(-\infty,a])=\int_0^a dx\int_0^{a-x}6xy^2dy=\dfrac{a^5}{10}$． 他の場合は省略します．

11 $\Omega=\{(x_1,x_2,x_3,\cdots)\mid x_i=0$ または $1\ (i=1,2,3\cdots)\}$

第5章

1 (1)，(2) ともにほとんど明らかであるため省略します．

2 $A_1\supseteq A_2\supseteq\cdots$ に対して補集合を取った $A_1^c\subseteq A_2^c\subseteq\cdots$ に定理 5.2 (1) を適用し，ド・モルガンの法則を用いてください．

3 包除原理より，$\boldsymbol{P}(A\cup B\cup C)=\boldsymbol{P}(A)+\boldsymbol{P}(B)+\boldsymbol{P}(C)-\boldsymbol{P}(A\cap B)$
$-\boldsymbol{P}(A\cap C)-\boldsymbol{P}(B\cap C)+\boldsymbol{P}(A\cap B\cap C)$ となることに注意してください．

4 $\boldsymbol{P}(A\cup B)=\boldsymbol{P}(A)+\boldsymbol{P}(B)-\boldsymbol{P}(A\cap B)=3/36+6/36-1/36=2/9$

5 $n=n+1$ の場合

$$\boldsymbol{P}\left(\bigcup_{i=1}^{n+1}A_i\right)=\boldsymbol{P}\left(\bigcup_{i=1}^{n}A_i\right)+\boldsymbol{P}(A_{n+1})-\boldsymbol{P}\left(\bigcup_{i=1}^{n}(A_i\cap A_{n+1})\right)$$

の右辺の第 1 項と第 2 項に包除原理を適用してください．

6 (1) 省略します． (2) 包除原理より，$\boldsymbol{P}(A\cup B)=\boldsymbol{P}(A)+\boldsymbol{P}(B)-\boldsymbol{P}(A\cap B)$
$\leq\boldsymbol{P}(A)+\boldsymbol{P}(B)$． n に関する帰納法によって証明されます．

7 $\boldsymbol{P}_H(A)=\dfrac{\boldsymbol{P}(A\cap H)}{\boldsymbol{P}(H)}=\dfrac{1/2+1/24}{1/2+2/24}=\dfrac{13}{14}$

8 問題 3 の確率の値を利用します．(2) では包除原理を次のように利用すること．

$$\begin{aligned}\boldsymbol{P}_A(B\cup C)&=\frac{\boldsymbol{P}(A\cap(B\cup C))}{\boldsymbol{P}(A)}=\frac{\boldsymbol{P}((A\cap B)\cup(A\cap C))}{\boldsymbol{P}(A)}\\&=\frac{\boldsymbol{P}(A\cap B)+\boldsymbol{P}(A\cap C)-\boldsymbol{P}(A\cap B\cap C)}{\boldsymbol{P}(A)}\end{aligned}$$

9 事象 A の要素を列挙すると，$A=\{(1,j_0),\cdots,(j_0-1,j_0),(j_0+1,j_0),\cdots,(n,j_0)\}$ したがって，$\boldsymbol{P}(A)=(n-1)/\{n(n-1)\}=1/n$

10 (1) $\boldsymbol{P}(A_i^c)=1-\boldsymbol{P}(A_i)$ より，$\boldsymbol{P}(A_i)=p$ を示せば十分です．事象 A_i の各要素は $(x_1,\cdots,x_{i-1},1,x_{i+1},\cdots,x_n)$ の形をしています．したがって，例えば，$\displaystyle\sum_{x_1=0}^{1}p^{x_1}(1-p)^{1-x_1}=p+(1-p)=1$ であることに注意して

$$\boldsymbol{P}(A_i)=p\sum_{x_1=0}^{1}p^{x_1}(1-p)^{1-x_1}\cdots\sum_{x_{i-1}=0}^{1}p^{x_{i-1}}(1-p)^{1-x_{i-1}}$$
$$\times\sum_{x_{i+1}=0}^{1}p^{x_{i+1}}(1-p)^{1-x_{i+1}}\cdots\sum_{x_n=0}^{1}p^{x_n}(1-p)^{1-x_n}=p$$

(2) (1) より，$\boldsymbol{P}(A_1)=\boldsymbol{P}(A_2)=p$. また，(1) の証明と同様にして

$$\boldsymbol{P}(A_1\cap A_2)=pp\sum_{x_3=0}^{1}p^{x_3}(1-p)^{1-x_3}\cdots\sum_{x_n=0}^{1}p^{x_n}(1-p)^{1-x_n}=p^2$$

よって，A_1，A_2 は独立になります． (3) (2) と同様にして，$\boldsymbol{P}(A_i\cap A_j)=p^2$

11 $\boldsymbol{P}(C)=3/6$, $\boldsymbol{P}(D)=3/6$, $\boldsymbol{P}(C\cap D)=9/36$ より，独立になります．

12 $\boldsymbol{P}(A\cap B)=1/4=\boldsymbol{P}(A)\boldsymbol{P}(B)$, $\boldsymbol{P}(A\cap C)=1/4=\boldsymbol{P}(A)\boldsymbol{P}(C)$, $\boldsymbol{P}(B\cap C)=1/4=\boldsymbol{P}(B)\boldsymbol{P}(C)$, $\boldsymbol{P}(A\cap B\cap C)=1/4\neq\boldsymbol{P}(A)\boldsymbol{P}(B)\boldsymbol{P}(C)=1/8$ より，独立ではありません．2 つずつでは独立になります．

13 1 番目の等式のみを示しますが，包除原理と独立性の使われ方に注意してください．

$$\begin{aligned}\boldsymbol{P}(A\cap(B\cup C))&=\boldsymbol{P}((A\cap B)\cup(A\cap C))\\&=\boldsymbol{P}(A\cap B)+\boldsymbol{P}(A\cap C)-\boldsymbol{P}(A\cap B\cap C)\\&=\boldsymbol{P}(A)\boldsymbol{P}(B)+\boldsymbol{P}(A)\boldsymbol{P}(C)-\boldsymbol{P}(A)\boldsymbol{P}(B)\boldsymbol{P}(C)\\&=\boldsymbol{P}(A)\{\boldsymbol{P}(B)+\boldsymbol{P}(C)-\boldsymbol{P}(B)\boldsymbol{P}(C)\}\\&=\boldsymbol{P}(A)\{\boldsymbol{P}(B)+\boldsymbol{P}(C)-\boldsymbol{P}(B\cap C)\}=\boldsymbol{P}(A)\boldsymbol{P}(B\cup C)\end{aligned}$$

14 題意より，$\boldsymbol{P}(a)=o_a$，$\boldsymbol{P}(b)=o_b$，$\boldsymbol{P}(\text{不良品}\mid a)=p_a$，$\boldsymbol{P}(\text{不良品}\mid b)=p_b$ とできます．求める確率 $\boldsymbol{P}(a\mid\text{不良品})$ は，ベイズの定理より，

$$\boldsymbol{P}(a\mid\text{不良品})=\frac{\boldsymbol{P}(\text{不良品}\mid a)\boldsymbol{P}(a)}{\boldsymbol{P}(\text{不良品}\mid a)\boldsymbol{P}(a)+\boldsymbol{P}(\text{不良品}\mid b)\boldsymbol{P}(b)}=\frac{p_ao_a}{p_ao_a+p_bo_b}$$

15 製品が不良品であるという事象を D で，検査結果が不良品であるという事象を JD と書き，$\boldsymbol{P}(D|JD)$ をベイズの定理を用いて求めてください．約 0.32 になります．

第6章

1 (1) σ-集合体の定義の条件が満たされることを確認すればよい．

(2) 例えば，$\{\omega|X(\omega \leq 4\} = \{1,2,3,5\}$ は $\mathcal{F}_1$，$\mathcal{F}_2$ いずれの要素でもない．

(3) $\mathcal{F}_3 = \mathcal{P}(\Omega)$ は Ω の全ての部分集合からなるため，X が定義 6.1 の条件を満たすことがわかります．

2 i のところで p_i だけジャンプしているような階段状の関数になります．

3 $F(x^-)$ は省略します．

$$F(x) = \int_{-\infty}^{x} f(x)dx = \begin{cases} 0 & (x \leq 0) \\ x & (0 < x \leq 1) \\ 1 & (1 < x) \end{cases}$$

4 (1) $F(x) = \int_{-\infty}^{x} f(x)dx = \begin{cases} 0 & (x < 0) \\ 1 - e^{-\lambda x} & (x \geq 0) \end{cases}$

(2) $\boldsymbol{P}\{X > x\} = 1 - \boldsymbol{P}\{X \leq x\} = 1 - F(x) = \begin{cases} 1 & (x < 0) \\ e^{-\lambda x} & (x \geq 0) \end{cases}$

(3)，(4) は省略します．

5 分布関数は，a で高さ 1 のジャンプをしている階段状の関数になります．

$$F(x) = \boldsymbol{P}\{X \leq x\} = \begin{cases} 0 & (x < a) \\ 1 & (x \geq a) \end{cases}$$

6 省略します．

7 $\boldsymbol{E}[X] = \sum_{i=0}^{n} i \binom{n}{i} p^i q^{n-i} = np \sum_{i=0}^{n-1} \binom{n-1}{i} p^i q^{n-1-i} = np$

$$\begin{aligned} \boldsymbol{Var}[X] &= \sum_{i=0}^{n} (i-np)^2 \binom{n}{i} p^i q^{n-i} = \sum_{i=0}^{n} i^2 \binom{n}{i} p^i q^{n-i} - (np)^2 \\ &= \sum_{i=0}^{n} i(i-1) \binom{n}{i} p^i q^{n-i} + \sum_{i=0}^{n} i \binom{n}{i} p^i q^{n-i} - (np)^2 = np(1-p) \end{aligned}$$

8
$$\boldsymbol{E}[X]=\int_{-\infty}^{\infty}x\frac{1}{\sqrt{2\pi\sigma^2}}\exp\left\{-\frac{(x-\mu)^2}{2\sigma^2}\right\}dx$$
$$=\int_{-\infty}^{\infty}(x-\mu)\frac{1}{\sqrt{2\pi\sigma^2}}\exp\left\{-\frac{(x-\mu)^2}{2\sigma^2}\right\}dx+\mu$$
$$=\int_{-\infty}^{\infty}x\frac{1}{\sqrt{2\pi\sigma^2}}\exp\left\{-\frac{x^2}{2\sigma^2}\right\}dx+\mu=\mu \quad \text{（被積分関数は奇関数）}$$
$$\boldsymbol{Var}[X]=\int_{-\infty}^{\infty}(x-\mu)^2\frac{1}{\sqrt{2\pi\sigma^2}}\exp\left\{-\frac{(x-\mu)^2}{2\sigma^2}\right\}dx \quad \text{（変数変換）}$$
$$=\int_{-\infty}^{\infty}x^2\frac{1}{\sqrt{2\pi\sigma^2}}\exp\left\{-\frac{x^2}{2\sigma^2}\right\}dx \quad \text{（部分積分）}$$
$$=\frac{\sigma^2}{\sqrt{2\pi\sigma^2}}\int_{-\infty}^{\infty}\exp\left\{-\frac{x^2}{2\sigma^2}\right\}dx=\sigma^2$$

9，10，11 省略します．

第7章

1 (1)
$$F_{X,Y}(x,y)=\begin{cases}0 & (x<0 \text{ または } y<0)\\ (1-e^{-\lambda x})y^2 & (0\le x,\ 0\le y\le 1)\\ 1-e^{-\lambda x} & (0\le x,\ 1<y)\end{cases}$$
$$\boldsymbol{P}\{X\le x\}=\lim_{y\to\infty}F_{X,Y}(x,y)=\begin{cases}0 & (x<0)\\ 1-e^{-\lambda x} & (x\ge 0)\end{cases}$$
$$\boldsymbol{P}\{Y\le y\}=\lim_{x\to\infty}F_{X,Y}(x,y)=\begin{cases}0 & (y<0)\\ y^2 & (0\le y\le 1)\\ 1 & (1<y)\end{cases}$$
$$\boldsymbol{P}\{1<X\le 2,\ 0.5<Y\le 1\}=0.75\cdot(e^{-\lambda}-e^{-2\lambda})$$

(2) は省略します．

2 (1) $\boldsymbol{P}\{X+a\le x\}=\boldsymbol{P}\{X\le x-a\}=\int_{-\infty}^{x-a}f_X(u)du=\int_{-\infty}^{x}f_X(v-a)dv$

したがって，$f_{X+a}(x)=f_X(x-a)$

(2) $\boldsymbol{P}\{aX\le x\}=\boldsymbol{P}\{X\le x/a\}=\int_{-\infty}^{\frac{x}{a}}f_X(u)du=\int_{-\infty}^{x}f_X\left(\frac{v}{a}\right)\cdot\frac{1}{a}dv$

したがって，$f_{aX}(x)=\frac{1}{a}\cdot f_X\left(\frac{x}{a}\right)$

(3)　X^2 は負の値を取らないことから，$f_{X^2}(x)=0,\ x<0.$　$x \geq 0$ として，

$$\boldsymbol{P}\{X^2 \leq x\} = \boldsymbol{P}\{-\sqrt{x} \leq X \leq \sqrt{x}\} = \int_{-\sqrt{x}}^{\sqrt{x}} f_X(u)du$$
$$= \int_0^{\sqrt{x}} \{f_X(u)+f_X(-u)\}\,du$$
$$= \int_0^{x} \frac{1}{2\sqrt{u}} \left\{f_X(\sqrt{u})+f_X(-\sqrt{u})\right\} du \quad \text{（変数変換）}$$

$$f_{X^2}(x) = \begin{cases} 0 & (x<0) \\ \dfrac{1}{2\sqrt{x}}\left\{f_X(\sqrt{x})+f_X(-\sqrt{x})\right\} & (x \geq 0) \end{cases}$$

3　(1)　問題 2 を用いて $(X-\mu)/\sigma$ の密度関数は $\sigma n_{\mu,\sigma^2}(\sigma x+\mu) = n_{0,1^2}(x)$

(2)　$f_{X^2}(x) = \dfrac{1}{2\sqrt{x}}\left\{n_{0,1^2}(\sqrt{x})+n_{0,1^2}(-\sqrt{x})\right\} = \dfrac{1}{\sqrt{2\pi x}}\exp\left\{-\dfrac{x}{2}\right\}$

4　(1)　$\boldsymbol{E}[X]=np,\ \boldsymbol{E}[Y]=\lambda$ より，$\boldsymbol{E}[X+Y]=\boldsymbol{E}[X]+\boldsymbol{E}[Y]=np+\lambda$

(2)　$\boldsymbol{E}[X\cdot Y] = \displaystyle\sum_{k=0}^{n} k\binom{n}{k}p^k q^{n-k} \sum_{m=0}^{\infty} m e^{-\lambda}\frac{\lambda^m}{m!} = np\cdot\lambda$

5　$\varphi_X(t) = \displaystyle\sum_{k=0}^{\infty} e^{kt}\frac{\lambda^k}{k!}e^{-\lambda} = \exp\left\{\lambda(e^t-1)\right\}$ より，

$$\varphi'_X(t) = \lambda e^t \exp\left\{\lambda(e^t-1)\right\}, \quad \varphi''_X(t) = \left\{\lambda e^t + (\lambda e^t)^2\right\}\exp\left\{\lambda(e^t-1)\right\}$$
$$\boldsymbol{E}[X] = \varphi'_X(0) = \lambda, \quad \boldsymbol{E}[X^2] = \varphi''_X(0) = \lambda+\lambda^2, \quad \boldsymbol{Var}[X] = \lambda$$

6　モーメント母関数を用いて 1 次，2 次，3 次モーメントを求めてください．

第 8 章

1　独立性から $f_{X,Y}(x,y) = f_X(x)f_Y(y)$ であることに注意すればよい．

2　(1)　$F_{X|Y}(x|j) = \displaystyle\sum_{i\leq x} p_{X|Y}(i|j) = \sum_{i\leq x} p_X(i) = F_X(x)$

(2)　$F_{X|Y}(x|y) = \displaystyle\int_{-\infty}^{x} f_{X|Y}(u|y)du = \int_{-\infty}^{x} f_X(u)du = F_X(x)$

3　(1)　$\boldsymbol{E}[X|Y=j] = \displaystyle\sum_i i p_{X|Y}(i|j) = \sum_i i p_X(i) = \boldsymbol{E}[X]$

(2)　$\boldsymbol{E}[X|Y=y] = \displaystyle\int_{-\infty}^{\infty} x f_{X|Y}(x|y)dx = \int_{-\infty}^{\infty} x f_X(x)dx = \boldsymbol{E}[X]$

4 どのような t に対しても $\{(X-\boldsymbol{E}[X])t-(Y-\boldsymbol{E}[Y])\}^2$ は負の値を取りません．したがって，これの期待値も負の値を取りません．

$$\begin{aligned}&\boldsymbol{E}[\{(X-\boldsymbol{E}[X])t-(Y-\boldsymbol{E}[Y])\}^2]\\&=t^2\boldsymbol{E}[(X-\boldsymbol{E}[X])^2]-2t\boldsymbol{E}[(X-\boldsymbol{E}[X])(Y-\boldsymbol{E}[Y])]+\boldsymbol{E}[(Y-\boldsymbol{E}[Y])^2]\\&=t^2\boldsymbol{Var}[X]-2t\boldsymbol{Cov}(X,Y)+\boldsymbol{Var}[Y]=0\end{aligned}$$

を t の 2 次方程式であると考えると，異なる 2 実根を持たないことから，判別式を取って，$[\boldsymbol{Cov}(X,Y)]^2\le\boldsymbol{Var}[X]\boldsymbol{Var}[Y]$．よって，

$$-\sqrt{\boldsymbol{Var}[X]\boldsymbol{Var}[Y]}\le\boldsymbol{Cov}(X,Y)\le\sqrt{\boldsymbol{Var}[X]\boldsymbol{Var}[Y]}$$

5 $$\int_{-\infty}^{\infty}\boldsymbol{E}[X|Y=y]f_Y(y)dy=\int_{-\infty}^{\infty}\int_{-\infty}^{\infty}x\cdot\frac{f_{X,Y}(x,y)}{f_Y(y)}f_Y(y)dydx$$

$$=\int_{-\infty}^{\infty}x\int_{-\infty}^{\infty}f_{X,Y}(x,y)dydx=\int_{-\infty}^{\infty}xf_X(x)dx=\boldsymbol{E}[X]$$

6 $$F_{X|\Lambda}(x|\lambda)=\int_{-\infty}^{x}f_{X|\Lambda}(u|\lambda)du=\begin{cases}\displaystyle\int_0^x\lambda e^{-\lambda u}du=1-e^{-\lambda x} & (x\ge 0)\\ 0 & (\text{その他})\end{cases}$$

$$\boldsymbol{E}[X|\Lambda=\lambda]=\int_0^{\infty}x\lambda e^{-\lambda x}dx=\frac{1}{\lambda}$$

$$\boldsymbol{E}[X]=\int_1^2\boldsymbol{E}[X|\Lambda=\lambda]f_\Lambda(\lambda)d\lambda=\int_1^2\frac{1}{\lambda}d\lambda=\log 2$$

7 2 章の問題 9 の $f(x,y)$ を参照してください．

$$\boldsymbol{E}[(X-\mu_X)(Y-\mu_Y)]=\int_{-\infty}^{\infty}(x-\mu_X)\int_{-\infty}^{\infty}(y-\mu_Y)f_{X,Y}(x,y)dydx$$

$$\int_{-\infty}^{\infty}(y-\mu_Y)f_{X,Y}(x,y)dy=\frac{1}{\sqrt{2\pi{\sigma_X}^2}}\exp\left\{-\frac{(x-\mu_X)^2}{2{\sigma_X}^2}\right\}\frac{\sigma_Y}{\sigma_X}\rho(x-\mu_X)$$

$$\frac{\rho\sigma_Y}{\sigma_X}\int_{-\infty}^{\infty}(x-\mu_X)^2\frac{1}{\sqrt{2\pi{\sigma_X}^2}}\exp\left\{-\frac{(x-\mu_X)^2}{2{\sigma_X}^2}\right\}dx=\frac{\rho\sigma_Y}{\sigma_X}{\sigma_X}^2=\rho\sigma_X\sigma_Y$$

8 $\varphi_X(t)=(pe^t+1-p)^m$，$\varphi_Y(t)=(pe^t+1-p)^n$ より，独立性の仮定を用いて

$$\varphi_{X+Y}(t)=\varphi_X(t)\varphi_Y(t)=(pe^t+1-p)^m(pe^t+1-p)^n=(pe^t+1-p)^{m+n}$$

したがって，$X+Y$ の分布はパラメータ $m+n,p$ の 2 項分布になります．

9 $N_1,\cdots$ を独立，$\boldsymbol{P}(N_i=k)=p(1-p)^{k-1}$ $(k=1,2,\cdots)$ とし，

$$\boldsymbol{P}(N_1+\cdots+N_r=n)=\binom{n-1}{r-1}p^r(1-p)^{n-r} \quad (n=r,r+1,\cdots)$$

であることを r に関する帰納法で証明します．$r=1$ の場合は成立します．$r=r$ の場合成立するとして，$r=r+1$ の場合を考えます．$n \geq r+1$ とします．

$$\boldsymbol{P}(N_1+\cdots+N_r+N_{r+1}=n)=\sum_{k=r}^{n-1}\boldsymbol{P}(N_1+\cdots+N_r=k,\ N_{r+1}=n-k)$$

$$=\sum_{k=r}^{n-1}\boldsymbol{P}(N_1+\cdots+N_r=k)\boldsymbol{P}(N_{r+1}=n-k)=\sum_{k=r}^{n-1}\binom{k-1}{r-1}p^{r+1}q^{n-(r+1)}$$

$$=p^{r+1}q^{n-(r+1)}\sum_{k=r}^{n-1}\binom{k-1}{r-1}=\binom{n-1}{r}p^{r+1}q^{n-(r+1)}$$

2つ目の等号は独立性から，3つ目の等号は帰納法の仮定から，5つ目の等号は2項係数の性質（各自で確認してください）から成立します．

10 独立性より，$X+Y$ のモーメント母関数は

$$\varphi_{X+Y}(t)=\varphi_X(t)\varphi_Y(t)=\exp\{(\lambda_1+\lambda_2)(e^t-1)\}$$

より，$X+Y$ の分布はパラメータ $\lambda_1+\lambda_2$ のポアソン分布になります．

11 (1) k 関する帰納法で示します．$k=1$ の場合は成立しています．$k=k$ の場合成立するとして，$k=k+1$ の場合を考えます．$X_1+\cdots+X_k$ と X_{k+1} とのたたみこみの計算を実行します．積分範囲に注意して，

$$\int_0^u \frac{\lambda^k}{(k-1)!}(u-x)^{k-1}e^{-\lambda(u-x)}\lambda e^{-\lambda x}dx=\frac{\lambda^{k+1}}{(k-1)!}e^{-\lambda u}\int_0^u (u-x)^{k-1}dx$$

$$=\frac{\lambda^{k+1}}{(k-1)!}e^{-\lambda u}\left[-\frac{1}{k}(u-x)^k\right]_0^u=\frac{\lambda^{k+1}}{k!}e^{-\lambda u}u^k$$

(2) たたみこみの計算を実行してください．

12 $\displaystyle\int_{-\infty}^{\infty} f_X(u-y)f_Y(y)dy$

$$=\int_{-\infty}^{\infty}\frac{1}{\sqrt{2\pi\sigma_X{}^2}\sqrt{2\pi\sigma_Y{}^2}}\exp\left\{-\frac{(u-y-\mu_X)^2}{2\sigma_X{}^2}-\frac{(y-\mu_Y)^2}{2\sigma_Y{}^2}\right\}dy$$

ここで次のことに注意すればよい．

$$\frac{(u-y-\mu_X)^2}{2\sigma_X{}^2}+\frac{(y-\mu_Y)^2}{2\sigma_Y{}^2}$$

$$=\frac{\sigma_X{}^2+\sigma_Y{}^2}{2\sigma_X{}^2\sigma_Y{}^2}\left\{y-\mu_Y+\frac{\sigma_Y{}^2}{\sigma_X{}^2+\sigma_Y{}^2}(\mu_X+\mu_Y-u)\right\}^2+\frac{1}{2(\sigma_X{}^2+\sigma_Y{}^2)}(u-\mu_X-\mu_Y)^2$$

13 $\boldsymbol{E}[Y|N=n] = \boldsymbol{E}[X_1 + \cdots + X_n|N=n]$

$$= \sum_j j\boldsymbol{P}(X_1 + \cdots + X_n = j|N=n) = \sum_j j\boldsymbol{P}(X_1 + \cdots + X_n = j)$$

$$= \boldsymbol{E}[X_1 + \cdots + X_n] = \boldsymbol{E}[X_1] + \cdots + \boldsymbol{E}[X_n] = n\mu$$

$$\boldsymbol{E}[Y] = \sum_{n=0}^{\infty} \boldsymbol{E}[Y|N=n]\boldsymbol{P}(N=n) = \sum_{n=0}^{\infty} n\mu\boldsymbol{P}(N=n) = \mu\boldsymbol{E}[N] = \mu \cdot \lambda$$

14 (1) $\{\min(X,Y) > u\} = \{X > u,\ Y > u\}$. したがって，独立性より

$$\boldsymbol{P}(\min(X,Y) > u) = \boldsymbol{P}(X > u,\ Y > u) = \boldsymbol{P}(X > u)\boldsymbol{P}(Y > u)$$

$$F_{\min(X,Y)}(u) = \boldsymbol{P}(\min(X,Y) \leq u) = 1 - \boldsymbol{P}(\min(X,Y) > u)$$

$$= 1 - \boldsymbol{P}(X > u)\boldsymbol{P}(Y > u) = \begin{cases} 1 - e^{-(\lambda_X + \lambda_Y)u} & (u \geq 0) \\ 0 & (\text{その他}) \end{cases}$$

$$f_{\min(X,Y)}(u) = \frac{d}{du}(1 - e^{-(\lambda_X + \lambda_Y)u}) = \begin{cases} (\lambda_X + \lambda_Y)e^{-(\lambda_X + \lambda_Y)u} & (u \geq 0) \\ 0 & (u < 0) \end{cases}$$

(2) $\{\max(X,Y) \leq u\} = \{X \leq u,\ Y \leq u\}$. したがって，独立性に注意して

$$F_{\max(X,Y)}(u) = \boldsymbol{P}(X \leq u)\boldsymbol{P}(Y \leq u) = (1 - e^{-\lambda_X u})(1 - e^{-\lambda_Y u})$$

$$f_{\max(X,Y)}(u) = \lambda_X e^{-\lambda_X u}(1 - e^{-\lambda_Y u}) + \lambda_Y e^{-\lambda_Y u}(1 - e^{-\lambda_X u})$$

$$= \lambda_X e^{-\lambda_X u} + \lambda_Y e^{-\lambda_Y u} - (\lambda_X + \lambda_Y)e^{-(\lambda_X + \lambda_Y)u}$$

第 10 章

1 (1) 0.95 (2) 0.975 (3) 0.995

(4) $\boldsymbol{P}(X \leq 1.96) - \boldsymbol{P}(X \leq -2.576) = 0.975 - 0.005 = 0.97$

(5) $\boldsymbol{P}(X \leq 1.96) - \boldsymbol{P}(X \leq -1.645) = 0.975 - 0.05 = 0.925$

2 $\boldsymbol{P}(X \leq 3.96) = \boldsymbol{P}\left(\dfrac{X-2}{1} \leq 1.96\right) = 0.975$

3 V は自由度 9 の χ^2 分布に従うことに注意します．(10.4) 式より

$$\boldsymbol{P}\{V \leq \alpha\} = \boldsymbol{P}\left\{\frac{9 \cdot V}{2^2} \leq \frac{9 \cdot \alpha}{2^2}\right\} = 0.95$$

χ^2 分布表から $\dfrac{9 \cdot \alpha}{2^2} = 16.92$ ゆえ，$\alpha = \dfrac{16.92 \cdot 2^2}{9} = 7.52$

4 (1) 分散が等しいことに注意します．V_1/V_2 が自由度 $(9, 7)$ の F 分布に従うことから，$\alpha = 3.68$ であることがわかります．

(2) (10.7) 式より，自由度 16 の χ^2 分布表から確率の値は 0.025 となります．

5 7 章の問題 3(2) より $n=1$ の場合，X_1^2 の密度関数が $\dfrac{1}{\sqrt{2\pi x}}\exp\left\{-\dfrac{x}{2}\right\}$，$x \geq 0$ で，$\chi_1^2(x)$ に一致します．$n=n$ の場合成立するとして，$n=n+1$ の場合を考えます．$X_1^2+\cdots+X_n^2$ と X_{n+1}^2 とは独立で，帰納法の仮定よりそれぞれの分布は $\chi_n^2(x)$ と $\chi_1^2(x)$ となります．したがって，$X_1^2+\cdots+X_n^2+X_{n+1}^2$ の密度関数はこれらの分布のたたみこみを計算すれば求まります．

6 互いに独立な $W_1 \sim \chi^2(n_1), W_2 \sim \chi^2(n_2)$ に対して以下の計算を続けてください．

$$\boldsymbol{P}(W \leq x) = \boldsymbol{P}\left(\frac{W_1/n_1}{W_2/n_2} \leq x\right) = \int_0^\infty \boldsymbol{P}\left(\frac{W_1/n_1}{W_2/n_2} \leq x \,\middle|\, W_2 = u\right)\chi_{n_2}^2(u)du$$

$$= \int_0^\infty \boldsymbol{P}\left(W_1 \leq \frac{n_1}{n_2}xu \,\middle|\, W_2 = u\right)\chi_{n_2}^2(u)du = \int_0^\infty \boldsymbol{P}\left(W_1 \leq \frac{n_1}{n_2}xu\right)\chi_{n_2}^2(u)du$$

$$= \int_0^\infty \left(\int_0^{\frac{n_1}{n_2}xu} \chi_{n_1}^2(y)dy\right)\chi_{n_2}^2(u)du$$

7 互いに独立な $X \sim N(0, 1^2), Y \sim \chi^2(\phi)$ に対して

$$\boldsymbol{P}\left(\frac{X}{\sqrt{Y/\phi}} \leq x\right) = \int_0^\infty \boldsymbol{P}\left(\frac{X}{\sqrt{Y/\phi}} \leq x \,\middle|\, Y = y\right)\chi_\phi^2(y)dy$$

$$= \int_0^\infty \boldsymbol{P}\left(X \leq x\sqrt{\frac{y}{\phi}}\right)\chi_\phi^2(y)dy = \int_0^\infty \left(\int_{-\infty}^{x\sqrt{\frac{y}{\phi}}} \frac{1}{\sqrt{2\pi}}e^{-\frac{u^2}{2}}du\right)\chi_\phi^2(y)dy$$

$$= \int_{-\infty}^x \frac{1}{\sqrt{\phi}B(1/2, \phi/2)}\left(1+\frac{v^2}{\phi}\right)^{-\frac{\phi+1}{2}}dv$$

8 省略します．

第 11 章

1 偏微分を実行して

$$\frac{\partial}{\partial\mu}L(x_1, \cdots, x_n, \mu, \sigma^2) = \sum_{i=1}^n \frac{x_i-\mu}{\sigma^2} = 0$$

$$\frac{\partial}{\partial\sigma^2}L(x_1, \cdots, x_n, \mu, \sigma^2) = -\frac{n}{2}\frac{1}{\sigma^2} + \sum_{i=1}^n \frac{(x_i-\mu)^2}{2\sigma^4} = 0$$

これを μ と σ^2 の連立方程式として解いて，推定値が次のように求まります．

$$\hat{\mu} = \frac{1}{n}\sum_{i=1}^{n} x_i, \quad \hat{\sigma^2} = \frac{1}{n}\sum_{i=1}^{n}(x_i - \hat{\mu})^2$$

母分散の最尤推定値は不偏性を持ちません．

2 λ の最尤推定値は次のようになります．母平均が $\int_{-\infty}^{\infty} xf(x)dx = \frac{1}{\lambda}$ より，最尤推定値の逆数がサンプル平均で，母平均に対する不偏推定値になっています．

$$\hat{\lambda} = \frac{1}{\frac{1}{n}\sum_{i=1}^{n} x_i}, \quad \frac{1}{\hat{\lambda}} = \frac{1}{n}\sum_{i=1}^{n} x_i$$

3 簡単な計算により，$\frac{1}{n-1}\sum_{i=1}^{n}(X_i - \overline{X})^2 = \frac{1}{n}\sum_{i=1}^{n} X_i^2 - \frac{2}{n(n-1)}\sum_{i<j} X_i X_j$ となります．したがって期待値の線形性と X_i $(i = 1, \cdots, n)$ の独立性から

$$\boldsymbol{E}\left[\sum_{i=1}^{n}(X_i - \overline{X})^2\right] = \frac{1}{n}\sum_{i=1}^{n}(\sigma^2 + \mu^2) - \frac{2}{n(n-1)}\sum_{i<j}\boldsymbol{E}[X_i]\boldsymbol{E}[X_j] = \sigma^2$$

4 データの個数を n とします．有意水準 0.05 の場合を示しておきます．

有意水準 0.05 での $\begin{cases} \text{採択域} & [-t(n-1, 0.05),\ t(n-1, 0.05)] \\ \text{棄却域} & (-\infty,\ -t(n-1, 0.05)) \cup (t(n-1, 0.05),\ \infty) \end{cases}$

5 母分散が未知の場合，有意水準 0.05 での次の片側検定について述べます．他のものは省略します．データの個数を n とします．

$$\begin{cases} H_0: & \mu = \mu_0 \\ H_1: & \mu < \mu_0 \end{cases}$$

$\dfrac{\overline{x} - \mu_0}{\sqrt{v/n}} \geq -t(n-1,\ 0.1)$ ➡ $\begin{cases} \mu < \mu_0 \text{ とはいえない} \\ \text{帰無仮説 } H_0 \text{ を採択} \end{cases}$

$\dfrac{\overline{x} - \mu_0}{\sqrt{v/n}} < -t(n-1,\ 0.1)$ ➡ $\begin{cases} \mu < \mu_0 \text{ である} \\ \text{対立仮説 } H_1 \text{ を採択} \end{cases}$

6 省略します．

7 有意水準 0.05 での検定を行います．

$$\frac{\overline{x} - \mu_0}{\sqrt{v/n}} = \frac{12.691 - 12}{\sqrt{34.843/20}} = 0.524 < t(19, 0.1) = 1.729$$

であり，H_0 は棄却されない．つまり $\mu > 12$ であるとはいえない．

8 有意水準 0.05 での次の片側検定について述べておきます．他のものについては省

略します．データの個数を n とします．

$$\begin{cases} H_0: & \sigma^2 = \sigma_0^2 \\ H_1: & \sigma^2 > \sigma_0^2 \end{cases}$$

$\dfrac{(n-1)v}{\sigma_0^2} \leq \chi^2(n-1, 0.05)$ ➡ $\sigma^2 > \sigma_0^2$ とはいえない．H_0 を採択する．

$\dfrac{(n-1)v}{\sigma_0^2} > \chi^2(n-1, 0.05)$ ➡ $\sigma^2 > \sigma_0^2$ である．H_1 を採択する．

9　記号は等分散性の検定のところで述べたものと同じ意味です．

$f(n_1-1, n_2-1, 0.995) \leq \dfrac{v_1}{v_2} \leq f(n_1-1, n_2-1, 0.005)$

➡ 帰無仮説 H_0 を採択して，対立仮説を棄却

$\dfrac{v_1}{v_2} < f(n_1-1, n_2-1, 0.995)$ または $f(n_1-1, n_2-1, 0.005) < \dfrac{v_1}{v_2}$

➡ 対立仮説 H_1 を採択して，帰無仮説を棄却

10　$v_1/v_2 = 0.959$，$f(9, 9, 0.975) = 0.248$，$f(9, 9, 0.025) = 4.03$ ですから等分散性は棄却されません．

11　(1)　省略します．　(2)　まず等分散の検定を有意水準 0.05 で行います．

$$\frac{0.3}{0.5} = 0.6,\ f(9, 10, 0.025) = 3.78,\ f(9, 10, 0.975) = \frac{1}{f(10, 9, 0.025)} = 0.253$$

ゆえ，等分散であるとして母平均が等しいかどうかの検定を行います．

$$t(11+10-2, 0.05) = t(19, 0.05) = 2.093,\ \frac{\sqrt{11+10-2}\,(11-10.5)}{\sqrt{\dfrac{1}{11}+\dfrac{1}{10}}\,\sqrt{10\cdot 0.5 + 9\cdot 0.3}} = 1.798$$

したがって，12 月と 1 月で含有量に違いがあるとはいえないことになります．

12　(1)　有意水準 0.05 で次の片側検定を行います．

$$\begin{cases} H_0: & \mu = 80 \\ H_1: & \mu > 80 \end{cases}$$

$$\overline{x} = 81.27,\ v = 1.327,\ n = 10,\ \frac{81.27-80}{\sqrt{1.327/10}} = 3.486,\ t(9, 0.1) = 1.833$$

したがって，録音時間は 80 分より長いとしてよいことがわかります．

(2)　信頼度 0.95 での信頼区間は次のようになりますが，この信頼区間に 80 が含まれないことからも，録音時間が 80 分より長いとしてよいことがわかります．

$$\left[81.27 - t(9, 0.05)\sqrt{\frac{1.327}{10}},\ 81.27 + t(9, 0.05)\sqrt{\frac{1.327}{10}}\right] = [80.446,\ 82.094]$$

13, 14 省略します.

第 12 章

1 サンプル相関係数 r は, $r = \dfrac{s_{xy}}{\sqrt{s_{xx}s_{yy}}} = \dfrac{-103.36}{\sqrt{120.97 \cdot 185.03}} = -0.69$

(1) $\dfrac{t(18, 0.05)}{\sqrt{t^2(18, 0.05) + 18}} = 0.44$ であり, したがって相関はあるといえます.

(2) $z = \tanh^{-1} r = -0.85$ より, ρ の信頼度 0.95 の信頼区間は次のことから $[\,-0.87,\ -0.36\,]$ となります.

$$\rho_1 = \tanh\left(z - 1.96\sqrt{\frac{1}{n-3}}\right) = -0.87,\ \rho_2 = \tanh\left(z + 1.96\sqrt{\frac{1}{n-3}}\right) = -0.36$$

(3) $\dfrac{\tanh^{-1}(r) - \tanh^{-1}(-0.5)}{\sqrt{1/(n-3)}} = -1.24$ であることから, $\rho = -0.5$ でないとはいえません. (2) で求めた信頼区間からも同じ結論が得られます.

2 推定値を求めるために必要な各種の値は以下の通りになります.

$$\overline{x} = 4,\ s_{xx} = 30.8,\ \overline{y} = 8.53,\ s_{yy} = 122.13,\ s_{xy} = 56.17$$

したがって推定値は次の通りです.

$$b = \frac{s_{xy}}{s_{xx}} = 1.82,\ a = \overline{y} - b\overline{x} = 1.25,\ v = \frac{s_{yy} - s_{xy}^2/s_{xx}}{n-2} = 1.04$$

(1) $\beta = 0$ の検定を行います. $\dfrac{b}{\sqrt{v/s_{xx}}} = \dfrac{1.82}{\sqrt{1.04/30.8}} = 9.90$

一方, $t(n-2, 0.05) = t(19, 0.05) = 2.093$ ですから, 明らかに回帰は存在します.

(2) 信頼度 0.05 の信頼区間は

$$\left[\ 1.82 - 2.093\sqrt{\frac{1.04}{30.8}},\ 1.82 + 2.093\sqrt{\frac{1.04}{30.8}}\ \right] = [1.44,\ 2.20]$$

(3) (2) で求めた信頼区間から, β が 2 でないとはいえません.

(4) 回帰直線は, $y = 1.25 + 1.82x$ となります.

参 考 文 献

本書に引き続いて確率と統計について学習する際の参考書を紹介しておきます.

[1] W. フェラー 著, 河田龍夫監訳, 現代経営科学全書 確率論とその応用 I（上, 下）, 紀伊國屋書店.

[2] W. フェラー 著, 国沢清典監訳, 現代経営科学全書 確率論とその応用 II（上, 下）, 紀伊國屋書店.

[3] 玉置光司著, 経済の情報と数理② 基本確率, 牧野書店.

[1][2] は, 確率論が自然から社会に至る広大な領域に関わる科目であることとその楽しさを実感させてくれます. 大部な本であり, 興味が引かれる部分を集中的に読むのに適しています. [3] では, 特に OR の分野における多くの興味深い例が紹介されています.

[4] R. デュネット著, 今野紀雄他訳, 確率過程の基礎, シュプリンガー・フェアラーク東京.

[5] 小和田正著, 確率過程とその応用, 実教出版.

確率過程は, 時間とともに変化していく現象を確率論的に取り扱おうとするものです. [4][5] はともに応用を指向した中で確率過程の基礎を与えてくれます. 特に [4] は多彩な適用例を通して様々な概念を理解させてくれます.

統計学を学ぼうとされる方には, 次の 3 冊を紹介しておきます. [6] は統計学の考え方をできる限り数式を用いずに解きほぐしてくれます. [7][8] は統計学の数理的側面についての代表的な教科書, [9] は多変量解析についての入門的な教科書です.

[6] 田畑吉雄著, やさしい統計学, 現代数学社.

[7] 竹内啓著, 数理統計学 データ解析の方法, 東洋経済新報社.

[8] ムード・グレイビル著, 大石泰彦訳, 統計学入門（上, 下）, 好学社.

[9] 永田靖, 棟近雅彦著, 多変量解析法入門, サイエンス社.

確率論の基礎をしっかりと学びたい方は, 次の本に挑戦をしてみてください.

[10] 西尾真喜子著, 確率論, 実教出版.

索　引

タ 行

ハ 行

マ　行

ヤ　行

ラ　行

ワ　行

数字・欧字

著者略歴

おお い ふみ お
大 鑄 史 男

1974年　名古屋工業大学工学部計測工学科卒業
1976年　名古屋工業大学工学研究科修士課程修了
1978年　大阪大学工学研究科博士課程中退
2016年3月　名古屋工業大学退職
現　在　名古屋工業大学名誉教授・工学博士

主要訳書

フラクタル幾何学の技法
（共訳，シュプリンガー・フェアラーク東京，2002 年）
ウィンストンの C［新装版］
（共訳，ピアソン・エデュケーション，2002 年）

工科のための数理＝MKM-5
工科のための 確率・統計

2005 年 12 月 25 日 ©　初版発行
2018 年 2 月 25 日　初版第3刷発行

著者　大 鑄 史 男　　発行者　矢 沢 和 俊
印刷者　山 岡 景 仁
製本者　米 良 孝 司

【発行】　**株式会社　数理工学社**
〒151–0051　東京都渋谷区千駄ヶ谷 1 丁目 3 番 25 号
☎ (03) 5474–8661 (代)　サイエンスビル

【発売】　**株式会社　サイエンス社**
〒151–0051　東京都渋谷区千駄ヶ谷 1 丁目 3 番 25 号
☎ (03) 5474–8500 (代)　振替 00170–7–2387

印刷　三美印刷　　製本　ブックアート

ISBN4–901683–31–4

PRINTED IN JAPAN